HANDBUCH

DES

ERDMAGNETISMUS.

Von

Dr. J. LAMONT,

Conservator der Königl. Sternwarte bei München, der Königl. Baier. Academie der Wissenschaften, der Königl. astr. Societät in London, der Königl. Societät der Wissenschaften in Edinburg, der Königl. Böhm. Gesellschaft der Wissenschaften in Prag und anderer gelehrten Gesellschaften Mitglied.

Mit sechs Steindrucktafeln.

BERLIN.

VERLAG VON VEIT & COMP.

1849.

Vorwort.

Der Erdmagnetismus, erst seit wenigen Jahren in die Reihe selbstständiger Wissenschaften gleich der Meteorologie aufgenommen, hat in Folge des ausserordentlichen Kraftaufwandes, womit die Untersuchung geführt worden ist, die glänzendsten Fortschritte gemacht, und eine Masse von Resultaten sind nach und nach hervorgegangen, die zerstreut in verschiedenen Schriften und nach verschiedenen Methoden bearbeitet zu finden sind.

Es schien mir ein zeitgemässes und nützliches Unternehmen, diese Resultate zu sammeln und systematisch zu ordnen, und ich habe mich zu dieser Arbeit entschlossen mit der doppelten Absicht, einerseits denjenigen, welche bereits im Fache des Erdmagnetismus thätig sind, eine Uebersicht zu verschaffen, und die

Anschliessung neuer Untersuchungen an das bereits Erworbene zu erleichtern, andererseits die angehenden Forscher auf dem kürzesten Wege in das Innere der Wissenschaft einzuführen, ohne dass sie nöthig hätten, durch den ganzen weitläufigen Entwickelungsgang sich hindurch zu arbeiten.

Das gegenwärtige Handbuch wird aus zwei Theilen bestehen, wovon der erste dasjenige, was auf die Anstellung magnetischer Beobachtungen Bezug hat, der zweite eine kurze Geschichte des Erdmagnetismus, dann die theoretischen Untersuchungen und die empirischen Gesetze der magnetischen Erscheinungen enthalten soll. Dem zweiten Theile werde ich ausserdem Ergänzungen und specielle Nachweisungen zu einigen im ersten Theile entwickelten Sätzen als Anhang beigeben.

München, im November 1848.

Der Verfasser.

Inhalts-Verzeichniss.

Tabellen.

Verbesserungen.

Wir bitten die hiermit verbesserten Fehler mit der Entfernung des Verfassers vom Druckorte zu entschuldigen.

Seite 8	Zeile 5	von oben,	nach:	sich befinden, setze: solche Magnete werden einfache Magnete — analog mit einfachen Pendeln — genannt.
- 8	- 16	von unten,	statt:	Es sei *ns* ein... lies: Es sei *ns* (Fig. 4) ein...
- 11	- 9	- oben,	-	= Const. | ... lies: = Const. = ...
- 11	- 10	- unten,	-	mit ihren... lies: mit den Quadraten ihrer...
- 12	- 3	- -	-	*ns*, lies: *cs*.
- 16	- 12	- oben,	-	Linien, lies: Linie.
- 18	- 14	- unten,	-	*ac*, lies: *ae*.
- 30	- 13	- oben,	-	$(\varphi_1 - \varphi_2)$, lies: $(u_1 - u_2)$.
- 38	- 7	- unten,	-	$-3\frac{e^3}{e'^2}\cos\eta$ ... lies: $-3\frac{e^2}{e'^2}\cos\eta$ ...
- 44	- 5	- oben,	-	$\frac{M_2}{M}$, ... lies: $\frac{M_5}{M}$, ...
- 47	- 13	- -	-	Reve-Theodolit, lies: Reise-Theodolit.
- 48	- 11 u. 12	- unten,	-	δy und δx, lies: $\delta y''$ und $\delta x''$.
- 52	- 10 u. 11	- oben,		die obige Voraussetzung, dass — wegzulassen.
- 52	- 5	- unten,	statt:	$\frac{d^2u}{dt^2} = \frac{MX}{K}\sin u$, lies: $\frac{d^2u}{dt^2} + \frac{MX}{K}\sin u = 0$.
- 53	- 11	- oben,	-	$(3 - 4\cos 2x \cos 4x)$, l.: $(3 - 4\cos 2x + \cos 4x)$.
- 55	- 6	- unten,	-	$\sqrt{f - \frac{1}{4}q^2} = \ldots$ lies: $t\sqrt{f - \frac{1}{4}q^2} = \ldots$
- 60	- 4	- oben,	-	$(\frac{1}{36} \mp \frac{1}{576}\alpha^2)$... lies: $(\frac{1}{36} - \frac{1}{576}\alpha^2)$...
- 60	- 1	- unten,	-	Figur 25, lies: Figur 25a.
- 65	- 11	- -	-	von e' nach a', lies: von e nach a'.
- 66	- 15	- oben,	-	(z. B. Fig. 25), lies: (z. B. Fig. 25a).
- 67	- 14	- -	-	$(1 + q^2 + q^4 + q^{2n-2})$ lies: $(1 + q^2 + q^4 + \ldots + q^{2n-2})$.
- 72	- 1	- -	-	der Paragraphenzahl 53, lies: 54.
- 81	- 4	- unten,	-	$= (f^2 + \frac{1}{10}d^2)$ lies: $(f^2 + \frac{1}{10}d^2)p$.
- 82	- 5	- -	-	ist wohl in..., lies: ist wohl nicht in...
- 83	- 13	- oben,	-	Distanz, lies: Distanzen.
- 83	- 4	- unten,	-	$+\frac{1}{4}f^2\int dp$ ... lies: $= \frac{1}{4}f^2\int dp$ ...
- 83	- 3	- -	-	$\int x dm = 0$, lies: $\int x dp = 0$.
- 84	- 1	- -	-	Horizontalebene *NS*... lies: Horizontalebene mit *NS*...
- 89	- 10 u. 8	- -	-	Micrometer, lies: Microscop.
- 93	- 3	- -	-	$oa = n$, lies: $oa' = n$.
- 95	- 12	- oben,	-	nach f', lies: nach f.
- 96	- 5	- unten,	-	$= aa(\frac{1}{3}fdb$ ... lies: $= ae(\frac{1}{3}fdb$ ...
- 100	- 14	- oben,	-	Tronghton, lies: Troughton.
- 104	- 4	- -	-	$\alpha\beta$, lies: $\alpha'\beta'$.
- 104	- 17	- -	-	der halben... lies: gleich der halben...
- 105	- 14	- -	-	Beobachtungszeit, lies: Beobachtungszeiten.
- 106	- 14 u. 15	- -	-	$\frac{1}{2}Ae^{-\frac{1}{4}q\tau}$ ... lies: $\frac{1}{2}Ae^{-\frac{1}{4}qT}$ ...
- 110	- 3	- oben,		„einfachen" wegzulassen.
- 110	- 17	- unten,	statt:	(Fig. 49) lies: (Fig. 49 bis).
- 115	- 6	- oben,	-	beobachten, lies: beachten.
- 115	- 8	- -	-	welches, lies: welche.

Seite 115	Zeile 14	von oben, statt:	aus, lies: auf.
- 118	- 10	- - -	cg lies: $c'g$.
- 124	- 2	- unten, -	Kupfer, lies: Kupffer.
- 127	- 3 u. 16	- oben, -	β lies: β'.
- 132	- 11	- - -	$ff = 2a$ ... lies: $ff' = 2a$ ...
- 137	- 15	- - -	$\cos zce \cos zcd -$... lies: $\cos zce \cos zcd +$...
- 140	- 14	- unten, -	15°. 34',10 lies: 15°. 35',10.
- 141	- 5	- -	das Wort „folgende" in die nächste Zeile vor „zwei" zu setzen.
- 142	- 6	- oben, statt:	gleicher Länge, lies: ungleicher Länge.
- 142	- 14	- unten, -	gleichem, lies: ungleichem.
- 142	- 2	- - -	$\psi = 72°. 9',65$, lies: $\psi = 65°. 31',32$.
- 149	- 7	- oben, -	Ablenkung A, lies: Ablenkung B.
- 149	- 18 u. 14	- unten,	„im Vermehrungsfalle" u. „im Verminderungsfalle" mit einander zu verwechseln.
- 151	- 6	- - statt:	in N... lies: in N'...
- 151	- 5	- - -	... in S ... lies: ... in S'...
- 157	- 3 u. 4	- oben, -	+ 2,18 u. + 2,12, lies: — 2,18 u. — 2,12.
- 159	- 12	- - -	$\varepsilon, \varepsilon', \varepsilon$, lies: $\varepsilon, \varepsilon', \varepsilon''$.
- 159	- 4	- unten, -	der Temperatur, lies: der Temperatur t.
- 160	- 5	- oben, -	$= e[1+\beta(t-t_0)]$ lies: $= e_0[1+\beta(t-t_0)]$.
- 161	- 9	- unten, -	$(n-N)\varepsilon$ lies: $(n_1-N)\varepsilon$.
- 162	- 3	- oben, -	$(n_3-N)v-_3$ lies: $(n_3-N)\varepsilon-v_3$.
- 162	- 5	- unten, -	$M_0[1+\alpha(t'-t_0)]$ lies: $M_0[1-\alpha(t'-t_0)]$.
- 164	- 6	- oben, -	5° 21',6 lies: 5° 21',06.
- 170	- 13	- - -	Tschekin, lies: Tschefkin.
- 171	- 3	- unten, -	... zeigen eine ... lies: ... zeigen nie eine ...
- 175	- 3	- - -	644 Tage, lies: 4644 Tage.
- 175	- 1	- - -	No. 3, lies: No. 9.
- 189	- 15	- oben, -	$\beta n' = 2\alpha n'$ lies: $\beta n'' = 2\alpha n'$.
- 193	- 8	- - -	Beobachtungszeichen, lies: Beobachtungsreihen.
- 200	- 3	- unten, -	$\varphi - 90°$ lies: $\psi - 90°$.
- 201	- 1	- - -	$\delta\varphi = n\varepsilon_1$ lies: $\delta\varphi = n'\varepsilon_1$.
- 205	- 5	- oben, -	$-\frac{k}{\varepsilon \operatorname{tg} \psi}$... lies: $-\frac{k}{\varepsilon_1 \operatorname{tg} \psi}$...
- 209	- 11	- - -	Correction $(n'-n)$, lies: Correction an $(n'-n)$.
- 212	- 11 u. 13	- - -	... n'_0 ... lies: ... n'_1 ...
- 221	- 5	- - -	$(\varphi + n_1\varepsilon_{,,})$ lies: $(\varphi + n''_1\varepsilon_{,,})$.
- 223	- 6	- - -	der eine... lies: den eine...
- 230	- 1	- - -	beide... lies: beider...
- 235	- 5 u. 6	- unten, -	$\frac{X}{M}$ ... lies: $\frac{1}{2}\frac{X}{M}$ ...
- 236	- 8	- - -	... $= 1 + \frac{p}{e^2}\frac{\eta}{1+\eta^2}$ lies: ... $= 1 + \frac{p}{e^2}\frac{\eta^2}{1+\eta^2}$
- 239	- 3	- oben, -	$-0,1861 k$ ... lies: $-0,1861 k'$...
- 245	- 2	- - -	7,473220 + ... lies: 7,47320 + ...
- 245	- 12	- - -	$k = 0,000741$ ... lies: $k' = 0,000741$...
- 250	- 3	- unten, -	... $= \frac{\sin\varphi(\varphi'-\varphi)}{\operatorname{tg}\varphi}$ lies: ... $= \frac{\sin(\varphi'-\varphi)}{\operatorname{tg}\varphi}$
- 254	- 3	- oben, -	T und T_1, lies: T_1 und T_0.

I. Abschnitt.

Einleitung, allgemeine Bestimmungen.

1. Bei den Erscheinungen, welche durch die allgemeine Gravitation bedingt sind, gehen wir von einer einfachen Hypothese aus, leiten davon durch strengen Calcul alle Folgerungen ab, und die genaue Uebereinstimmung des Calculs mit der Beobachtung bis ins kleinste Detail gewährt uns die Sicherheit, dass die Hypothese begründet ist. Einen ähnlichen Weg befolgen wir bei der magnetischen Kraft, und erhalten in manchen Fällen eine vollkommene, überall wohl eine befriedigende Uebereinstimmung zwischen dem beobachteten und berechneten Erfolge, so weit eben bis jetzt die Erfahrung geht; unterdessen können wir keineswegs sagen, dass die Hypothesen selbst, von welchen wir ausgehen, eben so allgemein, eben so einfach und naturgemäss sind, wie das Gravitations-Gesetz: in der That lässt sich mit Grund erwarten, dass fortschreitende Forschung das jetzt Bestehende wesentlich modificiren und vervollständigen wird. Aber auch da, wo man noch nicht Vollendetes erreicht hat, ist es von Nutzen, bei Herstellung eines wissenschaftlichen Systems möglichst bestimmt Alles auszusprechen, worauf man bauen will, weil nicht blos dadurch das Studium erleichtert, sondern auch der Vortheil

erlangt wird, dass die Ergebnisse künftiger Untersuchung, sei es, dass sie das Bestehende modificiren oder erweitern, um so leichter angeschlossen werden können. Somit wollen wir zuvörderst suchen — und zwar mit Rüchsicht mehr auf den Calcul, als auf physische Wahrheit — die Gesetze und die Vorstellungs-Weise, die wir bei der Anwendung des Calculs auf die magnetischen Erscheinungen zu Grunde legen, möglichst bestimmt auseinander zu setzen.

2. Der Magnetismus ist eine Kraft, die nothwendig mit keinem Körper verbunden ist: in einigen Körpern kann sie vorhanden sein, andere scheinen für ihre Aufnahme — wenn man ganz schwache, bisher kaum genügend untersuchte Aeusserungen abrechnet — gänzllich unempfänglich zu sein. Diejenigen Körper, die für Magnetismus empfänglich sind, können mehr oder weniger davon besitzen: und obwohl mancherlei Zusammenhang zwischen der magnetischen Kraft und den Eigenschaften der Körper nachgewiesen werden kann, so giebt es gar keine Eigenschaft, die in einem bestimmten, unabänderlichen Verhältnisse zu der Quantität Magnetismus, die ein Körper in sich trägt, stünde.

Es giebt zwei entgegengesetzte Magnetismen, einen nördlichen und einen südlichen. Man nennt sie auch positiven und negativen Magnetismus, und bezeichnet jenen mit +, diesen mit —. In der Natur kommt, so weit die bisherige Erfahrung reicht, nie in einem Körper positiver Magnetismus vor, ohne dass eine gleiche Quantität negativer Magnetismus vorhanden wäre: gewöhnlich nehmen sie die entgegengesetzten Hälften des Körpers ein.

3. Wenn in irgend einem Theile eines Körpers Magnetismus hervorgerufen wird, so breitet sich die Wirkung augenblicklich über den ganzen Körper aus, und es tritt ein magnetischer Zustand mit eigenthümlicher Vertheilung ein. Deshalb stellen wir uns den Magnetismus als ein Fluidum vor, welches sich ausbreitet, und wo jeder Punct von allen übrigen abhängt. Die Ausbreitung selbst, oder die Bewegung, (welche wahrscheinlich momentan ist), betrachten wir hier übrigens nicht: alle Fragen, die wir zu untersuchen haben, beziehen sich auf Körper, die in einem permanenten — wenigstens relativ permanenten — magnetischen Zustande sich befinden, und wir nehmen den Magnetismus eines jeden körperlichen Elements als diesem Element unveränderlich inhärirend an.

4. Von den Wirkungen des Magnetismus haben wir für unsern Zweck nur eine zu untersuchen nöthig, nämlich die Anziehung und Abstossung in der Ferne. Dabei gelten folgende Gesetze:

Zwei körperliche Elemente stossen sich ab, wenn sie beide positiven, oder beide negativen, d. h. wenn sie gleichnamigen Magnetismus haben: ist der Magnetismus zweier Elemente ungleichnamig, so ziehen sie sich an. Die Grösse der Abstossung oder Anziehung ist dem Producte des Magnetismus der beiden Elemente direct, und dem Quadrate ihrer Entfernung umgekehrt proportional.

Was die letztern Verhältnisse betrifft, so findet bei der Gravitation eine vollkommene Analogie statt.

Wenn zwei materielle Puncte a und b (Fig. 1) die Quantitäten Magnetismus $+\mu$ und $+\mu'$ oder $-\mu$ und $-\mu'$ in sich tragen, so stossen sie sich ab, den obigen Gesetzen zufolge, mit der Kraft $+\frac{\mu\mu'}{(a\,b)^2}$. Ist der Magnetismus des einen Punctes negativ, d. h. haben die Puncte a und b die Quantitäten Magnetismus $-\mu$ und $+\mu'$ oder $+\mu$ und $-\mu'$, so ziehen sie sich an mit der Kraft $-\frac{\mu\mu'}{(a\,b)^2}$. Das Zeichen des Produktes $\mu\mu'$ lässt mithin sogleich erkennen, ob eine Abstossung oder Anziehung statt finde, und wir können, wenn die Zeichen gehörig berücksichtiget werden, allgemein sagen, die Wirkung zweier magnetischen Puncte bestehe darin, dass sie sich abstossen mit der Kraft $\frac{\mu\mu'}{(a\,b)^2}$. Diesem gemäss wird im Verfolge unserer Untersuchungen nicht mehr von positivem und negativem Magnetismus, sondern von magnetischer Kraft überhaupt und von einer Abstossung als Wirkung der magnetischen Kraft die Rede sein.

Ist b fest, a dagegen frei, so wird der letztere Punct in Bewegung kommen, und zwar mit um so grösserer Beschleunigung, je kleiner seine Masse oder sein Gewicht ist. Wenn also die Masse mit p bezeichnet wird, so ist die Beschleunigung $= \frac{\mu \mu'}{p\,(ab)^2}$.

Hier bedeutet $\frac{\mu'}{(a\,b)^2}$ die Kraft, welche von dem magnetischen Puncte b in a ausgeübt wird. Es kommt bisweilen der Fall vor, dass die auf solche Weise in einem bestimmten Puncte des Raumes ausgeübte Kraft zunächst den Gegenstand der Untersuchung bildet, ohne dass die Entfernung und die Quantität des Fluidums, wodurch die Kraft hervorgebracht wird, besonders in Betracht kämen. So ist es z. B. der Fall bei dem Magnetismus der Erde. Es giebt aller Wahrscheinlichkeit nach im Innern der Erde magnetische Elemente, positive und negative, wo sie sich aber befinden, wissen wir nicht, und wir haben uns blos mit der Wirkung zu beschäftigen, welche sie an der Erdoberfläche hervorbringen. Diese Wirkung besteht darin, dass als Resultante aller magnetischen Elemente eine gewisse Intensität nach einer bestimmten Richtung sich äussert. Es sei diese Intensität $+J$ (Fig. 2), und die Richtung $a\,b$, so wird der Punct a, wenn er den Magnetismus $+\mu$ in sich trägt, abgestossen werden mit der Kraft $+\mu J$. Ist der Punct beweglich, so erhält er nach der Richtung $a\,b$ eine Beschleunigung $+\frac{\mu J}{p}$, wo p, wie oben, die Masse oder das Gewicht des Punctes a bedeutet*).

*) Es scheint nicht unzweckmässig, einige numerische Angaben zur Erläuterung beizufügen. In München macht die magnetische Richtung einen Winkel von 65°. 10′ mit dem Horizont, (unter der Ebene des Horizonts); das Azimuth dieser Richtung ist ungefähr 16°. 20′ westlich vom Nordpuncte. Was die Grösse der

Betrachten wir nun die Bewegungen des magnetischen Elements von a anfangend, und setzen den Weg $a\,e$, den er in der Zeit t zurücklegt $= x$. Wir haben für diesen Fall die Gleichung $\frac{d^2 x}{dt^2} = \frac{\mu J}{p}$, folglich, wenn die Geschwindigkeit $\frac{d\,x}{dt} = v$ gesetzt wird, $\frac{d\,x}{dt} = \frac{\mu J}{p}\,t = v$. Diese Gleichungen sind ganz denen analog, welche für die Bewegung eines frei fallenden Körpers gelten.

Setzt man das Gewicht $p = 1$, die Geschwindigkeit $v = 1$, und die Zeit $t = 1$, so ergiebt sich die magnetische Kraft μJ

Kraft betrifft, so stelle man sich als Einheit den Magnetismus der Südhälfte eines vierpfündigen Stabes vor, und nehme an, dass die magnetische Kraft in einer Tiefe von 100 Meter unter der Erdoberfläche sich befinde. In dieser Tiefe würden 2200 Südhälften von vierpfündigen Stäben nöthig sein, um die Intensität hervorzubringen, wie sie die Beobachtung giebt. Es ist aber ganz unzulässig eine Tiefe von blos 100 Meter anzunehmen, weil in diesem Falle an einer nur 10 Meter höhern oder tiefern Station die Intensität um $\frac{1}{5}$ sich ändern würde. Eine solche Aenderung findet entschieden nicht statt. Die Quelle des Erdmagnetismus ist also viel tiefer, und zwar wenigstens in einer Tiefe von 30,000 Meter: unter dieser Voraussetzung müsste die Kraft gleich 200 Millionen Südhälften vierpfündiger Stäbe sein. Setzt man die Quelle des Erdmagnetismus in noch grössere Tiefe hinab, so müsste man gewaltig grosse Quantitäten Magnetismus annehmen, um den Wirkungen, die wir wahrnehmen, Genüge zu leisten. Es ist mir nicht wahrscheinlich, dass solche enorme Mengen magnetischen Fluidums von derselben Art, wie er im Stahle vorkommt, wirklich vorhanden seien; besonders in einer Masse von so hoher Temperatur, wie sie wahrscheinlich in der Tiefe existirt. Galvanische Ströme möchten theils wegen ihrer starken Wirkung, (man denke an die Kraft der Electromagnete), theils, weil man sie parallel annehmen und als eine Reihe paralleler Magnetstäbe betrachten könnte, eher eine befriedigende Erklärung gewähren, obwohl andererseits die Existenz galvanischer Ströme in der Erde bisher gänzlich unerwiesen und schwer zu begreifen ist. Für unsern gegenwärtigen Zweck ist übrigens hieran nichts gelegen. Eine Hypothese, die als Grundlage des Calculs gebraucht werden kann, reicht uns aus, und somit werden wir uns an die Vorstellung festhalten, dass magnetische Elemente, wie sie im Stahle sind, im Innern der Erde sich befinden; und zwar ist in der nördlichen Halbkugel der südliche, in der südlichen Halbkugel der nördliche Magnetismus, wenn nicht ausschliesslich, doch wenigstens in überwiegendem Maasse vorhanden.

ebenfalls = 1, d. h. die Einheit der magnetischen Kraft theilt der Masseneinheit in der Zeiteinheit eine Geschwindigkeit mit, welche der Längeneinheit gleich ist. Es ist willkürlich, welche Einheiten der Zeit, der Masse und der Länge gewählt werden, und es besteht desfalls mit Ausnahme der Zeiteinheit (für welche überall die Sexagesimal-Secunde genommen worden ist), verschiedener Gebrauch in verschiedenen Ländern. Als Längen- und Gewicht- oder Massen-Einheiten hat zuerst *Gauss* das Millimeter und das Milligramm eingeführt; in den Brittischen Observatorien ist der Englische Fuss und das Grain, in den Russischen Anstalten der Russische Zoll und das Russische Pfund gebraucht worden. Wir werden uns durchgängig der von *Gauss* gewählten Einheiten, deren Gebrauch schon sehr allgemein geworden ist, bedienen, und diejenige magnetische Kraft = 1 setzen, welche einem Milligramm eine Geschwindigkeit von einem Millimeter in einer Zeitsecunde ertheilt.

5. Es wird nicht unzweckmässig sein durch Vergleichung mit der Schwere eine Vorstellung von der magnetischen Krafteinheit zu geben. Um die Rolle A einer *Atwood*'schen Fall-Maschine (Fig. 3a) sei ein Faden gelegt, an dessen beiden Enden die Gewichte p und q hängen. Sind p und q gleich, so erfolgt keine Bewegung; ist aber q grösser als p, so setzt das Uebergewicht das ganze System in Bewegung, und es geht q herunter, während p steigt. Die Geschwindigkeit, welche in einer Secunde erlangt wird, steht in geradem Verhältnisse zu dem Uebergewichte. Wir wollen nun setzen, dass die Summe der Gewichte $p + q$, d. h. die ganze zu bewegende Masse = 1 Milligramm sei. Ist dann zugleich das Uebergewicht oder die bewegende Kraft = 1 Milligramm, d. h. ist das ganze Gewicht an dem einen Ende des Fadens befestigt, so erlangt die Masse am Ende der ersten Secunde eine Geschwindigkeit von 9779.4 Millimeter (am Aequator). Macht man das Uebergewicht = $\frac{1}{2}$ Milligramm, = $\frac{1}{3}$ Milligramm, = $\frac{1}{4}$ Milligramm, so wird die Geschwindigkeit $\frac{1}{2}$, $\frac{1}{3}$, $\frac{1}{4}$... der eben bezeichneten Geschwindigkeit betragen, und wenn das Uebergewicht $\frac{1}{9779.4}$ Milligramm beträgt, so wird die Geschwindigkeit $\frac{1}{9779.4}$ der obigen Grösse, oder 1 Millimeter betragen, d. h. es wird das System sich eben so bewegen, als wenn die Einheit der magnetischen Kraft darauf wirken würde. Unter den hier bezeichneten Voraussetzungen kann man also sagen, dass diejenige magnetische Kraft, die wir mit 1 bezeichnen $= \frac{1}{9779.4}$ der Schwere ist. Diese Zahl gilt für den Aequator: in der geographischen Breite φ muss

$$\frac{1}{9779{,}4\,(1 + 0.00519 \sin^2 \varphi)}$$

substituirt werden. Der Nenner dieses Bruches wird im Folgenden immer mit λ bezeichnet.

6. Was die meisten magnetischen Untersuchungen verwickelt macht, ist der Umstand, dass in den Magneten die Kraft nicht in einem Puncte sich befindet, sondern vertheilt ist nach Gesetzen, die man bisher nicht ermittelt hat, und wahrscheinlich nie — wegen der vielen Verhältnisse, von welchen die Vertheilung abhängt, — vollständig ermitteln wird. Hat man einen Magnetstab NS (Fig. 3b) von durchgängig gleichem Querschnitte, so ist der Magnetismus ungefähr so darin vertheilt, wie die Schattirung in der Figur anzeigt: in der einen Hälfte gegen N ist der nördliche, in der andern gegen S der südliche Magnetismus: gegen die Endpunkte wird die Kraft immer stärker, in der Mitte verschwindet sie ganz. Bei der Berechnung sucht man, da die Vertheilung unbekannt ist, blos die Form der Functionen festzusetzen, und gelangt zu Ausdrücken mit unbestimmten Coefficienten, deren Werth dann aus Beobachtungen abgeleitet wird.

Ehe wir indessen zu den complicirten Verhältnissen übergehen, dürfte es zweckmässig und der Deutlichkeit förderlich sein, wenn wir, unter Voraussetzung der möglichst einfachen — in der Wirklichkeit übrigens gar nicht vorkommenden — Verhältnisse, einige auf den Erdmagnetismus bezügliche Aufgaben lösen. Wir werden uns dabei die Magnete vorstellen, als bestehend aus einer Linie ohne Schwere, an deren Enden zwei magnetische Puncte von gegebenem Gewichte sich befinden. Folgende Bemerkung wird dabei die Entwickelung der Resultate wesentlich vereinfachen.

7. Wir haben im Vorhergehenden noch auf das Zeichen der magnetischen Intensität J Rücksicht genommen: bei den Messungen, die sich auf den Magnetismus der Erde beziehen, müssen wir indessen von dem Zeichen gänzlich abstrahiren. Die einzige Kraftäusserung, womit sich die Beobachtung zu beschäftigen hat, besteht darin, dass eine frei schwebende Nadel in eine bestimmte Richtung — die Richtung des Erdmagnetismus — — sich stellt, wenn ihr kein Hinderniss im Wege steht, und mit einer gewissen Kraft dahin zu kommen sucht, wenn sie durch irgend ein Hinderniss von ihrer natürlichen Lage entfernt gehalten wird, Es sei ns ein einfacher Magnet, frei beweglich um den Mittelpunct c, AB seine natürliche Richtung, J die Intensität des Erdmagnetismus, so ist für den Erfolg ganz gleichgültig, ob auf der Seite A die Intensität $+J$ oder auf der Seite B die Intensität $-J$ angenommen wird; oder ob man voraussetzt, dass auf beiden Seiten ein Theil sich befindet. Die Beobachtung giebt in dieser Beziehung keine Entscheidung, und es ist zweckmässig, hierauf bei den Entwickelungen Rücksicht zu nehmen. Befindet sich die freie Nadel in der Lage $n' s'$, und nimmt man den Magnetismus $+J$ auf der Seite A an, so wird der Pol s' angezogen mit der Kraft μJ, und der Pol n' abgestossen mit derselben Kraft. Diese zwei Kräfte können wir durch ds' und gn' vorstellen, und können dann anstatt derselben die durch Zerlegung erhaltenen Kräfte fs', es', hn', kn' substituiren. Die Kräfte fs' und hn', nach entgegengesetzter Richtung wirkend, heben sich auf, die Kräfte es' und kn' suchen mit dem Moment $es \,.\, cs$

$+kn.cn$ die Nadel ihrer natürlichen Richtung näher zu bringen, Setzt man $cs' = cn' = r$ und $ncn' = \varphi$, so wird das eben erwähnte Moment $= 2r\mu J \sin\varphi$. Eben denselben Erfolg erhalten wir auch, wenn wir eine Intensität $-J$ auf der Seite B annehmen, oder die Intensität auf beiden Seiten nach beliebigem Verhältnisse vertheilen. Diesem gemäss werden wir der magnetischen Intensität der Erde künftig kein Zeichen mehr beifügen, und auch von dem Sitze des Erdmagnetismus gänzlich abstrahiren. Zuvörderst bezeichnen wir immer die Richtung der frei hängenden Nadel, worunter die Richtung zu verstehen ist, nach welcher der Nordpol zeigt. Die Wirkung des Erdmagnetismus, in so fern wir uns damit befassen, besteht darin, dass er die Nadel in diese Richtung bringt, oder, (wenn die Nadel um den Winkel φ abgelenkt ist), mit dem Moment $2\mu r J \sin\varphi$ dahin zu bringen sucht.

8. Es sei (Fig. 5) ns ein einfacher Magnet, der frei um seinen Mittelpunct beweglich sein soll. Das Gewicht der Endpuncte sei p, und ihr Magnetismus $+\mu$ und $-\mu$. Nach der Richtung ac wirke der Erdmagnetismus mit der Kraft J, und von sehr grosser Entfernung, so dass für die ganze Länge des Magnets die Kraft gleich gross und parallel sei. Wie gross muss das Gewicht q sein, welches in e angehängt den Magnet in horizontaler Richtung, im Gleichgewichte erhält?

Es sei ns die horizontale Linie, mithin $acn = i =$ der magnetischen Inclination. Dem vorhergehenden § zufolge sucht der Magnet mit dem Moment $2\mu r J \sin i$ sich um den Mittelpunct c zu drehen, und der Richtung ac sich zu nähern. In entgegengesetztem Sinne wirkt das Moment des Gewichts q, d. h. $q.ce$. Die Summe der Momente wird für den Stand des Gleichgewichts $= o$ sein, oder, wenn man $ce = x$ setzt, $2r\mu J \sin i - qx = o$.

Hier müssen die beiden Kräfte q und μJ nach demselben Maasse ausgedrückt sein: will man q in Milligrammen ausdrücken, so muss man, dem Vorhergehenden zufolge, die Gleichung so schreiben

$$2 r \mu J \sin i = \lambda q x$$

Entfernt man das Gewicht q und versetzt den Unterstützungs- oder Drehungspunct nach c', so hat man für den Fall des Gleichgewichts:

$$p(r - \xi) - p(r + \xi) + \mu J \sin i (r + \xi) + \mu J \sin i (r - \xi) = o,$$

wenn ξ die Entfernung $c c'$, und p die Masse der Puncte n und s bedeuten. Die Gleichung giebt, wenn man dem obigen zufolge λp anstatt p schreibt:

$$\xi = \frac{r \mu J \sin i}{\lambda p}.$$

Es ist übrigens leicht einzusehen, dass in den beiden hier angegebenen Fällen ein stabiles Gleichgewicht nicht bestehen könne, und dass der Magnet nicht wieder in dieselbe Lage zurückkehrt, wenn er einmal auch nur um eine unendlich kleine Grösse daraus entfernt worden ist. Um ein stabiles Gleichgewicht hervorzubringen, muss der Drehungspunct oberhalb der Linie $n s$, etwa in c'' sich befinden.

9. Als zweite Aufgabe wollen wir die horizontalen Schwingungen eines einfachen Magnets näher zu bestimmen suchen. Es sei $n s$ (Fig. 6) ein einfacher Magnet, nach den Bestimmungen des §. 7 so an einen Coconfaden $F C$ aufgehängt, dass er in der horizontalen Lage verbleibt. Die Richtung der Total-Intensität J sei $C e$ und die Inclination $n C e$, wie oben $= i$. Der Magnet $n s$ wird sich in die Ebene stellen, welche durch die Linien $F C$ und $C e$ geht, und wird in dieser Lage erhalten durch die Kraft $J \cos n c e = J \cos i$, d. h. durch die horizontale Componente des Erdmagnetismus, die wir fernerhin immer mit X bezeichnen werden. Bringt man den Magnet $n s$ in der horizontalen Ebene aus der Lage des Gleichgewichts, und überlässt ihn dann sich selbst, so schwingt er um die Mittelrichtung $n C$ nach Art eines Pendels hin und her. Wird dann der Winkel $n C n'$, welchen der Magnet zur Zeit t mit der Mittelrichtung macht, $= u$ gesetzt und die übrigen Bezeichnungen des vorhergehenden § beibehalten, so findet sich nach dem bekannten und weiter unten (§. 38) dargestellten Bewegungs-Gesetze folgende Gleichung:

$$2p(r^2 + \xi^2)\frac{d^2 u}{dt^2} + 2\, r\, \mu X \sin u = o.$$

Wir wollen voraussetzen, dass der Magnet von n'' bis n''' schwingt, ferner werden wir den Schwingungsbogen $n\,n''$ mit $+h$ und $n\,n'''$ mit $-h$ bezeichnen, und annehmen, dass h hinreichend klein sei, damit die höhern Potenzen vernachlässigt werden dürfen. Unter dieser Voraussetzung erhalten wir als erstes Integral:

$$\frac{du^2}{dt^2} = \text{Const.} + \frac{r}{r^2 + \xi^2}\frac{\mu X u^2}{p} = \frac{r}{r^2 + \xi^2}\frac{\mu X}{p}(h^2 - u^2)$$

und hieraus ferner

$$t\sqrt{\frac{r}{r^2 + \xi^2}\frac{\mu X}{p}} + \text{Const.} = arc\left(\sin = \frac{u}{h}\right)$$

Setzen wir die Schwingungsdauer, d. h. die Zeit, die der Magnet braucht, um von n'' nach n''' zu kommen, $= T$, so haben wir, wenn der Magnet zur Zeit t' in n'' war, folgende zwei Gleichungen

$$t'\sqrt{\frac{r}{r^2 + \xi^2}\frac{\mu X}{p}} + \text{Const.} = arc\left(\sin = \frac{h}{h}\right) = \tfrac{1}{2}\pi$$

$$(t' + T)\sqrt{\frac{r}{r^2 + \xi^2}\frac{\mu X}{p}} + \text{Const.} = arc\left(\sin = -\frac{h}{h}\right) = \tfrac{3}{2}\pi$$

Die Differenz beider Gleichungen giebt:

$$T\sqrt{\frac{r}{r^2 + \xi^2}\frac{\mu X}{p}} = \pi \tag{1}$$

Die Summe der Massentheile eines Systems, multiplicirt mit ihren Entfernungen von der Bewegungsaxe, nennen wir das Trägheits-Moment des Systems, und werden es fernerhin mit K bezeichnen. Für unsern gegenwärtigen Fall ist:

$$K = p\,(r - \xi)^2 + p\,(r + \xi)^2 = p\,(r^2 + \xi^2).$$

Die Summe aller Kräfte, mit ihrer Entfernung von der Bewegungsaxe multiplicirt, wird das Moment genannt, und zwar, wenn es sich um magnetische Kraft handelt, das magnetische Moment; in unserm obigen Beispiele ist:

$$\mu X(r + \xi) + \mu X(r - \xi) = 2\,\mu X r$$

das magnetische Moment: wir bezeichnen es mit M. Die Einführung von M und K in die obige Gleichung giebt uns:

$$MX = \frac{\pi^2 K}{T^2} \qquad (2)$$

Aus dem Vorhergehenden ist ersichtlich, dass die Schwingungsdauer einigermassen von der Entfernung $\mathfrak{x}$ zwischen dem Schwerpuncte und der Schwingungsaxe abhängt, jedoch ist der Einfluss dieses Umstandes so gering, dass man in allen Fällen $\mathfrak{x}$ bei der Bestimmung von K vernachlässigen kann.

10. Wir wollen noch als letzte Aufgabe die Richtung bestimmen, die ein einfacher horizontal aufgehängter Magnet annimmt, wenn ausser dem Erdmagnetismus ein zweiter Magnet — in derselben Ebene, und senkrecht gegen seine Mitte gerichtet — auf ihn einwirkt. Der freie Magnet $n\,s$ (Fig. 7) sei an dem Faden Fc aufgehängt; der horizontale Theil des Erdmagnetismus X suche ihn zu dem magnetischen Meridian hinzuziehen, während der einfache Magnet NS ihn davon, und zwar um den Winkel $a\,c\,n = \varphi$ entfernt hält. Setzt man $c\,n = c\,s = r'$ und den Magnetismus der Endpuncte n und $s = +\mu'$ und $-\mu'$, so sucht der Erdmagnetismus (nach §. 7) mit dem Moment $= 2\,r'\,\mu'\,X \sin\varphi$ den Magnet zu drehen und dem Meridian zu nähern.

Was die Wirkung des Ablenkungs-Magnets NS betrifft, der senkrecht gegen die Mitte von $n\,s$ gerichtet ist, so stossen sich N und n, dann N und s ab mit den Kräften $+\frac{\mu\,\mu'}{(N\,n)^2}$ und $-\frac{\mu\,\mu'}{(N\,s)^2}$. Die Componenten nach $n\,s$ heben sich auf; die Componenten senkrecht auf $n\,s$ sind $\frac{\mu\,\mu'}{(N\,n)^2}\,\frac{N\,c}{N\,n}$ und $-\frac{\mu\,\mu'}{(N\,s)^2}\,\frac{N\,c}{N\,s}$; sie suchen mit einander die Ablenkung zu vergrössern mit dem Momente $\frac{\mu\,\mu'}{(N\,n)^2}\cdot\frac{N\,c}{N\,n}\cdot n\,c + \frac{\mu\,\mu'}{(N\,s)^2}\,\frac{N\,c}{N\,s}\,n\,s = \frac{2\,\mu\,\mu'\,(e-r)\,r'}{[(e-r)^2 + r'^2]^{\frac{3}{2}}}$ wo die Entfernung der Mittelpuncte $C\,c = e$, dann die halbe Länge $C\,N = C\,S = r$ gesetzt sind. Auf ähnliche Weise findet man, dass der Südpol S die Ablenkung zu vermindern sucht mit dem Momente $\frac{2\mu\mu'(e+r)r'}{[(e+r)^2+r'^2]^{\frac{3}{2}}}$. Für das Gleichgewicht hat man demnach folgende Gleichung:

$$2r'\mu' X \sin\varphi - \frac{2\mu\mu'(e-r)r'}{[(e-r)^2+r'^2]^{\frac{3}{2}}} + \frac{2\mu\mu'(e+r)r'}{[(e+r)^2+r'^2]^{\frac{3}{2}}} = o. \quad (1)$$

Da e immer viel grösser ist, als die übrigen vorkommenden Dimensionen, so kann man noch die zwei letzten Glieder nach den negativen Potenzen von e entwickeln, und darf dabei die 7te und die höhern Potenzen vernachlässigen. Unter dieser Voraussetzung geht die obige Gleichung in folgende über:

$$X\sin\varphi = \frac{4\mu r}{e^3}\left(1 + \frac{2r^2 - 3r'^2}{e^2} + \ldots\right)$$

oder wenn $2\mu r$ wie im vorigen §. $= M$ gesetzt wird:

$$X\sin\varphi = \frac{2M}{e^3}\left(1 + \frac{2r^2 - 3r'^2}{e^2} + \ldots\right) \quad (2)$$

Es kann hier bemerkt werden, dass, wenn man aus der eben gefundenen Gleichung, verbunden mit (2) §. 9, das magnetische Moment M eliminirt, folgende Gleichung hervorgeht:

$$X = \frac{\pi\sqrt{2K}}{T\sqrt{e^3\sin\varphi}} \cdot \left(1 + \frac{2r^2 - 3r'^2}{e^2} + \ldots\right)^{\frac{1}{2}}$$

Es lässt sich demnach die absolute Intensität des Erdmagnetismus berechnen, wenn die Schwingungsdauer eines Magnets und die Ablenkung, die er an einem andern freien Magnet hervorbringt, gegeben sind.

11. Einfache Magnete sind in der Natur nicht vorhanden, so dass die vorhergehenden Formeln keine unmittelbare Anwendung finden: dagegen geben sie eine vollständige Erläuterung der Methode, die bei magnetischen Berechnungen zu befolgen ist. Wir denken uns nämlich jeden Magnetstab oder jede Magnetnadel als bestehend aus einer unendlichen Anzahl magnetischer Elemente, berechnen die Wirkung eines jeden Elements genau in derselben Weise, wie es oben für die zwei Endpuncte eines einfachen Magnets geschehen ist: durch Summirung aller einzelnen Wirkungen erhalten wir das gesuchte Resultat.

Wir haben oben an den Enden eines einfachen Magnets zwei schwere Puncte, d. h. kleine Massen angenommen, und den Magnetismus als mit diesen Massen verbunden uns gedacht. Eine ähnliche Vorstellung legen wir zu Grunde bei der Entwickelung, die sich auf Magnetstäbe bezieht. Wir denken uns nämlich mit jedem Massen-Elemente dp eine Quantität Magnetismus dm verbunden. Bestimmt man die Lage des Massen-Elements dp durch die rechtwinkligen Coordinaten x, y, z, und nennt man g das Gewicht einer Cubikeinheit, d. h. das Gewicht eines Cubik-Millimeters, in Milligrammen ausgedrückt, so hat man $dp = g\, dx\, dy\, dz$. Analog hiemit kann man den Magnetismus eines Cubik-Millimeters $= V$ setzen, und hat alsdann $dm = V\, dx\, dy\, dz$.

Im Allgemeinen wird bei einem Magnetstabe die Dichtigkeit an verschiedenen Stellen verschieden sein; man muss demnach g als eine Function von x, y, z betrachten. In gleicher Weise ist auch V als eine Function von x, y, z zu betrachten, und zwar als eine Function, welche in der Mitte des Stabes $= o$ wird, und gegen die Enden ihren grössten Werth erreicht.

12. Zum Verständnisse der spätern Entwickelungen ist noch die Bemerkung wesentlich, dass bei Magnetstäben die Breite und Dicke im Verhältnisse zu der Länge immer sehr klein sind, dass ferner die Breite und Dicke überhaupt wenig Einfluss haben, namentlich die Function V vorzugsweise von der Länge, und kaum in erheblichem Grade von der Breite oder Dicke abhängt. Aus diesen Gründen kommt grösstentheils nur die Längen-Dimension eines Magnets in Betracht, oder mit andern Worten, man denkt sich eine Längenaxe mitten durch den Magnet gehend, und in dieser Axe die Masse und den Magnetismus vereinigt. Unter dieser Voraussetzung bezeichnet dm den Magnetismus, und dp das Gewicht eines Abschnittes von der Länge dx.

13. Eine fernere zur Verständigung erforderliche Bestimmung bezieht sich auf die Art und Weise, wie man die Richtung eines Magnets bezeichnet. Bei dem Magnet selbst bezieht sich die Richtung immer auf den Nordpol: beim magnetischen oder astronomischen Meridian wird vom Nordpuncte aus über Osten bis 360° gezählt*). Bei der verticalen Bewegung wird vom nördlichen Horizont gerechnet, und die Winkel gegen den Nadir positiv, gegen das Zenith aber negativ genommen. Wenn man den Winkel angiebt, den ein Magnet mit einem andern macht, so bezieht sich diese Angabe auf die Nordpole beider Magnete: die Richtung, in welcher der Winkel zunimmt, ist wie beim magnetischen Meridian von der Linken zur Rechten.

II. Abschnitt.

Bestimmung der Richtung und Directions-Kraft, welche ein frei hängender Magnet unter dem Einflusse des Erdmagnetismus erhält.

14. Obwohl wir schon im vorhergehenden Abschnitte die Grössen, wodurch man die Kraft und Richtung des Erdmagnetismus ausdrückt, zum Theile erwähnt haben, so halte ich es doch für zweckmässig, hier eine mehr systematische Erklärung folgen zu lassen.

*) Ausnahmsweise bezeichnet man die Declination als östlich oder westlich. Einige haben auch östliche Declinationen mit — bezeichnet, während sie die westlichen mit + bezeichneten. Diese letztere Bezeichnungsweise ist jedenfalls als ungeeignet zu verwerfen, weil sie aller Analogie widerstreitet.

Es seien P und P' (Fig. 8) der Nord- und Südpol der Erdkugel, c ein Punct der Oberfläche, wo die magnetische Kraft, (Total-Intensität) J nach der Richtung $a\,c$ wirkt. Durch die Verticale $b\,c$ und die magnetische Richtung $a\,c$ lege man eine Ebene $a\,b\,c$, so schneidet diese die Kugelfläche in dem grössten Kreise $e\,c$. Dieser grösste Kreis wird der magnetische Meridian, und der Winkel $P\,c\,e$, den er mit dem astronomischen Meridian macht, die magnetische Declination ... δ ..., genannt. Es sei $c\,f$ eine in der Ebene des magnetischen Meridians liegende Horizontal-Linie, so heisst der Winkel $a\,c\,f$ die Inclination, und wird im Folgenden immer mit i bezeichnet. Zerlegt man die Totalkraft J, die wir durch die Linien $a\,c$ vorstellen wollen, in zwei andere, $a\,f = Y$ vertical, und $c\,f = X$ horizontal, so erhalten wir $Y = J \sin i$, $X = J \cos i$. Die Bezeichnung X für die Horizontalkraft und Y für die Verticalkraft werden wir im ganzen Verlaufe der folgenden Entwickelungen beibehalten.

Stellt man einen Magnet $n\,s$, unter dem Winkel $a\,c\,n = \varphi$, gegen die magnetische Richtung, so wird der Punct h, wo sich der Magnetismus $d\,m$ befindet, nach der Richtung $a'\,h$ (parallel mit $a\,c$) gezogen mit der Kraft $J\,d\,m$ (§. 7). Diese Kraft, die wir durch die Linie $a'\,h$ vorstellen, können wir zerlegen in die zwei Seitenkräfte $h\,l$ und $a'\,l$. Die erstere $= J\,d\,m \cos\varphi$ sucht den Magnet $n\,s$ nach seiner Länge zu bewegen; die letztere $J\,d\,m \sin\varphi$ sucht eine Drehung zu bewirken um den Punct c mit dem Moment $a'\,l\,.\,c\,h = J\,d\,m\,x \sin\varphi$, wenn wir die Entfernung des Punctes h von der Mitte mit x bezeichnen. Die nach der Richtung des Magnets wirkende Kraft, auf die ganze Länge des Magnets ausgedehnt, ist $= \int J\,d\,m \cos\varphi = J \cos\varphi \int d\,m$. Wir haben bereits oben bemerkt, dass jeder magnetische Körper, so weit die bisherige Erfahrung reicht, eben so viel positiven, als negativen Magnetismus enthält, wornach die ganze Summe $\int d\,m$

$= o$. sein wird. Eine Verrückung nach der Richtung des Magnets findet also nicht statt.

Was das Drehungsmoment betrifft, so haben wir für den ganzen Magnet das Integral $\int J\,dm\,x \sin\varphi = J \sin\varphi \int x\,dm$. Das Integral $\int x\,dm$ ist die Summe aller Kräfte, multiplicirt mit ihrer Entfernung von der Bewegungsaxe, und wird (§. 9) das magnetische Moment genannt. Wir bezeichnen dieses Moment mit M, und erhalten also das obige Drehungsmoment

$$= MJ \sin\varphi. \qquad (1)$$

Das Drehungsmoment $MJ \sin\varphi$ sucht den Winkel φ zu vermindern: nehmen wir nun an, wir hätten eine andere gleich grosse Kraft q, die der vorhergehenden entgegenwirkt, und setzen wir $u = MJ \sin\varphi - q = o$, so wird bei einer Vermehrung des Winkels φ um die Grösse $\delta\varphi$ eine Kraft $\frac{du}{d\varphi}\,\delta\varphi$ entstehen, welche den Magnet in den vorigen Stand zurückzuführen sucht. Für dasselbe $\delta\varphi$ wird diese Kraft grösser oder kleiner sein, je nachdem der Differential-Coefficient $\frac{du}{d\varphi}$ grösser oder kleiner ist, und da sehr häufig die hier bezeichneten Verhältnisse bei magnetischen Untersuchungen in Betracht kommen, so hat man eine eigene Bezeichnung: Directionskraft für $\frac{du}{d\varphi}$ oder $MJ \cos\varphi - \frac{dq}{d\varphi}$ eingeführt. Der gegebenen Definition zufolge wird ein Magnet vermöge seiner Directionskraft sich in die Richtung des Gleichgewichts immer wieder stellen, wenn er durch irgend eine vorübergehende Ursache um etwas Weniges daraus entfernt worden ist: der Magnet wird auch um so schneller zurückkommen, und um so sicherer sich in die richtige Lage einstellen*), je grösser die Directionskraft ist.

*) Man muss nicht vergessen, dass die Luft der Bewegung eines Magnets ein Hinderniss macht, auch die Wallungen und die Strömung der Luft den Magnet aus der wahren Lage des magnetischen Gleichgewichts zu entfernen trachten.

Wird der Magnet $n\,s$ sich selbst überlassen, so dass er sich frei um seinen Schwerpunct drehen kann, so kommt er in der magnetischen Richtung $a\,c$ zur Ruhe, und nimmt die Lage $n'\,s'$ an. Dabei ist seine Directionskraft dem Vorhergehenden zufolge $= M\,J$. Wird der Magnet an einem Faden so aufgehängt, dass er blos in der horizontalen Ebene sich bewegen kann (§. 8), so stellt er sich in der Lage $n''\,s''$ in die Ebene des magnetischen Meridians, und seine Directionskraft wird $= M\,J \cos i = M\,X$ sein.

16. Es muss hier noch der Umstand in Betracht gezogen werden, dass wir blos mit Magneten zu thun haben, die um eine Axe und in einer Ebene sich bewegen können: einen Magnet so aufzustellen, dass er sich nach allen Richtungen um seinen Schwerpunct mit der erforderlichen Beweglichkeit drehen könne, ist practisch unmöglich. Wir wollen nun mit Bezug auf dieses Verhältniss allgemein untersuchen, welche Stellung ein Magnet $n\,s$ (Fig. 9) einnimmt, wenn er sich in einer Ebene $A'\,B'$ zu bewegen hat, die gegen die Ebene des Horizonts $A\,B$ unter dem Winkel $A'\,a\,A = \psi$ geneigt ist, und letztere Ebene schneidet in einer Linie $a\,c$, die das Azimuth $A\,c\,a = \vartheta$ mit dem magnetischen Meridian $A\,c$ macht. Es sei $c\,b$ die magnetische Richtung (Richtung der Totalkraft), und man setze $a\,c\,n = u$, so hat man:

$$\cos A\,c\,n = \cos\vartheta \cos u + \sin\vartheta \sin u \cos\psi \qquad (1)$$

$$\sin A\,c\,n \sin a\,A\,n = \sin\psi \sin u \qquad (2)$$

Setzt man dann den Winkel $b\,c\,n$, den die Nadel mit der magnetischen Richtung macht, $= x$, so hat man:

$$\cos x = \cos i \cos A\,c\,n - \sin i \sin A\,c\,n \sin a\,A\,n$$

oder nach Substitution der obigen Werthe:

$$\cos x = \cos i \cos\vartheta \cos u + \cos i \sin\vartheta \sin u \cos\psi - \sin i \sin\psi \sin u.$$

Die Nadel wird sich in der Ebene $A'\,B'$ bewegen, bis sie denjenigen Stand erreicht, wo x am Kleinsten ist: in diesem Falle wird $\frac{d\,x}{d\,u} = o$ sein, mithin:

$$o = -\cos i \cos\vartheta \sin u + \cos i \sin\vartheta \cos u \cos\psi - \sin i \sin\psi \cos u$$

und

$$\operatorname{tg} u = \operatorname{tg} \vartheta \cos \psi - \operatorname{tg} i \frac{\sin \psi}{\cos \vartheta}. \tag{3}$$

Die Directionskraft der Nadel ist $= M J \cos x$.

Wenn sich die Nadel in der Ebene des Horizonts bewegen muss, (d. h. wenn sie an einem Faden horizontal aufgehängt ist), so hat man $\psi = o$, ϑ unbestimmt. Die Gleichung (1) giebt $u = \vartheta$ und $u = \vartheta + 180^{\circ}$. Der erstere Werth allein giebt ein stabiles Gleichgewicht, und nach Gleichung (1) wird die Entfernung vom magnetischen Meridian $= 0^{\circ}$ sein.

Bewegt sich die Nadel in einer verticalen Ebene, (wie es bei Inclinations-Nadeln der Fall ist), so hat man $\psi = 90^{\circ}$, mithin wenn die Nadel in dem Azimuth ϑ sich befindet:

$$\operatorname{tg} u = -\frac{\operatorname{tg} i}{\cos \vartheta} \tag{4}$$

und die Directionskraft

$$= M J \cos x = M J \cos i \cos \vartheta \cos u \left(1 + \operatorname{tg}^2 i \cos^2 \vartheta\right)$$

$$= M J \frac{\cos \vartheta \cos i}{\cos u} = M J \frac{\cos i \cos \vartheta}{\sqrt{1 + \frac{\operatorname{tg}^2 i}{\cos^2 \vartheta}}}. \tag{5}$$

17. Es ist oben gesagt worden, dass ein freier Magnet sich in die Richtung stellt, in welcher der Erdmagnetismus zieht. So lange nur auf Linear-Magnete die Anwendung gemacht wird, bedarf wohl dieser Satz keiner weitern Erläuterung: handelt es sich dagegen um Magnetstäbe, so müssen einige nähere Bestimmungen gegeben werden. Der gewöhnlichen Vorstellungsweise zufolge giebt es in dem Magnetstabe eine Linie, die man die magnetische Axe nennt, und in welcher der ganze Magnetismus concentrirt gedacht werden kann. Trifft diese Linie mit der Richtung des Erdmagnetismus zusammen, so findet ein Gleichgewicht statt. Das wahre Verhältniss wird indessen nur unvollständig hierdurch ausgedrückt, wie man aus folgender Entwickelung ersehen kann. Es sei *A B* (Fig. 10) die Richtung der Horizontal-Intensität *X*, *N S* ein Magnetstab, der sich frei um eine durch den Punct C gehende verticale Axe drehen kann. In dem Magnetstab nehme man eine durch die Mitte c gehende Coordinatenaxe $a\,b$ an, die mit der magnetischen Richtung den Winkel $C A c = \alpha$ macht. Man ziehe $C c'$ senkrecht auf die Axe, und setze $c\,d = x$, $d\,f = y$, $c\,c' = b$, $C\,c' = e$. Im Puncte f sei der Magnetismus $d\,m$ vorhanden, so wird dieser Punct in der Richtung $f\,B'$ gezogen mit der Kraft $X\,d\,m$: diese Kraft senkrecht auf $C\,f$ zerlegt, sucht eine Drehung hervorzubringen mit dem Moment:

$$X\,d\,m\,.\sin B\,C\,f\,.\,C\,f$$

und das Gleichgewicht tritt ein, wenn die Summe aller Drehungsmomente $= o$ wird: die Lage des Gleichgewichts wird also bestimmt durch die Gleichung;

$$\int X dm\,.\sin B C f\,.\,C f = o.$$

Nun hat man $B\,C\,f = C\,f\,g + C\,A\,c = C\,f\,g + \alpha$, mithin:

$$C\,f \sin B\,C\,f = C\,f \sin C\,f\,g \cos\alpha + C\,f \cos C\,f\,g \sin\alpha$$
$$= C\,g \cos\alpha + f\,g \sin\alpha = (e - y)\cos\alpha + (x + b)\sin\alpha.$$

Die obige Gleichung wird demnach:

$$\cos\alpha \int (e - y)\,dm + \sin\alpha \int (x + b)\,dm = o.$$

Nun ist $\int e\,d\,m = e \int d\,m = o$, eben so $\int b\,d\,m = o$, und wenn wir $\int y\,dm = N$ setzen, analog mit der oben schon eingeführten Bezeichnung $\int x\,d\,m = M$, so wird der Werth von α, welcher der Lage des Gleichgewichts entspricht, ausgedrückt durch die Gleichung:

$$\operatorname{tg}\alpha = \frac{N}{M}.$$

Wählt man die Coordinatenaxe $a\,b$ so, dass $\int y\,dm = o$ wird, so kommt der Magnet zur Ruhe, wenn die Coordinatenaxe im Meridian ist. Wählt man die Lage der Coordinatenaxe so, dass $\int x\,d\,m$ ein Maximum wird, so hat man $\int y\,d\,m = o$, mithin kann man auch sagen, dass die magnetische Axe diejenige Linie ist, in Beziehung auf welche $\int x\,d\,m$ ein Maximum wird.

Die Coordinaten des Drehungspunctes e und b sind gänzlich aus der obigen Gleichung verschwunden, woraus folgt, dass die Richtung, in welcher ein Magnet zur Ruhe kommt, von der Lage des Drehungspunctes ganz unabhängig ist. Dieser Erfolg hängt davon ab, dass wir (nach §§. 2 und 14) $\int dm = o$ gesetzt haben. Umgekehrt gewährt die excentrische Aufhängung einer Nadel, wie in Fig. 11, wo $a\,b$ ein unmagnetischer Körper und NS ein Magnet ist, das feinste Prüfungsmittel*), um zu entscheiden, ob ein Magnet eben so viel positiven als negativen Magnetismus enthalte.

III. Abschnitt.

Entwickelung der Ablenkungs-Verhältnisse.

18. Wenn man einen Magnet so aufstellt, dass er nach allen Richtungen oder in einer Ebene sich frei bewegen kann, so wird er durch den Erdmagnetismus, wie im vorigen Abschnitte nachgewiesen worden ist, in eine bestimmte Richtung gebracht, und in dieser Richtung mit einer bestimmten Directionskraft gehalten. Befindet sich ein zweiter Magnet in der Nähe, so entsteht dadurch im Allgemeinen eine Aenderung der Richtung, und eine Aenderung der Directionskraft. Diese Aenderungen wollen wir im Folgenden zu bestimmen suchen.

Man könnte zwar durch einen einzigen allgemeinen Ausdruck

*) Man führt gewöhnlich den Umstand, dass bei einem Faden, an den man einen Magnet aufhängt, keine Abweichung von der senkrechten Richtung bemerkt wird, als Beweis an, dass der Magnet eben so viel positiven als negativen Magnetismus habe: das hier angeführte Prüfungsmittel ist viel geeigneter, die Frage zu entscheiden.

alle Ablenkungen zusammenfassen; ich halte es aber für nützlicher die in der Praxis vorkommenden Fälle einzeln zu entwickeln. Dabei kann bemerkt werden, dass zweierlei Verhältnisse bei magnetischen Beobachtungen vorkommen: entweder handelt es sich um Ablenkungen von grösserem Betrage, die man als Maass für die magnetische Kraft gebrauchen will, und wobei die Umstände so gewählt werden, dass die Berechnung möglichst einfach wird, oder es handelt sich um kleine Ablenkungen und Aenderungen der Directionskraft, die als Verbesserungen der Beobachtung angewendet werden sollen, und wobei zwar die Umstände sehr complicirt sein können, das Resultat aber einfach wird, weil es ausreicht, das erste Glied in der Entwickelung zu bestimmen.

Bei magnetischen Messungen lässt man die Nadeln in zweierlei Ebenen sich bewegen, in der horizontalen und in der verticalen. Unter beiderlei Verhältnissen können Ablenkungen vorkommen. Wir werden übrigens bei unsern Entwickelungen blos horizontale Nadeln betrachten.

1. Ablenkungen, die als Maass der magnetischen Kraft dienen sollen.

19. Als ersten Fall wollen wir die (Fig. 12) in horizontaler Projection dargestellte Ablenkung betrachten, wo der ablenkende Magnet NS auf der Richtung der freien Nadel $n\,s$ senkrecht ist, und seine verlängerte Axe durch den Mittelpunct der Nadel geht. Betrachten wir die Abstossung zweier Puncte a und b, in welchen die Quantitäten Magnetismus dm und dm' sich befinden, so haben wir dafür den Ausdruck $= \frac{dm\, dm'}{(a\,b)^2}$.

Diese Kraft muss zerlegt werden in zwei andere Kräfte, die eine senkrecht auf die Nadel nach $b\,B$ oder $a\,c'$ — die andere nach der Länge der Nadel, nach $b\,c'$ — wirkend: die erstere ist

$$= \frac{dm\,dm'}{(ab)^2} \cdot \frac{a\,c'}{ab},$$

die letztere

$$= \frac{dm\,dm'}{(ab)^2} \cdot \frac{b\,c'}{ab}.$$

Was diese letztere Kraft betrifft, so brauchen wir sie nicht weiter in Betracht zu ziehen, weil die beiden Hälften des freien Magnets nach entgegengesetzter Richtung gleich stark*) gezogen werden, und die Resultante $= o$ wird, überdiess eine Verschiebung nach der Länge des Magnets, auch wenn solche statt fände, auf den Ablenkungswinkel, den wir zu bestimmen haben, ohne Einfluss bleibt.

Die erstere Kraft muss mit der Entfernung vom Mittelpuncte $b\,c'$ multiplicirt werden, um das Drehungsmoment zu geben, und wenn man den so erhaltenen Ausdruck integrirt für die ganze Länge der Nadel und des Ablenkungsmagnets, so ergiebt sich das totale Drehungsmoment:

$$\int\int \frac{a\,c'\,b\,c'}{(ab)^3}\,dm\,dm'.$$

Dieses Drehungsmoment sucht den Nordpol zurückzustossen und den Südpol anzuziehen, mithin die Nadel dem Meridian zu nähern, in demselben Sinne wirkt auch der Erdmagnetismus und zwar mit dem Momente $M'X\sin\varphi$ (§. 14, [1]), wenn das magnetische Moment der Nadel $n\,s$ mit M' bezeichnet wird. Die Nadel wird

*) Dies gilt nur für den Fall, dass der Magnetismus symmetrisch in beiden Hälften vertheilt sei. In den meisten Fällen wird dieser Bedingung wohl nur näherungsweise Genüge geleistet, aber der Erfolg ist, wie oben bemerkt wird, ohne Einfluss auf die Verhältnisse, die wir hier zu betrachten haben. Es mag nicht überflüssig sein, hier zu bemerken, dass der Ablenkungsmagnet in der freien Nadel Magnetismus senkrecht auf ihrer Länge inducirt, und dadurch eine Verminderung der Distanz entsteht. Ich habe mich indessen durch directe Beobachtung überzeugt, dass bei den gewöhnlichen Vorrichtungen diese Verminderung der Distanz nicht wahrnehmbar ist: ich bediente mich eines micrometrischen Microscops, wodurch eine Verstellung von $\frac{1}{500}$ eines Millimeters leicht bemerkt werden konnte. Die Wirkung würde übrigens um so grösser sein, je länger der Suspensions-Faden, und je kleiner das Gewicht der freien Nadel ist.

nun in derjenigen Lage zur Ruhe kommen, wo die Summe der darauf wirkenden Kräfte $= o$ wird: für diese Lage ist also

$$M' X \sin \varphi + \iint \frac{a\,c' \,.\, b\,c'}{(ab)^3}\, dm\, dm' = o.$$

Setzen wir die Entfernung der Mittelpuncte der Nadel und des Ablenkungsmagnets $c\,c' = e$, ferner $a\,c = x$, $b\,c' = x'$, so haben wir $ab^2 = (e+x)^2 + x'^2$ mithin:

$$M' X \sin \varphi + \iint \frac{(e+x)\, x'}{[(e+x)^2 + x'^2]^{\frac{3}{2}}}\, dm\, dm' = o. \tag{1}$$

Um die Integration ausführen zu können, müssen wir die Function $\frac{(e+x)\, x'}{[(e+x)^2 + x'^2]^{\frac{3}{2}}}$ oder $\frac{x'}{(e+x)^2} \left(1 + \frac{x'^2}{(e+x)^2}\right)^{-\frac{3}{2}}$ nach den negativen Potenzen von e entwickeln (§. 10); die Gleichung erhält dann folgende Form:

$$M' X \sin \varphi = - \iint \left(\frac{x'}{(e+x)^2} + \frac{3}{2} \frac{x'^3}{(e+x)^4} + \frac{15}{4} \frac{x'^5}{(e+x)^6} + \frac{35}{16} \frac{x'^7}{(e+x)^8} \cdot \cdot \cdot \cdot \right) dm\, dm'$$

oder

$$\begin{aligned} M' X \sin \varphi = &- \frac{1}{e^2} \iint x'\, dm\, dm' \\ &+ 2 \frac{1}{e^3} \iint x\, x'\, dm\, dm' \\ &- \tfrac{3}{2} \frac{1}{e^4} \iint (2\, x^2\, x' + x'^3)\, dm\, dm' \\ &+ 2 \frac{1}{e^5} \iint (2\, x^3\, x' + 3\, x\, x'^3)\, dm\, dm' \\ &- 5 \frac{1}{e^6} \iint (x^4\, x' + 3\, x^2\, x'^3 + \tfrac{3}{4}\, x'^5)\, dm\, dm' \\ &+ 6 \frac{1}{e^7} \iint \left(x^5\, x' + 5\, x^3\, x'^3 + \frac{15}{4}\, x'^5\, x \right) dm\, dm' \\ &- \ldots \end{aligned}$$

Bei der Integration ist zu bemerken, dass, da $\int dm = o$ und $\int dm' = o$ (§§. 2 und 14), das erste Glied wegfällt. Das Integral

$\int\int x x' \, dm \, dm' = \int x \, dm \int x' \, dm'$ ist das Product der magnetischen Momente der Nadel und des Ablenkungsmagnets, und kann analog mit der im (§. 9) gebrauchten Bezeichnung $= M M'$ gesetzt werden. Was die übrigen Glieder betrifft, so wollen wir die auf die ganze Länge der Magnete ausgedehnten Integrale $\int x^n \, dm = M_n$ und $\int x'^n \, dm' = M'_n$ setzen, bemerken jedoch, dass die Glieder, in welchen gerade Potenzen von x, x' vorkommen, nämlich $\int x^2 \, dm$, $\int x'^2 \, dm'$, $\int x^4 \, dm \ldots$ vollkommen verschwinden würden, wenn der Magnetismus in beiden Hälften der Magnete symmetrisch vertheilt wäre; für die südliche Hälfte der Magnete erhalten nämlich dm, dm' entgegengesetzte Zeichen, nicht aber die geraden Potenzen von x, x'; und jedem elementaren Momente $+ x^2 \, dm$ entspricht auf der südlichen Hälfte ein gleich grosses $- x^2 \, dm$, so dass die Summe $= o$ wird. Aber auch für den Fall, dass der Magnetismus nur näherungsweise symmetrisch vertheilt ist, werden die Glieder, worin M_2, M_4, M'_2, M'_4 vorkommen, kaum je einen merklichen Werth erlangen, weil diese ohnehin kleine Grössen mit höhern Potenzen von e dividirt sind*). Wir wollen jedoch der Vollständigkeit wegen auch diese Glieder vorläufig beibehalten, und haben dann, (wenn beide Seiten der Gleichung mit $2 \frac{M M'}{e^3}$ dividirt werden), folgenden Ausdruck:

---

*) Es handelt sich hier um einfache Ablenkung, wo möglicher Weise M_2, $M_4 \ldots$ einen merklichen Werth haben könnten. Wir werden weiter unten sehen (§. 23), dass bei der Einrichtung, die man den Ablenkungs-Beobachtungen gewöhnlich giebt, die sämmtlichen geraden Potenzen von x sich aufheben, mithin M_2, M_4 von selbst wegfallen.

$$\left.\begin{aligned}\tfrac{1}{2} e^3 \frac{X}{M} \sin\varphi = 1 &- \frac{1}{e}\,\frac{3}{2}\,\frac{M_2}{M} \\ &+ \frac{1}{e^2}\left(2\,\frac{M_3}{M} - 3\,\frac{M'_3}{M'}\right) \\ &- \frac{1}{e^3}\left(\frac{5}{2}\,\frac{M_4}{M} + \frac{15}{2}\,\frac{M_2 M'_3}{MM'}\right) \\ &+ \frac{1}{e^4}\left(3\,\frac{M_5}{M} - 15\,\frac{M_3 M'_3}{MM'} + \frac{45}{8}\,\frac{M'_5}{M'}\right)\end{aligned}\right\}(2)$$

20. Es ist leicht die eben befolgte Methode auf den Fall auszudehnen, dass man auf die Breite und Dicke des Ablenkungsmagnets und der Nadel Rücksicht nehme; bei der hierauf bezüglichen Entwicklung wollen wir übrigens der Einfachheit wegen eine gleiche Form der Nord- und Südhälften, und eine symmetrische Vertheilung der magnetischen Kraft voraussetzen. Es sei *Ns*, *ns* (Fig. 13) die horizontale Projection des Ablenkungmagnets und der Nadel, und zwar der Durchschnitt, welcher entsteht, wenn man durch die Axen der Magnete eine Ebene legt, setzen wir dann $ce = x$, $c'e' = x'$, $ea = y$, $e'b = y'$ und bezeichnen wir die Entfernung von der horizontalen, durch die beiden Axen gehenden Ebene mit z, z' (aufwärts positiv), so ist die Entfernung der Elemente a und b

$$= \left[(e + x + y')^2 + (x' - y)^2 + (z - z')^2\right]^{\frac{1}{2}}$$

und man erhält analog mit der Gleichung (1) des vorhergehenden Paragraphen

$$M' X \sin\varphi = -\iint \frac{(e + x + y')\,x'}{\left[(e + x + y')^2 + (x' - y)^2 + (z - z')^2\right]^{\frac{3}{2}}}\,dm\,dm'.$$

Da die Breite und Dicke der Magnete im Verhältnisse zu den übrigen vorkommenden Dimensionen als kleine Grössen zu betrachten sind, so können wir zuerst nach den Potenzen von z, z', y, y' die rechte Seite der Gleichung entwickeln, und dann erhalten wir die Form:

$$M' X \sin\varphi = \iint (A + By + Cy' + Dz + Ez' + Fy^2 + \ldots.)\,dm\,dm'.$$

Betrachten wir hier das Glied $\iint By\,dm\,dm'$, so lässt sich ohne

Schwierigkeit begreifen, dass dem Puncte a gegenüber ein anderer Punct a' angegeben werden kann, dem dieselben Werthe von dm, x, z, mithin auch derselbe Werth von Bdm entsprechen, während y daselbst zwar dieselbe Grösse, aber das entgegengesetzte Zeichen hat. Auf solche Weise findet man immer zwei gleiche Werthe von $By\,dm$, die entgegengesetzte Zeichen haben, mithin sich aufheben, woraus dann folgt, dass $\int By\,dm = o$ ist. Aehnliches lässt sich von den drei folgenden Gliedern, wo y', z, z' als Factoren vorkommen, nachweisen; auch diese fallen also durch die Integration weg. Aus demselben Grunde können die höhern ungeraden Potenzen vernachlässigt werden; was aber die Glieder betrifft, wo gerade Potenzen von y, y', z, z' vorkommen, so können sie allerdings einen von o verschiedenen Werth durch Integration erhalten; jedoch sind diese Glieder mit der fünften und höhern Potenzen von e dividirt, und werden, wenn man die gewöhnliche Form der Magnete beibehält, keinen wahrnehmbaren Einfluss haben. Wir schliessen hieraus, dass bei Entwickelung der Ablenkungs-Verhältnisse die Breite und Dicke der Magnete vernachlässiget werden dürfen (§. 12).

21. Eine zweite in der Untersuchung des Erdmagnetismus besonders anwendbare Ablenkungsweise wird dadurch hervorgebracht, dass man den Ablenkungsmagnet NS (Fig. 14) senkrecht auf die Länge der Nadel ns stellt, und zwar so, dass die verlängerte Axe der Nadel durch seinen Mittelpunct geht. In diesem Falle erhält man die Abstossung der Elemente a und b, senkrecht auf die Länge der Nadel zerlegt, $= \frac{dm\,dm'}{ab^2} \cdot \frac{ac}{ab}$.

Diese Kraft müssen wir noch mit bc' multipliziren, um das Moment bezüglich auf den Mittelpunct (und Bewegungspunct) c' zu finden. Führt man analoge Bezeichnungen, wie im vorigen §. ein, nämlich $cc' = e$, $ac = x$, $bc' = x'$, so erhält man:

$$M' X \sin\varphi - \iint \frac{x\,x'}{[(e-x')^2 + x^2]^{\frac{3}{2}}}\, dm\,dm' = o. \qquad (1)$$

Das zweite Glied ist negativ, weil das Element a den Winkel φ zu vergrössern sucht, also im entgegengesetzten Sinne von X wirkt. Die Integration giebt folgende Gleichung:

$$\left.\begin{aligned} c^3 \frac{X}{M} \sin\varphi = 1 &+ \frac{1}{e} \frac{M_2'}{M'} \\ &- \frac{1}{e^2}\left(\frac{3}{2}\frac{M_3}{M} - 6\frac{M_3'}{M'}\right) \\ &- \frac{1}{e^3}\left(\frac{15}{2}\frac{M_3 M_2'}{M M'} - 10\frac{M_4'}{M'}\right) \\ &+ \frac{1}{e^4}\left(\frac{15}{8}\frac{M_5}{M} - \frac{45}{2}\frac{M_3 M_3'}{M M'} + 15\frac{M_3'}{M'}\right) \\ &+ \ldots \end{aligned}\right\} (2)$$

22. Die beiden vorhergehenden Ablenkungen können auch so modificirt werden, dass man den Ablenkungsmagnet nicht senkrecht auf die Nadel, sondern s e n k r e c h t a u f d e n m a g n e t i s c h e n M e r i d i a n stellt.

a) Es sei NS (Fig. 15) der Ablenkungsmagnet, ns die freie Nadel, dann a und b zwei Elemente, die sich abstossen, und den Magnetismus dm, dm' haben, so ist die Grösse dieser Abstossung

$$= \frac{dm\, dm'}{ab^2}.$$

Diese Kraft senkrecht auf ns zerlegt, sucht den Winkel φ zu vermindern mit dem Momente

$$\frac{dm\, dm'}{ab^2} \frac{a\,e}{ab}\, b\, c',$$

und da auch X denselben Winkel zu vermindern sucht, so hat man analog mit (1) §. 19 die Gleichung:

$$M' X \sin\varphi + \iint \frac{(e+x)\cos\varphi\, x'\, dm\, dm'}{[(e+x)^2 - 2(e+x)x'\sin\varphi + x'^2]^{\frac{3}{2}}} = o. \qquad (1)$$

Daraus folgt mit Hinweglassung der Glieder, die von M_2, M_2', M_4, M_4' abhängen:

$$\begin{aligned} \tfrac{1}{2} e^3 \frac{M}{X} \operatorname{tg}\varphi = 1 &+ \frac{1}{e^2}\left(2\frac{M_3}{M} - \frac{M_3'}{M'}(3 - 15\sin^2\varphi)\right) \\ &+ \frac{1}{e^4}\Bigl(3\frac{M_5}{M} - 15\frac{M_3 M_3'}{M M'}(1 - 5\sin^2\varphi) \\ &\quad + \frac{45}{8}(1 - 14\sin^2\varphi + 21\sin^4\varphi)\Bigr) + \ldots \end{aligned} \qquad (2)$$

b) Der Ablenkungsmagnet NS, senkrecht auf den magnetischen Meridian gestellt, (Fig. 16) lenke die Nadel ns um den Winkel $\varphi = c\,c'\,n$ vom magnetischen Meridian ab. Betrachten wir die magnetischen Elemente dm, dm' in a und b, so ist ihre Abstossungskraft

$$= \frac{dm\,dm'}{ab^2}.$$

Diese Kraft giebt das Drehungsmoment bezüglich auf den Mittelpunct c'

$$\frac{dm\,dm'}{(a\,b)^2}\;\frac{a\,e}{ab}\,b\,c'$$

und wenn man nach der obigen Bezeichnungsweise $c\,c' = e$, $a\,c = x$, $b\,c' = x'$, $ab = [e^2 + x^2 + x'^2 - 2\,x'(e\cos\varphi - x\sin\varphi)]^{\frac{1}{2}}$, $ae = e\sin\varphi + x\cos\varphi$ setzt, so hat man:

$$M' X \sin\varphi - \iint \frac{x'(e\sin\varphi + x\cos\varphi)\,dm\,dm'}{\left(e^2 + x^2 + x'^2 - 2x'(e\cos\varphi - x\sin\varphi)\right)^{\frac{3}{2}}} = o, \qquad (3)$$

daraus folgt:

$$\begin{aligned} e^3 \frac{X}{M} \operatorname{tg}\varphi = 1 &- \frac{1}{e^2}\left(\frac{3}{2}\frac{M_3}{M} - \frac{M'_3}{M'}\left(6 - \frac{45}{2}\sin^2\varphi\right)\right) \\ &+ \frac{1}{e^4}\left(\frac{15}{8}\frac{M_5}{M} - \frac{15}{4}\frac{M_3\,M'_3}{M\,M'}(6 - 23\sin^2\varphi)\right. \\ &\left.+ \frac{M'_5}{M'}\left(15 - \frac{315}{4}\sin^2\varphi - \frac{315}{8}\sin^4\varphi\right)\right) + \ldots \qquad (4) \end{aligned}$$

23. Die vorhergehenden vier Arten von Ablenkungen sind von grösster Wichtigkeit für die Messung der absoluten Intensität des Erdmagnetismus: es ist deshalb nöthig, Einiges bezüglich auf die practische Ausführung beizufügen.

Zuvörderst sieht man leicht ein, dass die Distanz e der Mittelpuncte der Nadel $n\,s$ und des Ablenkungsmagnets NS (Fig. 17), sich nicht unmittelbar messen lässt. Man verlegt deshalb den Magnet NS auf die entgegengesetzte Seite der freien Nadel nach $N'\,S'$. Der Punct a kommt nach a', und sein Magnetismus dm sucht nun den Ablenkungswinkel zu vergrössern, während er zuvor ihn verminderte. Wir wollen $C\,c = e'$, $C'\,c = e''$ setzen, und die Ablenkung, die der Magnet in den Stellungen NS und $N'S'$ hervorbringt, mit u_1 und u_2 bezeichnen, alsdann haben wir:

$$M'X \sin u_1 = -\iint \frac{(e'+x)\,x'}{((e'+x)^2+x'^2)^{\frac{3}{2}}}\,dm\,dm', \tag{1}$$

$$M'X \sin u_2 = \iint \frac{(e''-x)\,x'}{[(e''-x)^2+x'^2]^{\frac{3}{2}}}\,dm\,dm'. \tag{2}$$

Die Summe der beiden Gleichungen giebt:

$$\tfrac{1}{2} M'X(\sin u_1 + \sin u_2)$$
$$= -\iint dm\,dm'\,x'\left(\frac{e'+x}{[(e'+x)^2+x'^2]^{\frac{3}{2}}} - \frac{e''-x}{[(e''-x)^2+x'^2]^{\frac{3}{2}}}\right). \tag{3}$$

Nehmen wir an, dass e' und e'' sehr nahe gleich sind, und setzen wir $e = \frac{1}{2}(e'+e'') = \frac{1}{2}CC'$, dann $e' = e + \delta e$, $e'' = e - \delta e$, so dürfen wir bei der Entwickelung, in den höhern Gliedern, e sowohl für e', als auch für e'' substituiren; alsdann heben sich die sämmtlichen geraden Potenzen von x auf, und wir erhalten, wenn wir $\frac{1}{2}(u_1+u_2)$ mit φ_1, $(\varphi_1 - \varphi_2)$ mit $\Delta\varphi_1$ bezeichnen:

$$\frac{1}{2}\frac{X}{M}e^3 \sin\varphi_1 \cos\tfrac{1}{2}\Delta\varphi_1\left(1-6\frac{\delta e^2}{e^2}\right)$$
$$= \tfrac{1}{2}\frac{X}{M}e^3 \sin\varphi_1\left(1-2\sin^2\tfrac{1}{4}\Delta\varphi\right)\left(1-6\frac{\delta e^2}{e^2}\right)$$
$$= \tfrac{1}{2}\frac{X}{M}e^3 \sin\left[\varphi_1 - \left(2\sin^2\tfrac{1}{4}\Delta\varphi_1 + 6\frac{\delta e^2}{e^2}\right)\operatorname{tg}\varphi_1\right]$$
$$= 1 + \frac{1}{e^2}\left(2\frac{M_3}{M} + 3\frac{M'_3}{M'}\right) + \frac{1}{e^4}\left(3\frac{M_5}{M} - 15\frac{M_3 M'_3}{MM'} + \frac{45}{8}\frac{M'_5}{M'}\right)\cdots \tag{4}$$

Die Verbesserung des Winkels $\overline{\varphi}_1$ wegen Ungleichheit der Ablenkungen ist also

$$= -\left(2\sin^2\tfrac{1}{4}\Delta\varphi_1 + 6\frac{\delta e^2}{e^2}\right)\operatorname{tg}\varphi_1. \tag{5}$$

Um δe zu bestimmen, addire man die Gleichung (1) und (2), so ergiebt sich, wenn der Magnetismus nicht s e h r unsymmetrisch vertheilt ist:

$$\tfrac{1}{2} M'X(\sin u_1 - \sin u_2) = -6\frac{\delta e}{e^4}MM' + \ldots \tag{6}$$

Wir können hier aus der vorigen Gleichung näherungsweise $\frac{X}{M}e^3 = \frac{2}{\sin\varphi_1}$ setzen, und erhalten alsdann:

$$\frac{\delta e}{e} = -\tfrac{1}{3} \sin \tfrac{1}{2} \Delta \varphi_1 \cot \varphi_1 \qquad (7)$$

Substituirt man diesen Werth in (5), so erhält man die Verbesserung der Ablenkung

$$= -(2 \sin^2 \tfrac{1}{4} \Delta \varphi_1 + \tfrac{2}{3} \sin^2 \tfrac{1}{2} \Delta \varphi_1 \cot^2 \varphi_1) \operatorname{tg} \varphi_1$$
$$= -(\tfrac{1}{8} \operatorname{tg} \varphi_1 + \tfrac{1}{5} \cot \varphi_1) \Delta \varphi_1^2 \qquad (8)$$

Sowohl $\Delta \varphi_1$ als die Verbesserung selbst sind hier in Bogen ausgederückt. Gewöhnlich aber drückt man $\Delta \varphi$ in Graden aus, und sucht die Verbesserung in Minuten; diese ist alsdann:

$$= -60 \sin 1^{\circ} (\tfrac{1}{8} \operatorname{tg} \varphi_1 + \tfrac{1}{5} \cot \varphi_1) \Delta \varphi_1^2$$
$$= -1',0472 (\tfrac{1}{8} \operatorname{tg} \varphi_1 + \tfrac{1}{6} \operatorname{tg} \varphi_1) \Delta \varphi_1^2 \ldots \qquad (9)$$

24. Es ist vortheilhaft, wenn man die Nadel auf obige Art nach einer Seite z. B. westlich vom Meridian abgelenkt hat, eine zweite Ablenkung in denselben Entfernungen östlich vorzunehmen, so dass der Ablenkungsmagnet die Stellungen $N'' S''$ und $N''' S'''$ (Fig. 17) erhält, und der freie Magnet nach $n' s'$ kommt. Dabei muss $C'' C''' = C C' = 2e$ sein. Wir wollen analog mit den obigen Bezeichnungen u_1, u_2, φ_1, $\Delta \varphi_1$ hier die correspondirenden Winkel u_3, u_4, φ_2, $\Delta \varphi_2$ nennen, alsdann erhalten wir für die Verbesserung von φ_2 einen Ausdruck von der Form (9) des vorigen §. Die Ablenkungswinkel φ_1 und φ_2 mit der Correction sollten genau übereinstimmen; ein Unterschied kann nur von Beobachtungsfehlern herrühren. Letztere werden wenigstens vermindert, wenn man aus beiden Winkeln das arithmetische Mittel nimmt. Macht man deshalb

$$\tfrac{1}{2}(\varphi_1 + \varphi_2) - \tfrac{1}{2}(\Delta \varphi_1^2 + \Delta \varphi_2^2)(\tfrac{1}{8} \operatorname{tg} \varphi + \tfrac{1}{6} \cot \varphi) = \varphi, \qquad (1)$$

so hat man:

$$\tfrac{1}{2} e^3 \frac{X}{M} \sin \varphi = 1 + \frac{1}{e^2}\left(2 \frac{M_3}{M} + 3 \frac{M'_3}{M'}\right)$$
$$+ \frac{1}{e^4}\left(3 \frac{M_5}{M} - 15 \frac{M_3 M'_3}{M M'} + \frac{45}{4} \frac{M'_5}{M'}\right). \qquad (2)$$

Bei der vorhergehenden Berechnung von φ erlangt man auch noch den Vortheil, dass man die Richtung des magnetischen Meridians nicht zu kennen braucht. Um dies nachzuweisen, will ich annehmen, dass man die Winkel an einer Scala oder einem Kreise abliest, und dass die Zahlen von Nord nach West zunehmen. Es seien nun die Ablesungen v_1, v_2 westlich, v_3, v_4 östlich vom Meridian, und die Ablesung, die dem magnetischen Meridian entspricht V, so hat man:

$$\begin{aligned} u_1 &= v_1 - V \\ u_2 &= v_2 - V \\ u_3 &= V - v_3 \\ u_4 &= V - v_4 \end{aligned}$$

daraus folgt;

$$\begin{aligned} \varphi &= \tfrac{1}{4}(v_1 + v_2 - v_3 - v_4) \\ \Delta\varphi_1 &= v_1 - v_2 \\ \Delta\varphi_2 &= v_4 - v_3. \end{aligned}$$

Die Verbesserung, wegen Ungleichheit der Winkel, berechnet man nach der am Ende beigefügten Tab. I. Beispiele finden sich §§. 128 und 180.

25. Was hier von der ersten Ablenkungsweise gesagt ist, lässt sich auf die drei andern ebenfalls anwenden, und wir werden später, wo es sich um Bestimmung der absoluten Intensität handelt, immer das verbesserte Mittel aus vier Ablenkungen verstehen, wenn von Ablenkungswinkeln die Rede ist. Eben so werden wir unter Distanz die halbe Entfernung der zwei Puncte, auf welche die Mitte des Magnets beiderseits von der freien Nadel eingestellt wird, verstehen. Es kann noch bemerkt werden, dass man gewöhnlich die Stellung der beiden Enden des Magnets abliest, und das Mittel daraus für die Stellung der Mitte gelten lässt. Noch eine schärfere Bestimmung erhält man, wenn man den Magnet auf einen, mit einem feinen Theilstriche versehenen Schlitten befestigt, und mittelst einer Loupe einstellt: auch Widerlager, an welche das Ende des Magnets angedrückt wird, oder geschlitzte conische Löcher, in welche ein in den Magnet eingeschraubter conischer Zapfen passt, werden gebraucht*).

*) Sieh' meine Abhandlungen über Bestimmung der absoluten Horizontal-Inten-

26. Wir wollen nun mehrere Ablenkungs-Arten hier zusammenstellen, die bisher keine besondere Anwendung gefunden haben, aber mit der Zeit eine solche finden können. Dabei lassen wir M_2, M'_2 u. s. w. weg.

a) Es sey der Mittelpunct des Ablenkungsmagnets NS (Fig. 18) vertical über dem Mittelpuncte der freien Nadel; die Entfernung cc' sei $= e$; sowohl der Ablenkungsmagnet, als die Nadel seien horizontal; und ihre Projectionen auf den Horizont, (in Fig. 19 dargestellt), sollen den Winkel $Ncn = \psi$ mit einander machen. Für diesen Fall ist die Entfernung der zwei Elemente dm, dm' die sich in a und b befinden

$$= (e^2 + x^2 + x'^2 - 2x\,x' \cos\psi)^{\frac{1}{2}}$$

und man erhält die Gleichung:

$$M' X \sin\varphi - \iint \frac{x\,x' \sin\psi}{(e^2 + x^2 + x'^2 - 2x\,x' \cos\psi)^{\frac{3}{2}}}\, dm\, dm' = o$$

daraus folgt:

$$e^3 \frac{X \sin\varphi}{M \sin\psi} = 1 - \frac{3}{2}\frac{1}{e^2}\left(\frac{M_3}{M} + \frac{M'_3}{M'}\right)$$
$$+ \frac{15}{8}\frac{1}{e^4}\left(\frac{M_5}{M} + 2\frac{M_3 M'_3}{M M'}(1 + 2\cos^2\psi) + \frac{M'_5}{M'}\right) + \ldots \quad (1)$$

Bezieht man NS auf den magnetischen Meridian, und setzt $360^0 - lcN = u$ (Fig. 19), so hat man $-\sin(u - \varphi)$ anstatt $\sin\psi$ zu substituiren.

b) Es sei der Ablenkungsmagnet NS (Fig. 20) vertical gestellt, also parallel mit dem Suspensionsfaden F, und liege in der auf ns senkrechten Ebene. Die Distanz der Mittelpuncte cc' bezeichnen wir mit e und die Höhe des Mittelpunctes c über der Horizontalebene, d. h. ck mit f. Für diesen Fall hat man:

$$M' X \sin\varphi - \iint \frac{x' \sqrt{e^2 - f^2}}{(e^2 - 2fx + x^2 + x'^2)^{\frac{3}{2}}}\, dm\, dm' = o$$

---

sität, und Resultate der dreijährigen Periode 1843—45 in den Denkschriften der k. Bayr. Academie der Wissenschaften. (Mathematisch-physikal. Klasse Band III. und V.)

Daraus folgt:

$$\frac{e^5}{f\sqrt{e^2-f^2}} \tfrac{1}{3} \frac{X}{M} \sin\varphi = 1 - \frac{5}{2}\frac{1}{e^2}\left[\frac{M_3}{M}\left(1-\frac{7}{3}\frac{f^2}{e^2}\right)+\frac{M_3}{M'}\right]$$
$$+\frac{35}{8}\frac{1}{e^4}\left[\frac{M_5}{M}\left(1-6\frac{f^2}{e^2}+\frac{33}{5}\frac{f^4}{e^4}\right)+2\frac{M_3}{M}\frac{M'_3}{M'}\left(1-3\frac{f^2}{e^2}\right)+\frac{M'_5}{M'}\right]+\dots \quad (2)$$

Man sieht, dass φ grösser oder kleiner sein wird, je nachdem man den Ablenkungsmagnet höher oder tiefer stellt: für den Fall, wo φ ein Maximum wird, hat man $\frac{d\varphi}{df}=o$, und dann ist:

$$\frac{f^2}{e^2}=\frac{1}{5}+\frac{1}{e^2}\left(\frac{33}{5}\frac{M_3}{M}+\frac{1}{5}\frac{M'_3}{M'}\right)-\frac{1}{e^4}\left(\frac{1679}{500}\frac{M_5}{M}+\frac{56}{25}\frac{M_3}{M}\frac{M'_3}{M'}+\frac{7}{10}\frac{M'_5}{M'}\right)+\dots$$

In den höhern Gliedern ist bereits $\frac{1}{5}$ für $\frac{f^2}{e^2}$ substituirt. Diese Formel könnte verschiedene Anwendungen finden: sie wäre insbesondere zur Bestimmung von $\frac{M_3}{M}$ geeignet.

c) Man stelle den Ablenkungsmagnet NS (Fig. 21) senkrecht auf die freie Nadel, wie §. 19, aber so, dass dessen verlängerte Axe nicht durch den Mittelpunct der Nadel, sondern durch einen andern Punct h gehe: es sei wieder $cc'=e$, $ch=f$, $c'h=k$, mithin $e^2=f^2+k^2$, so hat man die Distanz der beiden Elemente a und b, $=(e^2-2kx-2fx'+x^2+x'^2)^{\frac{1}{2}}$; und erhält die Gleichung

$$e^3\frac{X}{M}\sin\varphi =$$
$$\frac{3f^2}{e^2}-1$$
$$+\frac{3}{2}\frac{1}{e^2}\frac{M_3}{M}\left(1-10\frac{f^2}{e^2}+\frac{35}{3}\frac{f^4}{e^4}\right)$$
$$+\frac{3}{2}\frac{1}{e^2}\frac{M'_3}{M'}\left(1-5\frac{f^2}{e^2}-5\frac{k^2}{e^2}+35\frac{f^2k^2}{e^4}\right)$$
$$-\frac{15}{8}\frac{1}{e^4}\frac{M_5}{M}\left(1-7\frac{f^2}{e^2}+21\frac{f^4}{e^4}-\frac{231}{5}\frac{f^6}{e^6}\right)$$
$$-\frac{15}{4}\frac{1}{e^4}\frac{M_3}{M}\frac{M'_3}{M'}\left(1-\frac{28}{3}\frac{f^2}{e^2}-7\frac{k^2}{e^2}+21\frac{f^4}{e^4}+124\frac{f^2k^2}{e^4}-231\frac{f^4k^2}{e^6}\right)$$
$$-\frac{15}{8}\frac{1}{e^4}\frac{M'_5}{M'}\left(1-7\frac{f^2}{e^2}-7\frac{k^2}{e^2}+63\frac{f^2k^2}{e^4}+21\frac{h^4}{e^4}-231\frac{f^2k^4}{e^6}\right) \quad (5)$$
$$+\dots$$

d) Man stelle den Ablenkungsmagnet, wie §. 19, und neige ihn dann gegen den Horizont um den Winkel ψ, so hat man:

$$M' X \sin\varphi - \iint \frac{(e - x\cos\psi)\, x'\, dm\, dm'}{(e^2 - 2ex\cos\psi + x^2 + x'^2)^{\frac{3}{2}}} = o,$$

daraus folgt:

$$\frac{1}{2} e^3 \frac{X}{M} \frac{\sin\psi}{\cos\psi} = 1 + \frac{1}{e^2}\left[\frac{M_3}{M}(5\cos^2\psi - 3) - 3\frac{M'_3}{M'}\right]$$
$$+ \frac{3}{e^4}\left[\frac{M_5}{M}\left(\frac{63}{8}\cos\psi - \frac{35}{4}\cos^2\psi\right) + \frac{15}{8}\right]$$
$$- \left[\frac{M_3 M'_3}{M M'}\left(\frac{35}{4}\cos^2\psi - \frac{15}{4}\right) + \frac{15}{8}\frac{M'_5}{M'}\right] \qquad (6)$$

e) Stellt man den Ablenkungsmagnet wie §. 20, und neigt ihn dann gegen den Horizont um den Winkel ψ, so erhält man:

$$M' X \sin\varphi - \iint \frac{x x' \cos\psi}{[(e - x')^2 + x^2]^{\frac{3}{2}}}\, dm\, dm' = o,$$

und daraus folgt:

$$e^3 \frac{X}{M} \frac{\sin\varphi}{\cos\psi} = 1 - \frac{1}{e^2}\left(\frac{3}{2}\frac{M_3}{M} - 6\frac{M'_3}{M'}\right)$$
$$+ \frac{1}{e^4}\left(\frac{15}{8}\frac{M_5}{M} - \frac{45}{2}\frac{M_3 M'_3}{M M'} + 15\frac{M'_5}{M'}\right) + \ldots \qquad (7)$$

Dies ist eines der merkwürdigsten Verhältnisse: der Sinus der Ablenkung ist dem Cosinus der Neigung vollkommen proportional. In allen sonstigen Fällen kann der Sinus der Ablenkung nur durch eine Reihe ausgedrückt werden.

f) Man gebe dem Ablenkungsmagnet die Stellung, wie §. 19, bewege ihn aber dann in verticaler Richtung auf- oder abwärts, bis seine Entfernung von der Horizontalebene, in welcher die Nadel sich befindet, $= f$ sei. Für diesen Fall hat man:

$$M' X \sin\varphi - \iint \frac{(e - x)\, x'}{[(e - x)^2 + f^2 + x'^2]^{\frac{3}{2}}}\, dm\, dm' = o,$$

woraus folgt:

$$
\begin{aligned}
\frac{1}{2} e^3 \frac{X}{M} \sin\varphi = 1 &+ \frac{1}{e^2}\left(2\,\frac{M_3}{M} - \frac{M'_3}{M'}\right) \\
&+ \frac{1}{e^4}\left(3\,\frac{M_5}{M} - 15\,\frac{M_3\,M'_3}{M\,M'} + \frac{45}{8}\,\frac{M'_5}{M'}\right) \\
&- \left(6\,\frac{f^2}{e^2} - \frac{45}{4}\,\frac{f^4}{e^4} + \frac{35}{2}\,\frac{f^6}{e^6}\ldots\right) \\
&- \frac{1}{e^2}\left(30\,\frac{f^2}{e^2}\,\frac{M_3}{M} - \frac{45}{2}\,\frac{f^2}{e^2}\,\frac{M'_3}{M'} + \frac{75}{2}\,\frac{f^4}{e^4}\,\frac{M'_3}{M'} - 105\,\frac{f^4}{e^4}\,\frac{M_3}{M}\right) \\
&- \frac{1}{e^4}\left(84\,\frac{f^2}{e^2}\,\frac{M_5}{M} - 210\,\frac{f^2}{e^2}\,\frac{M_3\,M'_3}{M\,M'} + \frac{75}{2}\,\frac{f^2}{e^2}\,\frac{M'_5}{M'}\right) \qquad (8)
\end{aligned}
$$

27. Bisweilen handelt es sich darum, einem Magnet in der Nähe einer freien Nadel eine solche Stellung zu geben, dass er auf die Nadel keinerlei Einfluss ausübe. Diesen Zweck erreicht man, indem man den Magnet senkrecht stellt, so zwar, dass sein Mittelpunct in der durch die Nadel gehenden Horizontalebene sich befinde. Es ist dabei gleichgültig, welches Azimuth der Magnet hat. Auch ohne die vorhergehenden Formeln in Anwendung zu bringen, wird man unmittelbar einsehen, dass die obere und untere Hälfte des Magnets gleich grosse aber entgegengesetzte Wirkung hervorbringen werden.

28. Bei den vorhergehenden Ablenkungen kommt zwar selten die Directionskraft des freien Magnets in Betracht; wir wollen indessen einige darauf bezügliche Bestimmungen hier beifügen. Wenn auf eine freie Nadel, die um den Winkel φ aus dem Meridian abgelenkt ist, das Drehungsmoment des Erdmagnetismus $M'X\sin\varphi$, und ein anderes Drehungsmoment $M'q$ nach entgegengesetztem Sinne einwirken und sich aufheben, so ist nach §. 15 die Directionskraft $= M'X\cos\varphi - M'\frac{dq}{d\varphi}$. Ist nun q von φ unabhängig, wie es bei allen rechtwinklichen Ablenkungen der Fall ist, so bleibt die Directionskraft immer $= M'X\cos\varphi$, und wird durch den Ablenkungsmagnet weder vermehrt, noch vermindert. Bei Ablenkungen senkrecht auf dem Meridian hat aber der Ablenkungsmagnet auf die Directionskraft Einfluss, und zwar findet sich, wenn wir uns auf das erste Glied der Entwickelung beschränken, für den Fall §. 22 a) die Directionskraft $= M' X \cos \varphi + 2 \frac{M M'}{e^3} \sin \varphi$ und für den Fall b) die Directionskraft $= M' X \cos \varphi + \frac{M M'}{e^3} \sin \varphi$. Auch für den Fall §. 26 a) findet eine Aenderung der Directionskraft statt, und man erhält $M' X \cos \varphi - \frac{M M'}{e^3} \cos (u - \varphi) + \ldots$

2. Bestimmung der Correctionen, welche an die Ablesungen frei hängender Nadeln, wegen des Einflusses nahe befindlicher Magnete, anzubringen sind.

29. Handelt es sich darum, für irgend eine beliebige Stellung des Ablenkungsmagnets die Grösse der Ablenkung eben so genau, wie in den vorhergehenden Beispielen zu finden, so werden die Ausdrücke, wie man leicht aus dem Vorhergehenden beurtheilen kann, sehr verwickelt, und dürften kaum eine Anwendung finden. Die einzige Anwendung, die bisher gemacht worden ist, von Ablenkungsrechnungen unter Voraussetzung einer beliebigen Stellung der Magnete, bezieht sich auf die Bestimmung des Einflusses, den die verschiedenen, in einem magnetischen Observatorium befindlichen Instrumente auf einander haben. In diesem Falle ist aber die Distanz e immerhin so gross, dass man nur das erste Glied der Entwickelung zu berechnen braucht, und somit hinreichend einfache Ausdrücke erhält.

Es sei (Fig. 22) ns eine freie Nadel, NS ein fixer Magnet auf die Ebene des Horizonts projicirt. Die freie Nadel werde durch irgend eine Kraft um den Winkel φ vom magnetischen Meridian abgelenkt gehalten; NS, der fixe Magnet, mache mit dem magnetischen Meridian den Winkel ψ, sein Mittelpunct befinde sich unter oder über der Horizontalebene der Nadel, und zwar um die Grösse f davon entfernt; sein Nordpol sei um den Winkel η gegen den Horizont geneigt. Bezeichnet man nun den

Winkel $lc'c$ mit ϑ, die horizontale Projection der Distanz cc' mit e, und die Entfernung der Elemente a und b mit ϱ, so hat man:

$$\varrho^2 = e^2 + x^2 + x'^2 + 2\,e\,x \cos\eta \cos(\vartheta - \psi) - 2\,e\,x' \cos(\vartheta - \varphi)$$
$$- 2\,x\,x' \cos\eta \cos(\psi - \varphi) + f^2 + 2\,f\,x \sin\eta.$$

Setzen wir nun, dass die Nadel, wenn der Magnet NS entfernt wäre, unter dem Winkel φ' und mit der Directionskraft K zur Ruhe kommen würde, so haben wir die Gleichung:

$$M' K \sin(\varphi' - \varphi) - \int\!\!\int \frac{a\,e\,.\,b\,c'}{\varrho^3}\, dm\, dm' = o,$$

wodurch der Winkel $\varphi' - \varphi$ bestimmt wird; die Directionskraft ist

$$= M' K \cos(\varphi' - \varphi) - \int\!\!\int \frac{b\,e\,.\,b\,c'}{\varrho^3}\, dm\, dm'.$$

Substituiren wir in der ersten Gleichung

$$e \sin(\vartheta - \varphi) \pm x \cos\eta \sin(\psi - \varphi)$$

für $a\,e$, und für ϱ seinen oben angegebenen Werth, und entwickeln nach den Potenzen von $\sqrt{e^2 + f^2} = e'$, so erhalten wir:

$$\sin(\varphi' - \varphi) = \frac{M}{e'^3 K}\Big(\cos\eta \sin(\psi - \varphi) - 3\,\frac{e^2}{e'^2} \cos\eta \cos(\vartheta - \psi) \sin(\vartheta - \varphi)$$
$$- 3\,\frac{e\,f}{e'^2} \sin\eta \sin(\vartheta - \varphi)\Big).$$

Der Ausdruck für die Directionskraft wird, wenn $e \cos(\vartheta - \varphi) + \cos\eta \cos(\psi - \varphi) - x'$ statt $b\,e$ substituirt, und die Integration ausgeführt wird,

$$M' K \cos(\varphi' - \varphi) - \frac{M M'}{e'^3}\Big[\cos\eta \cos(\psi - \varphi)$$
$$- 3\,\frac{e^3}{e'^2} \cos\eta \cos(\vartheta - \psi) \cos(\vartheta - \varphi) - 3\,\frac{e\,f}{e'^2} \sin\eta \cos(\vartheta - \varphi)\Big].$$

30. Zum leichtern Verständnisse der Formeln und ihrer Anwendung wollen wir hier ein ganz einfaches Beispiel entwickeln. Es sei ns ein frei hängender Declinationsstab, und NS ein Bifilar-Magnetometer, beide in derselben Horizontalebene. Der Declinationsstab würde an und für sich in den magnetischen Meridian sich stellen, und die Directionskraft $M' X$ haben: wir wollen untersuchen, wie weit er vom Bifilarstab, (der als vollkommen senkrecht auf dem Meridian, und als fix angenommen wird), aus dieser seiner eigentlichen Richtung abgelenkt wird, und welche Vermehrung oder Verminderung dadurch seine Directionskraft erhält. Um die obigen Formeln auf diesen Fall anzuwenden, müssen wir:

$$K = X,\ \varphi' = o,\ \psi = 90^0,\ \eta = o,\ f = o,\ e' = e$$

setzen, alsdann haben wir die Gleichung für die Ablenkung

$$-\sin\varphi = \frac{M}{e^3 X}[\cos\varphi - 3\sin\vartheta\sin(\vartheta - \varphi)] + \ldots.$$

oder da φ ein sehr kleiner Winkel ist:

$$\varphi = -\frac{M}{e^3 X}(1 - 3\sin^2\vartheta).$$

Die Directionskraft wird, wenn man wieder φ als einen sehr kleinen Winkel betrachtet,

$$= M'X + 3\frac{MM'}{e^3}\sin\vartheta\cos\vartheta.$$

Das Bifilar lenkt also den Declinationsstab westlich ab, und vermindert die Ablesung der Scala um den Winkel φ. Wenn man demnach auf der Scala des Declinationsstabes den Stand n_0 abgelesen hat, so ist der wahre Stand:

$$N = n_0 + \frac{M}{e^3 X}(1 - 3\sin^2\vartheta).$$

Hier wäre noch die Grösse $\frac{M}{e^3 X}$ zu bestimmen. Gewöhnlich ist sowohl M als X und e bekannt, und die directe Berechnung findet keine Schwierigkeit. Sind diese Grössen aber nicht mit der erforderlichen Sicherheit ermittelt, so giebt es einen andern ganz einfachen Weg, zum Ziele zu gelangen; man nimmt nämlich den Bifilarstab heraus, dreht ihn um 180^0, und hängt ihn wieder auf, (oder legt ihn auf den Boden des Kastens hin). Um den Einfluss, den er in dieser Stellung auf die Declination hat, zu finden, substituirt man die obigen Werthe für φ, η, f, e, macht aber $\psi = 90^0 + 180^0$, d. h. $= 270^0$. Man findet alsdann die Ablenkung

$$= + \frac{M}{e^3 X}(1 - 3 \sin^2 \vartheta),$$

und wenn man jetzt an der Declinationsscala den Stand n_1 abliest, so ist der wahre Stand

$$N = n_1 - \frac{M}{e^3 X}(1 - 3 \sin^2 \vartheta).$$

Die zwei Werthe von N geben

$$n_0 + \frac{M}{e^3 X}(1 - 3 \sin^2 \vartheta) = n_1 - \frac{M}{e^3 X}(1 - 3 \sin^2 \vartheta)$$

oder

$$\frac{M}{e^3 X} = \frac{1}{2} \frac{n_1 - n_0}{1 - 3 \sin^2 \vartheta}.$$

Es wird hierbei vorausgesetzt, dass während der Operation in dem Erdmagnetismus selbst keine Aenderung vorgegangen ist, oder vorgegangene Aenderungen in Rechnung genommen worden sind.

Dem Gesagten zufolge ist allen Ablesungen des Declinations-Instruments die Correction

$$+ \frac{M}{e^3 X}(1 - 3 \sin^2 \vartheta),$$

oder

$$+ \tfrac{1}{2}(n_1 - n_0)$$

beizufügen: diess ist jedoch nicht die einzige Verbesserung, deren die Ablesungen bedürfen. Stellen wir uns vor, dass irgend eine Kraft hinzutrete, (etwa die Kraft, wodurch die tägliche Periode hervorgebracht wird, oder eine magnetische Störung), und dass dadurch die Richtung des Declinationsstabes sich ändere, und die Scala-Ablesung von N bis n zunehme, so ist es einleuchtend, dass der Winkel, um welchen sich der Stab von der Richtung N ententfernt (d. h. $n - N$) um so grösser sein wird, je kleiner die Kraft ist, die ihn in der ursprünglichen Richtung hält. In unserm Falle wird der Stab in der Richtung N gehalten durch die Directionskraft

$$M' X + 3 \frac{M M'}{e^3} \sin \vartheta \cos \vartheta = M' X \left(1 + \frac{3}{2} \frac{(n_1 - n_0) \sin 2 \vartheta}{3 \cos 2 \vartheta - 1}\right).$$

Wir wollen aber die Richtung wissen, welche der Stab unter dem Einflusse des Erdmagnetismus allein genommen haben würde. Es sei der entsprechende Scalastand n', so haben wir folgende Proportion:

$$n - N : n' - N = M \cdot X \left(1 + \frac{3}{2} \frac{(n_1 - n_0) \sin 2\vartheta}{3 \cos 2\vartheta - 1}\right) : M \cdot X,$$

d. h. der Ablesung n des Declinationsstabes muss die Correction $- \frac{3}{2}(n - N) \frac{(n_1 - n_0) \sin 2\vartheta}{3 \cos 2\vartheta - 1}$ beigefügt werden. Setzt man noch die oben gefundene Corrrection hinzu, so kann man die gesammte Verbesserung der Ablesung n so schreiben:

$$+ \tfrac{1}{2}(n_1 - n_0)\left(1 + \frac{3 N \sin 2\vartheta}{3 \cos 2\vartheta - 1}\right) - \tfrac{3}{2} n \,.\, \frac{(n_1 - n_0) \sin 2\vartheta}{3 \cos 2\vartheta - 1}$$

Der erste Theil ist constant für alle Ablesungen, der zweite enthält n als Factor, und wird gewöhnlich in den Werth der Scalatheile eingerechnet.

Im Allgemeinen ersieht man aus dem hier angeführten Beispiele, dass, wenn in einem magnetischen Observatorium mehrere Magnete vorhanden sind, Correctionen an die Beobachtungen angebracht werden müssen, theils, weil ein Magnet die Richtung eines frei hängenden Stabes ändert, theils auch, weil er die Directionskraft vermehrt oder vermindert, und demnach die Bewegungen (Variationen) grösser oder kleiner ausfallen, als sie sein würden, wenn der Erdmagnetismus allein wirksam wäre.

31. Die Bestimmung und Anwendung dieser Correctionen ist eine umständliche Sache, und man wird natürlicher Weise auf den Gedanken geführt, ob es nicht möglich wäre, die Instrumente so zu stellen, dass die Correctionen wegfielen. Eine nähere Betrachtung lehrt, dass man nur den einen oder andern Einfluss vermindern oder climiniren könne, nicht die Correctionen überflüssig machen.

So könnte man z. B. das Bifilar so stellen, dass es keine Ablenkung des Declinationsstabes hervorbringen würde: man dürfte nur ϑ so bestimmen, dass man erhält:

$$\frac{M}{e^3 X}(1 - 3 \sin^2 \vartheta) = o$$

d. h. man setzt $\sin \vartheta = \sqrt{\tfrac{1}{3}}$ oder $\vartheta = 35^0\,16'$. Eine Aenderung der Directionskraft bleibt aber deswegen doch übrig, und muss in Rechnung genommen werden.

Grössern Erfolg erlangt man durch Anwendung von Correctionsmagneten, die an geeigneten Puncten festgemacht werden, und blos den Zweck haben, die Correctionen aufzuheben. Sehr sinnreich hat Lloyd das Variations-Instrument für Vertical-Intensität als Correctionsmagnet angewendet.

Uebrigens sind die Correctionen im Allgemeinen um so beträchtlicher, je grösser die Stäbe sind, die man anwendet. Bei kleinen Nadeln fallen die Correctionen immer sehr gering aus.

3. Theoretische Bestimmung der Grössen $M, M_3, M_5 \ldots$

32. Es ist bereits oben bemerkt worden, dass es kein allgemeines Gesetz für die Vertheilung der magnetischen Kraft im Stahle gebe, und dass es auch sehr grosse Schwierigkeit haben würde, in einzelnen Fällen das Vertheilungsgesetz zu bestimmen. Andererseits erscheint es nicht selten wünschenswerth, einzelne Bestimmungen, namentlich die Werthe von $\frac{M_3}{M}, \frac{M_5}{M} \ldots$, wenn auch nur näherungsweise, theoretisch zu erhalten, um entscheiden zu können, ob sie in den Resultaten magnetischer Messungen zu berücksichtigen seien, oder nicht. In solchen Fällen legt man ein wahrscheinliches Gesetz den Rechnungen zu Grunde.

Biot hat aus theoretischen Betrachtungen für den Magnetismus in der Distanz x von der Mitte des Magnets den Ausdruck

$$a\,q^{\frac{1}{2}l}\left(q^{-x} - q^{x}\right)$$

abgeleitet, wo a und q Constanten sind und l die Länge des Magnets bedeutet: die nahe Uebereinstimmnng dieses Ausdruckes mit der Beobachtung ist namentlich in neuester Zeit von van Rees*) nachgewiesen worden. Berechnet man hiernach die Werthe von M, M_3, M_5 ...., so ergiebt sich, wenn man $a(1+q^l)=A$, $a(1-q^l)=B$, $-\log q=c$ setzt:

$$M = \frac{l}{c}A - \frac{2}{c^2}B$$

$$M_3 = \left(\frac{l^3}{4c} + \frac{6l}{c^3}\right)A - \left(\frac{l^2}{c^2} + \frac{12}{c^4}\right)B$$

$$M_5 = \left(\frac{l^5}{16c} + \frac{5l^3}{c^3} + \frac{120l}{c^5}\right)A - \left(\frac{5l^4}{8c^2} + \frac{20l^2}{c^4} + \frac{240}{c^6}\right)B$$

$$M_7 = \left(\frac{l^7}{64c} + \frac{21l^5}{8c^3} + \frac{210l^3}{c^5} + \frac{5040l}{c^7}\right)A$$

$$- \left(\frac{7l^6}{32c^2} + \frac{105l^3}{4c^4} + \frac{840l^4}{c^6} + \frac{10080}{c^8}\right)B.$$

Setzt man $\frac{A}{B} = \frac{1+q^l}{1-q^l} = 1+\alpha$, und $-l\log q = lc = p$, so hat man:

$$\frac{M_3}{M} = \tfrac{1}{4}l^2 \frac{\left(1+\frac{24}{p^2}\right)(1+\alpha) - \frac{4}{p} - \frac{48}{p^3}}{1+\alpha-\frac{2}{p}}.$$

Wir werden weiter unten sehen, dass $\frac{M_3}{M}$ etwas kleiner ist als $\frac{1}{4}l^2$; wir wollen demnach $\frac{4M_3}{l^2M} = 1-\beta$ setzen, und erhalten alsdann:

$$\frac{48}{p} - \frac{24(1+\alpha)}{p^2} + \frac{2(1+\beta)}{p} - \beta(1+\alpha) = o.$$

Man sieht leicht, dass $p=24$ oder noch grösser sein muss, damit der Gleichung Genüge geleistet werden könne, und da $\alpha = \frac{2q^l}{1-q^l}$, so kann man immerhin α vernachlässigen; alsdann hat man sehr nahe:

---

*) Poggendorf's Annalen Bd. 70 S. 1. Ich habe Versuche angestellt, woraus hervorzugehen scheint, dass der obige Ausdruck die Vertheilung des Magnetismus nur unvollständig darstelle: die hierauf bezüglichen Arbeiten sind indessen noch nicht geschlossen.

$$\frac{M_3}{M} = \tfrac{1}{4}\, l^2 \left(1 - \frac{2}{p} + \frac{20}{p^2}\right)$$

und

$$p = \frac{20}{1 \pm \sqrt{1 - 20\beta}}.$$

Ist der Werth von β gegeben, so kann man demnach aus obiger Gleichung p, und damit die Grössen $\frac{M_5}{M}$, $\frac{M_7}{M}$... berechnen nach folgenden Formeln:

$$\frac{M_5}{M} = \tfrac{1}{16}\, l^4 \left(1 - \frac{8}{p} + \frac{64}{p^2} - \frac{192}{p^3} + \frac{1536}{p^4}\right)$$

$$\frac{M_7}{M} = \tfrac{1}{64}\, l^6 \left(1 - \frac{12}{p} + \frac{144}{p^2} - \frac{1392}{p^3} + \frac{10656}{p^4} - \frac{32448}{p^5} \cdots\right).$$

33. Entwickelt man den Ausdruck $a\, q^{\frac{1}{2}l}\,(q^{-x} - q^{x})$ in eine Reihe, so findet man, wenn wie oben $-\log q = c$ gesetzt wird:

$$M = \frac{c\, l^3}{12}\, a\, q^{\frac{1}{2}l} \left(1 + \frac{1}{40} c^2 l^2 + \frac{1}{4480} c^4 l^4 + \ldots\right)$$

$$\frac{M_3}{M} = \frac{3}{20}\, l^2\, \frac{1 + \frac{5}{168} c^2 l^2 + \frac{1}{3456} c^4 l^4 \ldots\ldots}{1 + \frac{1}{40} c^2 l^2 + \frac{1}{4480} c^4 l^4 \ldots\ldots}$$

$$\frac{M_5}{M} = \frac{3}{112}\, l^4 \cdot \frac{1 + \frac{7}{216} c^2 l^2 + \frac{7}{4120} c^4 l^4 \ldots\ldots}{1 + \frac{1}{40} c^2 l^2 + \frac{1}{4480} c^4 l^4 \ldots\ldots}.$$

Die Convergenz dieser Reihen und die Zulässigkeit ihrer Anwendung hängt von dem Werthe von c ab.

34. Eine in manchen Fällen anwendbare approximative Bestimmung erhält man, wenn man den Magnetismus in der Distanz x vom Mittelpuncte $= A\,x$, d. h. der Distanz proportional setzt, oder mit andern Worten, wenn man in der obigen Entwickelung nur das erste Glied beibehält; alsdann hat man

$$M = \tfrac{1}{12} A\, l^3,$$

$$\frac{M_3}{M} = \tfrac{3}{20}\, l^2,$$

$$\frac{M_5}{M} = \tfrac{3}{112}\, l^4,$$

$$\frac{M_7}{M} = \frac{1}{192} l^6.$$

Diese Hypothese ist von **Lloyd** zur leichtern Bestimmung der Horizontal-Intensität angewendet worden: indessen weiset die Erfahrung nach, dass die Quotienten $\frac{M_3}{M}$, $\frac{M_5}{M}$ zu klein werden, was schon aus dem vollständigen Ausdrucke (im vorigen §.) zu ersehen ist.

35. Würde man voraussetzen, dass der ganze Magnetismus an den Endpuncten angesammelt sei, so hätte man:

$$\frac{M_3}{M} = \frac{1}{4} l^2,$$

$$\frac{M_5}{M} = \frac{1}{16} l^4,$$

$$\frac{M_7}{M} = \frac{1}{64} l^6.$$

Offenbar sind diese Resultate alle zu gross: man würde der Wahrheit weit näher kommen, wenn man annehmen würde, dass der ganze Magnetismus nicht in den Endpuncten selbst, sondern in der Entfernung $\frac{1}{2} l (1 - \varrho)$ von der Mitte angesammelt sei. Alsdann erhält man:

$$\frac{M_3}{M} = \frac{1}{4} l^2 (1 - \varrho)^2,$$

$$\frac{M_5}{M} = \frac{1}{16} l^4 (1 - \varrho)^4,$$

$$\frac{M_7}{M} = \frac{1}{64} l^6 (1 - \varrho)^6.$$

Dies ist ein sehr nützliches Mittel, um approximativ den Werth der höhern Glieder zu bestimmen, wenn man $\frac{M_3}{M}$ aus der Beobachtung kennt.

36. Eine wichtige Frage bietet sich in Bezug auf die Coëfficienten $\frac{M_3}{M}, \frac{M_5}{M} \ldots$ dar, nämlich ob sie sich ändern, wenn der Magnet an Kraft verliert. Setzt man zu diesem Behufe den Magnetismus in der Distanz x am Anfange $= V dx$, und nachdem ein Verlust statt gefunden $= V(1-\alpha-\beta x^2-\gamma x^4)\,dx$, so hat man, wenn die neuen Werthe von M, M_3, M_5 durch (M), (M_3), (M_5) .... bezeichnet werden

$$\frac{(M_3)}{(M)} = \frac{\int x^3\,V dx\,(1-\alpha-\beta x^2-\gamma x^4\ldots.)}{\int x\,V dx\,(1-\alpha-\beta x^2-\gamma x^4\ldots.)}$$

$$= \frac{(1-\alpha)\,M_3-\beta\,M_5-\gamma\,M_7\ldots.}{(1-\alpha)\,M-\beta\,M_3-\gamma\,M_5\ldots.}$$

$$= \frac{M_3}{M}\cdot\frac{1-\alpha-\beta\,\frac{M_5}{M_3}-\gamma\,\frac{M_7}{M_3}}{1-\alpha-\beta\,\frac{M_3}{M}-\gamma\,\frac{M_5}{M}}.$$

Man sieht, dass, wenn alle Elemente in demselben Verhältnisse, d. h. wie $1:1-\alpha$ nachlassen, der Quotient $\frac{M_3}{M}$ unverändert bleibt. Ist die Abnahme von $\beta, \gamma\ldots$ abhängig, so hat man näherungsweise:

$$\frac{(M_3)}{(M)} = \frac{M_3}{M}\left[1+\beta\left(\frac{M_3}{M}-\frac{M_5}{M_3}\right)+\gamma\left(\frac{M_5}{M}-\frac{M_7}{M_3}\right)\ldots.\right],$$

oder wenn in den mit $\beta, \gamma\ldots$ multiplicirten Gliedern die Hypothese §. 34 eingeführt wird:

$$\frac{(M_3)}{(M)} = \frac{M_3}{M}\left(1-\tfrac{1}{35}\,\beta\,l^2-\tfrac{1}{126}\,\gamma\,l^4\ldots\right).$$

Nach derselben Hypothese hat man:

$$(M) = M\left(1-\alpha-\tfrac{3}{20}\,\beta\,l^2-\tfrac{3}{112}\,\gamma\,l^4\right).$$

Der ganze Kraftverlust von M lässt sich immer leicht bestimmen, und daraus kann man die Gränzen festsetzen, innerhalb welcher die mögliche Aenderung des Quotienten $\frac{M_3}{M}$ enthalten ist. Es sei z. B. der Verlust von $M=\frac{1}{10}$, und man nehme an, dass dieser ganze Verlust von βx^2 abhänge, während $\alpha=o$ sei. Alsdann hat man $\frac{3}{20}\,\beta\,l^2=\frac{1}{10}$ und folglich:

$$\frac{(M_3)}{(M)} = \frac{M_3}{M}\left(1-\tfrac{2}{105}\right).$$

Berücksichtiget man den nicht beträchtlichen Einfluss, den $\frac{M_3}{M}$ auf die Bestimmung der absoluten Intensität hat, so wird man zu dem Schlusse gelangen, dass die Grösse k (§. 183) als eine Constante betrachtet werden dürfe, und dass der allmälige Kraftverlust der Magnete keine merkliche Aenderung darin hervorbringen werde. Wie gross der Kraftverlust der Magnete gewöhnlich ist, mag folgendes Verzeichniss der im magnetischen Observatorium in **München** gebrauchten Magnete zeigen.

No. III. 1844—1845 Verlust $\frac{1}{33}$.
„ V. 1843—44... $\frac{1}{27}$, 1843—45... $\frac{1}{21}$, 1843—47... $\frac{1}{9}$, 1842 bis 47... $\frac{1}{8}$.
„ VI. 1843—44... $\frac{1}{44}$, 1843—45... $\frac{1}{40}$, 1843—47... $\frac{1}{10}$.
„ IX. 1843—44... $\frac{1}{12}$, 1843—45... $\frac{1}{10}$, 1843—47... $\frac{1}{10}$.
„ XIV. 1845—47 = $\frac{1}{10}$.

Reve-Theodolit { No. 1... 1845—47... $\frac{1}{12}$.
„ 2... 1845—47... $\frac{1}{20}$ }

Analoge Bestimmungen von **Hansteen** findet man weiter unten (§. 136).

IV. Abschnitt.

Entwickelung der Schwingungs-Verhältnisse.

---

37. Wir haben im vorigen Abschnitte die Grösse der Ablenkungen untersucht mit der Absicht, zuvörderst daraus ein Maass der Kräfte abzuleiten, die dabei in Wirkung getreten sind. Wir kommen nun auf eine zweite analoge Untersuchung, und wollen aus der Schnelligkeit, womit ein frei hängender Magnet schwingt, ein Maass für die Kraft ableiten, die auf ihn wirkt. Es ist ohne mathematische Entwickelung leicht einzusehen, dass die Schwingungen um so schneller vor sich gehen, je grösser die Kraft ist, die den Magnet in die Mittelrichtung jedesmal zurückzuführen sucht, wenn er daraus entfernt wird, und dass man mithin die Dauer einer Schwingung als Maass der Kraft gebrauchen könne: die dabei zu befolgenden Regeln wollen wir nun ausführlich darzustellen suchen. Wir beschränken uns dabei auf Schwingungen horizontaler, an Coconfäden aufgehängter Nadeln: die Anwendung unserer Formeln auf Magnete, die in andern Ebenen schwingen, wird keine Schwierigkeit haben, sobald es der Mechanik gelingt, Magneten eine solche Bewegung zu geben, dass sie in andern Ebenen regelmässige Schwingungen vollbringen.

1. Schwingungsdauer einer Nadel ohne und mit Rücksicht auf eine widerstehende Kraft.

38. Wenn man ein System von materiellen Puncten dp', dp'', dp''' hat, deren Coordinaten beziehungsweise x', y', z'; x'', y'', z''; x''', y''', z'''... sind, auf welche parallel mit diesen Coordinaten die Kräfte ξ', v', ζ'; ξ'', v'', ζ''; ..... wirken, so gilt für die Bewegung dieses Systems die Gleichung:

$$\left.\begin{array}{l} d\,p'\left(\frac{d^2 x'}{dt^2}+\xi'\right)\delta x' + d\,p''\left(\frac{d^2 x''}{dt^2}+\xi''\right)\delta x + \ldots \\ d\,p'\left(\frac{d^2 y'}{dt^2}+v'\right)\delta y' + d\,p''\left(\frac{d^2 y''}{dt^2}+v''\right)\delta y + \ldots \\ d\,p'\left(\frac{d^2 z'}{dt^2}+\zeta'\right)\delta z' + d\,p''\left(\frac{d^2 z''}{dt^2}+\zeta''\right)\delta z'' + \ldots \end{array}\right\} = o. \qquad (1)$$

Dabei wird vorausgesetzt, dass die Kräfte der Vergrösserung der Coordinaten entgegenwirken. Wenden wir diese Gleichung auf einen schwingenden Magnet an, so können wir für's Erste den Anfangspunct der Coordinaten in die Mitte des Magnets setzen, und die Axe der z mit dem Suspensionsfaden zusammenfallen lassen, alsdann hat man $\delta z' = \delta z'' \ldots = o$; ferner behalten die sämmtlichen Elemente des Magnets während des Schwingens ihre Entfernung von der Axe der z, (der Schwingungsaxe) unverändert, woraus foglt $\delta r = o$, wenn $r^2 = x^2 + y^2$ gesetzt wird. Wegen $\delta r = o$ haben wir $x\,\delta x + y\,\delta y = o$, mithin $\delta y = -\frac{x\,\delta x}{y}$. Hiernach können wir die obige Gleichung so schreiben:

$$\Sigma\, dp \left(\frac{y\,d^2 x - x\,d^2 y}{dt^2} + y\,\xi - x\,v\right) = o, \qquad (2)$$

wo das Summationszeichen sich auf die Massenelemente ... dp .. bezieht. Die Axe der x wollen wir in den magnetischen Meridian legen: alsdann ist $v = o$, und wenn die Einheit der Masse den Magnetismus V (§. 11) enthält, so haben wir $\xi = X\,V$. Beziehen wir nun die verschiedenen Puncte eines Magnets auf eine mit dem Magnet selbst fest verbundene Axe, nämlich die magnetische Axe, und setzen wir, dass, wenn der Magnet im Meridian ist, (folglich die neue Axe mit der Axe der x zusammenfällt) die Coordinaten eines Punctes

$$x' = r \cos \eta,\; y' = r \sin \eta$$

seien, so wird man, wenn der Magnet um den Winkel u aus dem Meridian sich entfernt, als Coordinaten desselben Punctes haben:

$$x = r \cos (\eta + u),$$
$$y = r \sin (\eta + u),$$

wobei r und η von der Zeit unabhängig sind, und blos u mit der Zeit sich ändert. Die Substitution der hier angezeigten Werthe verwandelt unsere obige Gleichung in folgende:

$$\Sigma\, dp \left(r^2 \frac{d^2 u}{dt^2} - X\,V\,r \sin (\eta + u)\right) = o,$$

oder auch:

$$\frac{d^2 u}{dt^2}\, \Sigma\, dp\, r \;\; - X \sin u\, \Sigma\, x'\, Vdp - X \cos u\, \Sigma\, y'\, Vdp = o.$$

Der Ausdruck $\Sigma\, dp\, r^2$, oder die Summe der Elemente mit den Quadraten ihrer Entfernung von der Schwingungsaxe multiplicirt, ist das Trägheitsmoment, und wird mit K bezeichnet (§. 9). Was den Ausdruck Vdp betrifft, so wird damit der Magnetismus bezeichnet, den das Massenelement dp enthält (§. 11), also dieselbe Grösse, die im Vorhergehenden immer mit dm bezeichnet worden ist. Die Grössen $\Sigma\, x'\, Vdp$, $\Sigma\, y'\, Vdp$ sind also gleichbedeutend mit $\Sigma x' dm$ und $\Sigma y' dm$. Der erstere Ausdruck ist, was man gewöhnlich, (ohne nähere Bezeichnung der Axe, auf welche es sich bezieht), das magnetische Moment nennt; der letztere Ausdruck bezeichnet das magnetische Moment, bezüglich auf die Axe der y', und ist nothwendig $= o$ (§. 17). Wir haben demnach:

$$\frac{d^2 u}{dt^2} - \frac{MX}{K} \sin u = o. \qquad (3)$$

39. Wir wollen nun den einfachsten Fall betrachten, wo nämlich der Magnet in sehr kleinen Bögen schwingt, so dass man $\sin u = u$ setzen kann. Die Gleichung wird alsdann:

$$\frac{d^2 u}{dt^2} = -\frac{MX}{K} u.$$

Multiplizirt man mit $2\,du$, so erhält man das Integral:

$$\frac{du^2}{dt^2} = \text{Const.} - \frac{MX}{K} u^2.$$

Die Constante lässt sich aus dem Umstande bestimmen, dass, wenn der Magnet die äusserste Elongation, d. h. wenn der Schwingungsbogen seinen grössten Werth, den wir mit h bezeichnen wollen, erreicht hat, und wieder umkehrt die Geschwindigkeit $\frac{du}{dt} = o$ wird. Wir haben demnach:

$$o = \text{Const.} - \frac{MX}{K} h^2.$$

Setzen wir hieraus den Werth der Constante in unsere Gleichung, so haben wir:

$$dt\sqrt{\frac{MX}{K}} = \frac{du}{\sqrt{h^2 - u^2}}.$$

Das Integral dieser Gleichung ist

$$t\sqrt{\frac{MX}{K}} + \text{Const.} = arc\left(\sin = \frac{u}{h}\right),$$

oder:

$$u = h \sin\left(t\sqrt{\frac{MX}{K}} + \text{Const.}\right).$$

Wir wollen die Zeit t zu zählen anfangen, wenn der Magnet im magnetischen Meridian ab sich befindet, wo auch $u = o$ ist. Daraus folgt Const. $= o$, und

$$u = h \sin t \sqrt{\frac{MX}{K}}. \tag{1}$$

Betrachten wir nun die Bewegung des Magnets, wenn er von der Richtung ab, (Fig. 23) wo $t = o$ ist, gegen die Richtung $a'b'$ hingeht, und nehmen wir an, dass $aca' = h$, d. h. = der grössten Elongation sei. Die Zeit, wenn der Magnet diese grösste Elongation erreicht, findet man, wenn man in der obigen Gleichung $u = h$ setzt: es wird nämlich $\sin t \sqrt{\frac{MX}{K}} = 1$, mithin $t \sqrt{\frac{MX}{K}} = \frac{1}{2}\pi$. Indem der Winkel $t \sqrt{\frac{MX}{K}}$ grösser als $\frac{1}{2}\pi$ wird, nimmt der Sinus desselben, mithin auch der Werth von u ab, und wenn $t \sqrt{\frac{MX}{K}} = \pi$ wird, ist $u = o$, und der Magnet trifft wieder in den magnetischen Meridian ein. Die Zeit, die der Magnet braucht, um von der Lage des Gleichgewichts, (vom magnetischen Meridian) bis zur grössten Elongation zu gelangen, und wieder in jene Lage zurückzukehren, nennen wir die **Dauer einer Schwingung**, oder **Oscillation***), und bezeichnen sie mit T. Dem Obigen zufolge haben wir also

$$T \sqrt{\frac{MX}{K}} = \pi,$$

oder

$$MX = \frac{\pi^2 K}{T^2}. \tag{2}$$

So wie der Magnet die Linie ab erreicht hat, bewegt er

*) Mit Beziehung auf die später vorkommenden Entwickelungen wird hier nicht, wie gewöhnlich, das Zeit-Intervall zwischen zwei grössten Elongationen, sondern das Intervall zwischen zwei auf einander folgenden Durchgängen über die Mittelrichtung, d. h. die Zeit, die der Magnet auf der einen Seite der Mittelrichtung zubringt, mit Schwingungsdauer bezeichnet.

sich weiter gegen $a'' b''$ fort und wenn $t\sqrt{\frac{MX}{K}} = \frac{3}{2}\pi$ ist, so wird $u = -h$. Von diesem Puncte an nimmt u wieder ab, bis $t\sqrt{\frac{MX}{K}} = 2\pi$ wird, wo man wieder $u = o$ hat. Der Magnet erreicht also beiderseits der Mittellinie ab gleich grosse Elongationen, und braucht gleiche Zeit, um wieder in die Mittellinie zurückzukommen; denn so oft $t\sqrt{\frac{MX}{K}}$ ein Vielfaches von π wird, ist $u = o$.

Eine merkwürdige Eigenschaft der Schwingungsdauer ist, dass sie von der Grösse der Elongation h nicht abhängt. Kleinere und grössere Bögen werden mithin, (so lange die obige Voraussetzung, dass man den Bogen u für $\sin u$ substituiren kann), in gleicher Zeit durchlaufen: die Schwingungen sind isochron.

Die bisher entwickelten Verhältnisse sind die einfachsten, die vorkommen können: in der Wirklichkeit werden indessen die dabei gemachten Voraussetzungen nicht immer erfüllt, und in solchen Fällen bestimmt man die Correction, die anzubringen ist, um die Schwingungsdauer auf den Betrag zurückzuführen, den sie gehabt haben würde, wenn die obigen normalen Verhältnisse statt gefunden hätten. Die Correctionen beziehen sich hauptsächlich auf die Grösse der Schwingungsbögen und den Widerstand, den der Magnet in seiner Bewegung findet.

40. Ist der Schwingungsbogen von merklichem Betrage, so darf man in der Gleichung

$$\frac{d^2u}{dt^2} = \frac{MX}{K}\sin u$$

den Sinus von u nicht mit dem Bogen vertauschen, und erhält als erstes Integral

$$\frac{1}{2}\frac{du^2}{dt^2} = \text{Const.} + \frac{MX}{K}\cos u.$$

Die Constante wird nach denselben Bedingungen, wie oben

bestimmt, und findet sich $= -\frac{MX}{K}\cos h$, daher hat man:

$$dt\sqrt{\frac{MX}{K}} = \frac{du}{\sqrt{2}\sqrt{\cos u - \cos h}}.$$

Setzt man $\cos h = 1 - \alpha^2$ und $\cos u = 1 - \alpha^2 \sin^2 x$, so ergiebt sich:

$$du = \alpha\sqrt{2}\frac{dx \cos x}{\sqrt{1 - \frac{1}{2}\alpha^2 \sin^2 x}},$$

und demnach:

$$dt\sqrt{\frac{MX}{K}} = \frac{dx}{\sqrt{1 - \frac{1}{2}\alpha^2 \sin^2 x}}.$$

Entwickelt man die Wurzelgrösse nach den Potenzen von α, und verwandelt die Potenzen des Sinus in Cosinusse der vielfachen Bogen, so hat man:

$$dt\sqrt{\frac{MX}{K}} = dx[1 + \tfrac{1}{8}\alpha^2(1 - \cos 2x) + \tfrac{3}{256}\alpha^4(3 - 4\cos 2x \cos 4x) + \ldots]$$

Um die Dauer einer Schwingung, die wir T' nennen wollen, zu erhalten, müssen wir integriren zwischen den Gränzen $u = o$ und $u = h$, dann von $u = h$ bis $u = o$, d. h. zwischen $x = o$ und $x = \pi$. Dadurch erhält man:

$$T'\sqrt{\frac{MX}{K}} = \pi(1 + \tfrac{1}{8}\alpha^2 + \tfrac{9}{256}\alpha^4 \ldots). \qquad (1)$$

Setzen wir die Dauer einer Schwingung bei unendlich kleinem Bogen $= T$, so haben wir $T\sqrt{\frac{MX}{K}} = \pi$: diese Gleichung, mit der eben angeführten combinirt, giebt:

$$T = \frac{T'}{1 + \frac{1}{8}\alpha^2 + \frac{9}{256}\alpha^4} = \frac{T'}{1 + \frac{1}{4}\sin^2 \frac{1}{2}h + \frac{9}{64}\sin^4 \frac{1}{2}h}$$

$$= \frac{T'}{1 + \frac{1}{16}h^2 + \frac{11}{3072}h^4}. \qquad (2)$$

Wir werden im Folgenden immer die letztere Form, wobei der Sinus durch den Bogen ausgedrückt ist, gebrauchen, und dabei das von h^4 abhängige Glied vernachlässigen. Es wird nämlich kaum in irgend einem Falle nöthig oder zweckmässig sein, den Schwingungsbogen h grösser als 20° zu nehmen: für $h = 20^\circ$

erhält man aber $\frac{11}{3072}h^4 = \frac{1}{18812}$, und da man nach dem gegenwärtigen Stande unserer Hülfsmittel und Kenntnisse nicht hoffen kann, die Intensität genauer, als bis auf $\frac{1}{10000}$ zu bestimmen, so darf man das von h^4 abhängige Glied unbedenklich weglasssen.

41. Nach den bisherigen Entwickelungen würde ein Magnet, er mag in kleinern oder grössern Bögen schwingen, bei jeder folgenden Schwingung dieselbe Elongation wieder erreichen, die er bei der ersten Schwingung gehabt hätte. Die Erfahrung lehrt aber, dass dies in der Wirklichkeit nie der Fall ist: vielmehr nehmen die Schwingungsbögen immerfort ab, und der Magnet kommt nach kürzerer oder längerer Zeit immer zum Stillstande. Die Ursache hiervon ist der Widerstand, den theils die Luft, theils die Suspension oder sonstige Hindernisse der Bewegung des Magnets entgegenstellen. Der Widerstand ist jedenfalls eine Function der Geschwindigkeit, und zwar werden für verschiedene Verhältnisse verschiedene Functionen zu nehmen sein. Wir wollen uns hier mit Beziehung auf diejenige Anwendung, die wir von den Formeln zu machen haben, auf die nähere Entwickelung zweier Fälle beschränken: wir werden nämlich zuerst den Widerstand einfach der Geschwindigkeit, dann aber dem Quadrate der Geschwindigkeit proportional setzen. — Was die Form der Gleichungen betrifft, so müssen wir hier einen Unterschied machen, der bei dem bisher betrachteten Falle unberücksichtiget bleiben konnte. Der Widerstand ist nämlich immer der Richtung der Bewegung entgegengesetzt, und wirkt mit dem Magnetismus, wenn der Magnet sich von der Mittellinie entfernt; kehrt dann der Magnet nach der ersten halben Oscillation um, und nähert sich der Mittellinie, so ist die Wirkung des Widerstandes dem Magnetismus entgegengesetzt. Wir müssen im Allgemeinen für die beiden Fälle zwei Gleichungen haben, die sich übrigens nur darin unterscheiden, dass der Widerstands-Coëfficient in beiden entgegengesetzte Zeichen hat.

Da die Geschwindigkeit $= \frac{du}{dt}$ ist, so haben wir zuerst den Widerstand $= q\frac{du}{dt}$ zu setzen, und erhalten dann, wenn wir $\frac{MX}{K}$ mit f bezeichnen, für den Fall, dass der Magnet von der Mittellinie sich entfernt, die Gleichung:

$$\frac{d^2u}{dt^2} + q\frac{du}{dt} + f\sin u = o. \qquad (1)$$

Für den Fall, dass der Magnet der Mittellinie sich nähert, wäre q negativ zu nehmen, allein hier wird zugleich du negativ, so dass auch für diesen Fall dieselbe Gleichung gilt.

Sind die Schwingungen so klein, dass man den Sinus mit dem Bogen verwechseln kann, so wird aus obiger Gleichung eine einfache Linear-Gleichung des zweiten Grades, deren Integral, so lange f grösser ist als $\frac{1}{4}q^2$, folgende Form hat:

$$u = A\,e^{-\frac{1}{2}qt}\sin\left(t\sqrt{f-\tfrac{1}{4}q^2} + C\right). \qquad (2)$$

Wir entnehmen hieraus Zweierlei:

1) der Magnet trifft immer in der Mittellinie ein, und es wird $u = o$, so oft $t\sqrt{f-\frac{1}{4}q^2}$ einem Vielfachen von π gleich wird, daher sind die Schwingungen isochron, und die Dauer einer Schwingung ist $T'' = \frac{\pi}{\sqrt{f-\frac{1}{4}q^2}}$. Wäre kein Widerstand vorhanden, so hätte man, (wenn T die obige Bedeutung §. 39 behält) $T = \frac{\pi}{\sqrt{f}}$, daher ist

$$T = \frac{T''}{1 + \frac{1}{8}q^2\,\frac{T''^2}{\pi^2}}. \qquad (3)$$

2) Wenn $\sqrt{f-\frac{1}{4}q^2} = \frac{1}{2}\pi, = \frac{3}{2}\pi, = \frac{5}{2}\pi \ldots$ wird, so erreicht der Magnet seine grösste Elongation; die Zeiten t sind $\frac{1}{2}T''$, $\frac{3}{2}T''$, $\frac{5}{2}T'' \ldots$ und die Elongation selbst $A\,e^{-\frac{1}{4}qT''}$, $Ae^{-\frac{3}{4}qT''}$, $Ae^{-\frac{5}{4}qT''} \ldots$. Diese Elongation wollen wir mit h_1, h_2, $h_3 \ldots$, bezeichnen. Analog hiermit wird man für die Elongationen h_n, welche der n^{ten} Schwingung zugehört, die Gleichung haben:

$$h_n = A\, e^{-\frac{1}{2} q T''(n-\frac{1}{2})},$$

oder da $A\, e^{-\frac{1}{2} q T''} = h_1$

$$h_n = h_1\, e^{-\frac{1}{2} q T''(n-1)}.$$

Hieraus folgt, dass die Schwingungsbögen in geometrischer Reihe abnehmen, und zwar mit dem Quotienten $e^{-\frac{1}{2} q T''}$.

42. Um aus der beobachteten Schwingungsdauer T'' die wahre Dauer T nach der Gleichung (3) des vorigen §. abzuleiten, hätte man zuvörderst $\frac{1}{2}\, q\, T''$ zu bestimmen. Dies lässt sich aus dem eben angegebenen Gesetze der Abnahme der Bögen berechnen. Hat man nämlich am Anfange einer Schwingungsreihe den Bogen h_1 und nach n Schwingungen den Bogen h_n beobachtet, so findet man:

$$\tfrac{1}{2}\, q\, T'' = \frac{\log h_1 - \log h_n}{(n-1)\log e}.$$

Lässt man einen Magnet an einem Coconfaden in der Luft schwingen, so dass ausser dem Widerstande der Luft und des Fadens keine hemmende Kraft seine Bewegung aufhält, so giebt die Beobachtung den Werth von $\frac{\log h_1 - \log h_n}{n-1}$, ohngefähr gleich 0.00130; mithin hätte man:

$$\tfrac{1}{8}\, q^2 \frac{T''^2}{\pi^2} = \frac{1}{2203000}.$$

Für diesen Fall kann also die Correction wegen des Widerstandes füglich vernachlässiget werden: sie würde erst $\frac{1}{10000}$ erreichen, wenn $\frac{\log h_0 - \log h_1}{n-1} = 0.04443$ betrüge.

43. Um zu entscheiden, wie der Widerstand die Reduction auf unendlich kleine Bögen modificirt, müssen wir einen andern Weg einschlagen: dabei ist es jedoch nöthig, die Beschränkung festzusetzen, dass der Widerstand sehr klein sei. Ist dies der Fall, so dürfen wir in dem Ausdrucke $q\,\frac{du}{dt}$ uns begnügen, einen genäherten Werth von $\frac{du}{dt}$, und zwar den Werth, welchen man erhält, wenn kein Widerstand vorhanden ist, nämlich $\pm \sqrt{2f}\sqrt{\cos u - \cos h}$ (§. 40) zu substituiren: wir erhalten alsdann die Gleichung:

$$\frac{d^2 u}{dt^2} \pm q \sqrt{2f}\sqrt{\cos u - \cos h} + f \sin u = o.$$

Der oben gemachten Bemerkung zufolge muss man das Zeichen $+$ nehmen, wenn der Magnet vom Meridian sich entfernt, und $-$, wenn er sich dem Meridian nähert. Setzen wir, wie im §. 40, $\cos h = 1 - \alpha^2$ und $\cos u = 1 - \alpha^2 \sin^2 x$, und vernachlässigen die vierte und die höhern Potenzen von α, so erhalten wir als erstes Integral:

$$t\sqrt{f} + \text{Const.} = x + \tfrac{1}{8}\alpha^2 x - \tfrac{1}{16}\alpha^2 \sin 2x$$
$$\pm \tfrac{1}{2}\frac{q}{\sqrt{f}}(x - \tfrac{1}{2}\pi) \operatorname{tg} x (1 + \tfrac{3}{8}\alpha^2) \mp \tfrac{1}{16}\alpha^2 \frac{q}{\sqrt{f}}(x^2 - \pi x).$$

Nehmen wir dieses Integral mit den obern Zeichen von $x = o$ bis $x = \frac{1}{2}\pi$, und mit den untern Zeichen von $x = \frac{1}{2}\pi$ bis $x = \pi$, so erhalten wir die Schwingungszeit, die wir T'' nennen wollen, durch folgende Gleichung;

$$T''\sqrt{f} = \pi\left(1 + \tfrac{1}{8}\alpha^2 + \alpha^2 \tfrac{1}{32}\frac{q}{\sqrt{f}}\pi\right).$$

Nennen wir nach der frühern Bezeichnung T die auf unendlich kleine Bögen reducirte Schwingungszeit, so haben wir $T\sqrt{f} = \pi$, daher:

$$T = \frac{T''}{1 + \frac{1}{8}\alpha^2\left(1 + \frac{1}{4}\frac{\pi q}{\sqrt{f}}\right)} = \frac{T''}{1 + \frac{1}{16}h^2\left(1 + \frac{1}{4}\frac{\pi q}{\sqrt{f}}\right)}.$$

Diese Gleichung unterscheidet sich von (2) §. 40 nur dadurch, dass der Schwingungsbogen mit einer vom Widerstande abhängenden Constante multiplicirt ist.

44. Ist der Widerstand im Verhältnisse des Quadrats der Geschwindigkeit, so hat man, wenn der Magnet von der Mittellinie sich entfernt, und die magnetische Kraft und der Widerstand in gleichem Sinne wirken, die Gleichung

$$\frac{d^2 u}{dt^2} + q\left(\frac{du}{dt}\right)^2 + f \sin u = o \tag{1}$$

zu integriren. Sind die Bögen so klein, dass man $\sin u = u$ setzen darf, so lässt sich das erste Integral in endlicher Form darstellen, und man erhält:

$$\left(\frac{du}{dt}\right)^2 = A\, e^{-2qu} + \frac{2f}{1+4q^2}(\cos u - 2q \sin u). \tag{2}$$

Wenn $\frac{du}{dt} = o$ ist, so ist $u = h_0$; darnach bestimmt sich die Constante A, und man hat:

$$\left(\frac{du}{dt}\right)^2 \frac{1+4q^2}{2f} = -(\cos h_0 - 2q \sin h_0)\, e^{2q(h_0-u)} + \cos u - q \sin u. \tag{3}$$

Wenn der Magnet der Mittellinie sich nähert, und die magnetische Kraft und der Widerstand in entgegengesetztem Sinne wirken, so wird q negativ, und man hat:

$$-(\cos h_0 + 2q \sin h_0)\, e^{-2(h_0-u)} + \cos u + 2q \sin u = \left(\frac{du}{dt}\right)^2 \frac{1+4q^2}{2f}. \tag{4}$$

Hieraus können wir das Gesetz der Abnahme der Schwingungsbögen ableiten, für den Fall, wenn q eine kleine Grösse ist. Nehmen wir an, der Magnet nähere sich der Mittellinie, nachdem er die grösste Elongation h_0 erreicht hat, und gehe dann auf die entgegengesetzte — negative — Seite hinüber, wo er die grösste Elongation h_1 erreiche. Für den erstern Fall gilt die oben angeführte Gleichung (4): für den letztern Fall müssen wir aber die Form (3) nehmen, und h_1 und $-u'$ anstatt h und u setzen, wornach wir erhalten:

$$\left(\frac{du'}{dt}\right)^2 \frac{1+4q^2}{2f} = -(\cos h_1 - 2q \sin h_1)\, e^{2q(h_1+u')} + \cos u' + 2q \sin u'. \tag{5}$$

Bei dem Uebergange über die Mittellinie ist $\left(\frac{du}{dt}\right)^2 = \left(\frac{du'}{dt}\right)^2$ und zugleich $u = u' = o$, darnach haben wir:

$$(\cos h_0 + 2q \sin h_0)\, e^{-2qh_0} = (\cos h_1 - 2q \sin h_1)\, e^{2qh_1}. \tag{9}$$

Nehmen wir h_0 und h_1 als kleine Grössen der ersten Ordnung an, und q und $h_0 - h_1 = \alpha$ als kleine Grössen der zweiten

Ordnung, und vernachlässigen wir die dritte und die höhern Ordnungen, so ergiebt sich:

$$a = h_0 - h_1 = \tfrac{4}{3} q h_0^2.$$

Ist die nächste Elongation auf der positiven Seite $= h_2$, so erhält man nach demselben Verfahren:

$$h_1 - h_2 = \tfrac{4}{3} q h_1^2,$$

eben so:

$$h_2 - h_3 = \tfrac{4}{3} q h_2^2 \text{ u. s. w.}$$

Vernachlässiget man die vierte und die höhern Potenzen von h_0, so ergiebt sich hiernach:

$$h_n = h_0 - \tfrac{4}{3} q n h_0^2 + n(n-1) \frac{16}{9} q^2 h_0^3, \qquad (7)$$

und wenn h_0 und h_n gegeben sind, wird q aus folgender Gleichung gefunden:

$$q = \tfrac{3}{4} \frac{1 - \sqrt{1 - \left(1 - \frac{h_n}{h_0}\right) \frac{4(n-1)}{n}}}{2(n-1) h_0}.$$

45. Aus den vorhergehenden Gleichungen liesse sich zwar auch die Schwingungsdauer bestimmen, wir wollen jedoch hiezu einen andern Weg einschlagen, und blos den Fall betrachten, wenn q nur einen sehr kleinen Betrag erreicht. Für diesen Fall kann man nämlich im zweiten Gliede der Gleichung (1) §. 44 für $\left(\frac{du}{dt}\right)^2$ den Werth substituiren, der stattgehabt hätte, wenn kein Widerstand vorhanden gewesen wäre. Unter dieser Voraussetzung hat man:

$$\frac{d^2 u}{dt^2} \pm q(\cos u - \cos h) + f \sin u = o,$$

wo das obere Zeichen gilt, wenn der Magnet sich von der Mittellinie entfernt, das untere, wenn er sich nähert; und als erstes Integral

$$\tfrac{1}{2}\left(\frac{du}{dt}\right)^2 \pm q[\sin u - \sin h - (u - h)\cos h] - f(\cos u - \cos h) = o.$$

Wird $\cos h = 1 - \alpha^2$ und $\cos u = 1 - \alpha^2 \sin^2 x$ gesetzt, so erhält man:

$$t\sqrt{f} + \text{Const.} = x + \tfrac{1}{8}\alpha^2 (x - \tfrac{1}{2}\sin 2x) \pm \frac{\alpha q}{f\sqrt{2}} \Big[\tfrac{2}{3}\frac{\sin x - 1}{\cos x} - (\tfrac{5}{12} + \tfrac{41}{96}\alpha^2)\cos x - (\tfrac{1}{36} \mp \tfrac{1}{576}\alpha^2)\cos 3x + \tfrac{1}{320}\alpha^2 \cos 5x - (\tfrac{2}{3} + \tfrac{1}{4}\alpha^2)x\Big].$$

Nimmt man dieses Integral mit dem obern Zeichen von $x = o$ bis $x = \frac{1}{2}\pi$ und mit dem untern Zeichen von $x = \frac{1}{2}\pi$ bis $x = \pi$, so ergiebt sich die Schwingungsdauer T''

$$T''\sqrt{f} = \pi(1 + \tfrac{1}{8}\alpha^2),$$

also genau so, als wenn kein Widerstand vorhanden wäre (§. 40).

46. Die hier entwickelten Untersuchungen finden Anwendung vorzüglich auf zwei Fälle: 1) wenn ein Magnet in der Luft, oder sonst einer Flüssigkeit sich bewegt; 2) wenn ein Magnet über Metallplatten schwingt; in welchen er Magnetismus inducirt.

Was die Luft betrifft, so fordert es zwar überhaupt Kraft, sie zu trennen, oder von der Stelle zu entfernen: die Kraft muss grösser sein, wenn sie an der Oberfläche eines Körpers anliegt, und bewegt werden soll: auch hängt viel davon ab, ob die Luft mehr oder weniger frei ausweichen kann. So z. B. wird ein sehr dünner und breiter Magnet AB (Fig. 24), wenn man ihn so aufhängt, dass er nur ungefähr 1 Linie von der Fläche CC absteht, und in kleine Schwingungen versetzt, (so dass er an die Fläche nicht anstösst), jedesmal nach ein paar Schwingungen zur Ruhe kommen. Hier adhärirt nicht blos die Luft an die Flächen, sondern sie muss auch, wenn sie entfernt werden soll, durch bestimmte Oeffnungen gehen, und kann nicht nach jeder beliebigen Richtung ausweichen, wie in einem freien Raume. Aehnliches findet statt, wenn ein Magnet nahe an einer horizontalen Fläche, oder auch nur nahe an einer Leiste oder Kante schwingt, wie Figur 25.

Die Frage, ob in diesen Fällen die Luft im einfachen Verhältnisse der Geschwindigkeit, oder im Verhältnisse des Quadrats der Geschwindigkeit Widerstand leiste, lässt sich nur aus der Erfahrung entscheiden. Hierbei giebt es nun zwei Kriterien: die Abnahme der Schwingungsbögen, und die Reduction auf unendlich kleine Bögen. Im Falle der Widerstand einfach der Geschwindigkeit proportional ist, nehmen die Bögen in geometrischem Verhältnisse ab, und bei der Reduction auf unendlich kleine Bögen ist der Bogen mit einer vom Widerstand abhängenden Constante zu multipliciren. Wenn die Luft im Verhältnisse des Quadrats der Geschwindigkeit widersteht, so nehmen die Schwingungsbögen nach einem minder einfachen Verhältnisse ab, und die Reduction auf unendlich kleine Bögen ist dieselbe, als wenn gar kein Widerstand vorhanden wäre. Die Untersuchung nach beiden Kriterien hat entschieden nachgewiesen, dass der Widerstand der Luft im einfachen Verhältnisse der Geschwindigkeit ist.

Hängt ein Magnet *ns* (Fig. 26) über einer horizontalen Platte von Eisen, oder Kupfer, oder einem sonstigen Metalle, welches der Induction fähig ist, so entsteht in verticaler Richtung unter demselben ein inducirter Magnet *n' s'*, parallel mit *ns*, und zwar mit umgekehrter Richtung der Pole. Bekanntlich braucht aber die Induction Zeit; sie entsteht nicht augenblicklich, und vergeht nicht augenblicklich. Hierdurch geschieht es, dass das inducirte Moment *ns*, welches ein schwingender Magnet in der Lage *NS* hervorruft, erst vollständig zu Stande kommt, wenn der Magnet *N' S'* sich bewegt hat, und über der Linie *a b* steht. Es bleibt also der inducirte Magnet immer gegen den schwingenden Magnet zurück, und zwar ist der Winkel *acs* um so grösser, je schneller die Bewegung ist. Die Anziehung von *ns* auf *NS*, welche der Bewegung entgegenwirkt, ist proportional dem Winkel *a c s*, und da dieser der Geschwindigkeit proportional ist, so folgt, dass Platten von Eisen oder Kupfer oder andern inductionsfähigen Metallen der Bewegung eines schwingenden Magnets einen Widerstand entgegenstellen, der der Geschwindigkeit einfach proportional ist.

47. Es wird bei allen vorhergehenden Entwickelungen vorausgesetzt, dass der Magnet vollkommen horizontal schwinge. Nehmen wir indessen an, dass er um den Winkel ε gegen den Horizont geneigt sei, so müssen wir $M \cos \varepsilon$ und $K \cos^2 \varepsilon$ anstatt M und K substituiren, wir erhalten alsdann:

$$M X = \frac{\pi K}{T^2} \cos \varepsilon.$$

Das Quadrat der Schwingungsdauer wird also um den aliquoten Theil $\left(\frac{1}{\cos \varepsilon} - 1\right)$ vergrössert, und wenn der Fehler der Schwingungsdauer nicht über $\frac{5}{10000}$ gehen soll, so darf die Neigung des Magnets nicht über $2\frac{1}{2}$ Grad gehen.

48. Ehe wir die theoretische Untersuchung der Schwingungs-Verhältnisse beschliessen, scheint es zweckmässig der Vollständigkeit wegen noch den Einfluss zu erwähnen, den die Luft dadurch auf die Schwingungsdauer ausübt, dass sie an den schwingenden Magnet adhärirt, und sein Trägheitsmoment vermehrt. Die Grösse dieses Einflusses lässt sich theoretisch nicht ermitteln, sondern muss durch Versuche bestimmt werden. Bei kleinern Magneten hat sich nun als Erfahrungsresultat herausgestellt*), dass die Vermehrung des Trägheitsmoments so gross ist, als wenn eine Luftschichte von 4 Millimeter Dicke sich an den Magnet anhängen würde. Wenn man einen Ring auf den Magnet legt (§. 58), so adhärirt eine Schichte von gleicher Dicke an die Oberfläche des Ringes. Es ist übrigens nicht nöthig, deshalb eine Correction an die obsoluten Intensitäts-Beobachtungen anzubringen, so lange man nicht andere grössere Einflüsse in Rechnung nehmen kann.

49. Wir haben am Anfange dieses Abschnittes angedeutet, dass Schwingungen in andern, als der horizontalen Ebene nicht

*) Poggendorffs Annalen Bd. 71. S. 124.

mit der erforderlichen Schärfe beobachtet werden können, weil es der Mechanik noch nicht gelungen ist, eine hinreichend feine Bewegung in andern Ebenen hervorzubringen. Man hat insbesondere in der verticalen Ebene Nadeln an runden Axen von möglichst kleinem Durchmesser, dann auch an Messerschneiden oder Spitzen sich bewegen lassen; aber immer finden sich, wie die Erfahrung zeigt, kleine Unregelmässigkeiten, und der Erfolg kann verglichen werden mit der Schwingung um ein unregelmässiges Polygon (Fig. 27); jede Ecke giebt einen Stoss, wodurch bewirkt wird, dass die Schwingungen schnell und unregelmässig abnehmen, und die Schwingungen in verschiedenen Bögen sind nicht vergleichbar. Gelingt es übrigens, die Axe so regelmässig zu machen, dass man eine Schwingungsreihe beobachten kann, so wird jedenfalls in Folge der Reibung der Axe an den Lagern eine schnelle Abnahme der Schwingungsbögen stattfinden, und man muss bei der Reduction auf unendlich kleine Bogen die Form

$$\frac{T'}{1 + \tfrac{1}{16} a^2 h^2}$$

anwenden. Die Grösse der Constante a wird aus Beobachtungen bei grössern und kleinern Schwingungsbögen abgeleitet (§. 193).

2. Beobachtungs-Methode bei Bestimmung der Schwingungsdauer, Reduction auf unendlich kleine Bögen.

50. Man bedient sich bei Schwingungs-Beobachtungen derselben Methode, welche bei Bestimmung der Meridiandurchgänge gebraucht wird, und schätzt die Zeit nach dem Raume. Es sei a (Fig. 25a) die Spitze einer Nadel, die sich gegen den Meridian o bewegt, und deren Durchgang über der Linie o anzugeben wäre. Die Nadelspitze befinde sich in a bei einem Secundenschlage, z. B. bei dem Schlage der 15. Secunde, bei dem nächsten Schlage, d. h. bei der 16. Secunde kommen sie nach a', bei der 17. Secunde nach a'', bei der 18. nach a'''. Nun sieht man, dass zwischen der 17. und 18. Secunde die Magnetspitze den Meridian (die Linie *o*) passirt hat, und da die Bewegung als gleichförmig anzunehmen ist, während der Raum *a' a''* durchlaufen wird, so entspricht ein Zehntel des Raumes einer Zehntel Secunde u. s. w. In dem gegenwärtigen Falle würde man sagen, dass der Magnet bei 17'',3 den Meridian passirt habe. Ganz dieselbe Bewandtniss hat es, wenn man nicht mit freiem Auge beobachtet, sondern an dem Magnete einen Spiegel befestiget, und mit einem Fernrohre im Spiegel das Bild irgend eines entfernten Gegenstandes, am Besten einer Scala beobachtet. Die Scala bewegt sich scheinbar an dem Faden *ff* des Fernrohres rückwärts und vorwärts, und wenn man einen bestimmten Theilstrich *a* wählt, so kann man das Vorrücken des Fadens von Secundenschlag zu Secundenschlag verfolgen und die Zehntelsecunden schätzen wie oben. Nach der in der Figur beispielsweise beigefügten Bezeichnung würde der Durchgang bei 22'',6 erfolgt sein*).

Bei Bestimmung der Schwingungsdauer beobachtet man stets Doppelschwingungen, nämlich die Zeit, welche der Magnet braucht, um den Weg von *a* nach *a'* (Fig. 23), von da wieder bis zur grössten Elongation *a''* auf der andern Seite; dann zurück nach

*) Um auf diese Weise die Durchgänge gehörig zu schätzen, ist einige Uebung nothwendig: bei den ersten Versuchen behält man zwar den Punct *a'''*, (Secundenschlag nach dem Durchgange) sehr genau im Gedächtnisse, vergisst aber gewöhnlich den Punct *a''*, (Secundenschlag vor dem Durchgange), und kann alsdann keine Schätzung der Zehntelsecunden vornehmen. Man sollte vom Anfange die Bewegung des Magnets längere Zeit verfolgen, und blos auf die Grösse des Weges, der in einer Secunde durchlaufen wird, Acht geben: man wird von selbst darauf hingeführt, sich blos die Puncte zu merken, wo der Magnet bei jeder Secunde sich befindet, und die übrigen Umstände ausser Acht zu lassen. Dass es übrigens keine besondere Schwierigkeit hat, sich hierin die nöthige Uebung zu erwerben, kann ich aus Erfahrung sagen, da ich bereits eine grosse Anzahl Beobachter zu unterrichten gehabt habe. In früherer Zeit hat man die Zeitpuncte aufgezeichnet, wo die Nadel ihre grösste Elongation erreichte, was zwar leichter auszuführen ist, aber nicht die nöthige Genauigkeit gewährt: diese Methode sollte gänzlich beseitiget werden.

a zu machen, d. h. man beobachtet die Zeit zwischen zwei Durchgängen nach derselben Richtung. Auf solche Weise erlangt man den Vortheil, dass man den magnetischen Meridian nicht zu kennen braucht, vielmehr kann man jede beliebige Linie, z. B. *ec* wählen, um die Durchgänge zu beobachten. Es sei nämlich die Zeit, in welcher der Bogen *ae* zurückgelegt wird, $= \vartheta$, so braucht der Magnet von *e* nach *a'* und wieder zurück bis *a* ... $T - \vartheta$, von *a* bis *a''* und wieder zurück bis *e* ... $T + \vartheta$; folglich ist im Ganzen das Intervall zwischen zwei Durchgängen nach gleicher Richtung $= 2\,T$ für jede nach Belieben gewählte Durchgangslinie *ec*.

Bei Beobachtung der Durchgangszeit ist es nothwendig, abwechselnd Durchgänge rechts und Durchgänge links zu nehmen, um den Einfluss des Umstandes zu eliminiren, dass der magnetische Meridian sich ändert, also die Durchgangslinie eine andere Lage in Bezug auf den Oscillations-Bogen erhält. Anstatt hier die Lage des Oscillations-Bogens als veränderlich zu betrachten, können wir die Bewegung auf die Durchgangslinie übertragen, und uns vorstellen, dass die Durchgangslinie, welche beim ersten Durchgange in *ec* war, bis zum zweiten Durchgange nach *e'c* kommt. Es sei die Zeit ϑ' erforderlich, um den Bogen *ee'* zu durchlaufen, so braucht der Magnet von *e'* nach *a'*, dann nach *a''* und wieder zurück bis *e'* die Zeit ... $2T + \vartheta'$. Das Intervall zwischen zwei Durchgängen rechts ist also hier zu gross um ϑ'. Bestimmt man aber unter denselben Umständen das Intervall zweier Durchgänge links, d. h. von *e* bis *a''*, dann bis *a'* und von da zurück bis *e'*, so erhält man $2T - \vartheta'$, also ein Resultat, welches eben so viel zu klein ist, als das obige zu gross war. Nimmt man von beiden das arithmetische Mittel, so fällt ϑ' weg; und man erhält überhaupt nach der gegebenen Vorschrift eine richtige Bestimmung der Schwingungsdauer, wenn die Durchgangslinie zwischen den zwei Durchgängen links sich um eben so viel, wie zwischen den Durchgängen rechts und nach gleichem Sinne bewegt hat*).

51. Es ist leicht begreiflich, dass aus einer einzelnen Schwingung die Oscillations-Dauer nicht mit der nöthigen Schärfe abgeleitet werden kann; man muss vielmehr unmittelbar durch Beobachtung die Zeit bestimmen, welche der Magnet braucht, um eine grössere Anzahl von Schwingungen, (und zwar eine gerade Anzahl), etwa 100 zu vollenden; und indem man durch die ganze Anzahl dieses Zeitintervall dividirt, die Dauer einer Schwingung festsetzen. Die Sätze, die wir eben für Doppelschwingungen entwickelt haben, finden auch in diesem Falle ihre Anwendung.

52. Wenn man Schwingungen beobachtet, ist es auch nöthig auf die Schwingungsbögen Rücksicht zu nehmen, damit die Reduction auf unendlich kleine Bögen vorgenommen werden könne. Gewöhnlich hat man eine Scala (z. B. Fig. 25), deren Nullstrich mit dem Meridian nahe zusammentrifft, und zugleich als Durchgangslinie dient. Von dem Nullstrich geht die Zählung links und rechts, und man schreibt beiderseits die äusserste Entfernung auf, die der Magnet erreicht, und nimmt daraus das arithmetische Mittel. Dies ist der Schwingungsbogen, und insofern es sich um eine einzelne Schwingung handelt, wird die Reduction auf unendlich kleine Bögen nach §. 40 vorgenommen.

Bei Reduction der Schwingungsdauer, wenn sie aus einem grössern Intervalle abgeleitet wird, müssen wir einen oben (§. 46) bereits angeführten Satz zu Hülfe nehmen, dass nämlich die Schwingungsweite in geometrischer Progression abnimmt. Ist die Weite

---

*) Bei bewegterem Zustande des Erdmagnetismus finden die obigen Voraussetzungen nicht statt, und man muss vermeiden, Schwingungs-Beobachtungen zu machen, wenn grössere Bewegung wahrzunehmen ist. Insbesondere haben die magnetischen Stösse, die häufig an unruhigen Tagen vorkommen, einen sehr nachtheiligen Einfluss.

der ersten Schwingung $= h_1$ und der Quotient $= q$, so hat man die Weite der zweiten Schwingung $h_1\, q$

dritten Schwingung $h_1\, q^2$

n^{ten} Schwingung $h_1 . q^{n-1}$.

Nennt man dann $T'_1,\ T'_2 \ldots T'_n$ die Dauer der ersten, zweiten $\ldots n^{ten}$ Schwingung, und T die auf unendlich kleine Bögen reducirte Dauer, so hat man:

$$T(1 + \tfrac{1}{16} h_1^2) = T'_1,$$
$$T(1 + \tfrac{1}{16} h_1^2\, q^2) = T'_2,$$
$$T(1 + \tfrac{1}{16} h_1^2\, q^4) = T'_3,$$
$$\cdots\cdots\cdots\cdots$$
$$T(1 + \tfrac{1}{16} h_1^2\, q^{2n-2}) = T'_n.$$

Die Summation giebt:

$$T[n + \tfrac{1}{16} h_1^2 (1 + q^2 + q^4 + q^{2n-2})] = T\left(n + \tfrac{1}{16} h_1^2 \frac{1-q^{2n}}{1-q^2}\right)$$
$$= T'_1 + T'_2 + \ldots T'_n.$$

Hat man den ersten und n^{ten} Durchgang D_0 und D_n beobachtet, nebst den entsprechenden Schwingungsbögen h_1 und h_n, so hat man $h_n = h_1\, q^{n-1}$ oder $\log q = \dfrac{\log h_n - \log. h_1}{n-1}$, und da $D_n - D_0 = T_1 + T_2 + \ldots T_n$, so folgt:

$$T = \frac{D_n - D_0}{n\left(1 + \tfrac{1}{16} h_1^2 \dfrac{1-q^{2n}}{n(1-q^2)}\right)}.$$

Wenn man die unreducirte Schwingungsdauer $\dfrac{D_n - D_0}{n} = T'$ setzt, so hat man:

$$T = \frac{T'}{1 + \tfrac{1}{16} h_1^2 \dfrac{1-q^{2n}}{n(1-q^2)}}.$$

53. Nach dieser Formel kann man aus einem Intervall z. B. von 100 Schwingungen, oder aus der mittlern beobachteten Dauer einer Schwingung die auf unendlich kleine Bögen reducirte Dauer ableiten. Mit Rücksicht auf die vorhergehende Bestimmung und auf den Umstand, dass es vortheilhaft ist, das Mittel mehrerer Intervalle zu nehmen, beobachtet man gewöhnlich zwei Durchgangsreihen in folgender Weise:

erste Reihe	zweite Reihe	. . . Intervalle
D_0 (rechts)	D_n	$J_1 = D_n - D_0$,
D_r (links)	D_{n+r}	J_2,
D_{2r} (rechts)	D_{n+2r}	J_3,
. . . .	. . .	. . . .
$D_{(l-1)r}$ (links)	$D_{n+(l-1)r}$	J_l.

Die auf unendlich kleine Bögen reducirte Schwingungsdauer hängt mit diesen Intervallen zusammen durch folgende Gleichungen:

$$T\left(n + \tfrac{1}{16} h_1^2 \frac{1-q^{2n}}{1-q^2}\right) = J_1,$$

$$T\left(n + \tfrac{1}{16} h_1^2 q^{2r} \frac{1-q^{2n}}{1-q^2}\right) = J_2.$$

$$T\left(n + \tfrac{1}{16} h_1^2 q^{4r} \frac{1-q^{2n}}{1-q^2}\right) = J_3,$$

$$. \quad . \quad . \quad . \quad . \quad . \quad . \quad . \quad . \quad . \quad . \quad .$$

$$T\left(n + \tfrac{1}{16} h_1^2 q^{2(l-1)r} \frac{1-q^{2n}}{1-q^2}\right) = J_l.$$

Durch Summation erhält man:

$$T\left(ln + \tfrac{1}{16} h_1^2 \frac{1-q^{2lr}}{1-q^{2r}} \cdot \frac{1-q^{2n}}{1-q^2}\right) = J_1 + J_2 + J_3 + \cdots + J_l.$$

Setzt man demnach:

$$\frac{h_1^2}{l n} \cdot \frac{1-q^{2lr}}{1-q^{2r}} \cdot \frac{1-q^{2n}}{1-q^2} = h^2$$

und die mittlere aus den Intervallen $J_1, J_2 \ldots . J_n$ geschlossene Schwingungsdauer $= T'$, so dass man hat:

$$T' = \frac{J_1 + J_2 \ldots + J_l}{l n},$$

so ergiebt sich die auf unendlich kleine Bögen reducirte Dauer

$$T = \frac{T'}{1 + \frac{1}{16} h^2}.$$

Das bequemste Mittel zur Bestimmung des Reductionsbogens

h besteht darin, diese Grösse unmittelbar zu beobachten. Es ist nämlich leicht einzusehen, dass h kleiner sein muss, als der Anfangsbogen, und grösser als der Endbogen, und dass es zwischen Anfang und Ende einen Augenblick geben wird, wo der Schwingungsbogen $= h$ sein wird. Um diesen Augenblick zu bestimmen, setze man $h = h_1 q^m$, d. h. = dem Bogen der m^{ten} Schwingung, so hat man dem Obigen zufolge:

$$h^2 = h^2_1 q^{2m} = \frac{h_1^2}{ln} \cdot \frac{1 - q^{2lr}}{1 - q^r} \cdot \frac{1 - q^{2n}}{1 - q^2},$$

mithin:

$$q^{2m} = \frac{1}{ln} \frac{1 - q^{2lr}}{1 - q^{2r}} \cdot \frac{1 - q^{2n}}{1 - q^2}.$$

Hieraus lässt sich m ableiten, und man braucht nur abzuwarten, bis die m^{te} Schwingung kommt, um dann die Schwingungsweite zu beobachten, so hat man h.

Am Ende ist eine Tabelle (Tab. III.) gegeben, welche dazu dient, m für die am gewöhnlichsten vorkommenden Fälle zu finden, und zwar mit dem Argumente $\frac{h_1}{h_{100}}$, wo h_1 und h_{100} den Bogen der ersten und hundertsten Schwingung bedeuten.

Als eine wesentliche Bestimmung ist hier noch der Erfahrungssatz anzuführen, dass bei demselben Magnet die Abnahme der Schwingungsbögen immer sehr nahe gleich*), also q und m constant sind.

Folgendes Beispiel mag zur Erläuterung der Art und Weise, wie man Schwingungs-Beobachtungen einrichtet, dienen: es ist dabei der Magnet No. XIV. des Münchner Observatoriums, der später öfters erwähnt werden wird, gebraucht worden. Bei den ersten Messungen, welche mit diesem Magnet gemacht wor-

*) Um dieses Verhältniss zu untersuchen, habe ich einen Magnet schwingen lassen, und q bestimmt, dann den Magnet geschwächt, so dass er weniger als die Hälfte seines frühern Magnetismus hatte, und dann eine neue Bestimmung von q vorgenommen. Als Erfolg stellte sich der obige Satz heraus.

den sind, fand sich sehr nahe $\frac{h_1}{h_{100}} = 1{,}4$*), und da jeder dritte Durchgang beobachtet wird, so folgt nach Tab. III. $m = 60$. Eine Schwingung braucht ungefähr 4″,38, also 60 Schwingungen 4′.22″: setzt man demnach 4′,22″ zu dem ersten Durchgange bei dem folgenden Beispiele, nämlich $3^h\ 7'\ 7''$, so hat man $3^h\ 11''$ 29″; um diese Zeit muss der Reductionsbogen für das erste Intervall beobachtet werden.

Es ist nöthig noch eine Bemerkung über die Aufzeichnung der Schwingungsbögen beizufügen. Aus practischen Gründen ist es zweckmässig, die Schwingungsweite nicht an einem in Grade getheilten Bogen, sondern an einer geradlinigen Scala zu beobachten. Man müsste dann eigentlich die Scalatheile in Bogen verwandeln, und mit dem Bogen in Tab. II. die Reduction suchen. Anstatt aber diesen weitläufigen Weg zu befolgen, berechnet man sich für jeden Magnet eine eigene Reductions-Tabelle, wo mit dem Argument h in Scalatheilen die Reduction gefunden wird. Für den Magnet No. XIV. ist ein Scalatheil $= 1^0.348$, und man findet mit Hülfe der Tabelle II. sehr leicht folgende Reductions-Tabelle für Nr. XIV.

Arg. h in Theilstrichen.	Log. Reduction.	Diff. für 1 Th.
0	0.00000	
1	0.00002	3,0
2	0.00006	5,5
3	0.00013	9,0
4	0.00024	12,0

*) Jede Beobachtung, wo drei Reihen genommen werden, wie in dem hier gegebenen Beispiele, liefert eine Bestimmung von $\frac{h_1}{h_{100}}$, da die beiden beobachteten Reductionsbögen um 100 Schwingungen von einander entfernt sind. So z. B. findet man in dem hier gegebenen Beispiele $h_1 = 3{,}7$ Scalatheile, $h_{100} = 2{,}7$ Scalatheile, mithin $\frac{h_1}{h_{100}} = 1{,}41$, übereinstimmend mit der obigen Bestimmung.

Arg. h in Theilstrichen.	Log. Reduction.	Diff. für 1 Th.
5	0.00037	15,0
6	0.00054	18,0
7	0.00073	21,0
8	0.00096	23,0
9	0.00119	27,5
10	0.00151	

Nach dieser Einleitung lasse ich nun das Beispiel folgen, und bemerke, dass die gleichzeitigen Intensitäts-Variationen, und die Temperatur beigefügt sind, weil später davon Gebrauch gemacht werden soll:

1845. April 22. Magnet XIV.

Reihe I.	Intervall (II-I).	Reihe II.	Interv. (III-II).	Reihe III.
$15^h.7'.7'',0$	$7'.18'',6$	$15^h.14'.25'',6$	$7'.18'',5$	$15^h.21'.44'',1$
20,3	18,5	38,8	18,4	57,2
33,2	18,7	51,9	18,4	10,3
46,6	18,5	5,1	18,6	23,7
59,6	18,5	18,1	18,5	36,6
12,8	18,6	31,4	18,6	50,0
26,0	18,3	44,3	18,6	2,9
39,0	18,8	57,8	18,4	16,2
52,2	18,7	10,9	18,2	29,1
5,5	18,5	24,0	18,6	42,6
	$7'.18'',57$ = 100 Schw.		$7'.18'',48$ = 100 Schw.	
Intens. = — 34,0		— 33,6		— 34,2

Temperatur = + 7°,7.

Schwingungsbögen bei der 60. Schwingung.

$15^h.11'.28''$ . . . 3,7 Theilstriche.
15 . 18 . 46 . . . 2,7 - -

log. T' =	0.64204	0.64195
log. Reduct. =	— 0.00021 . .	— 0.00010
log. T =	0.64183	0.64185
Intens. =	— 33,8	— 33,9

53. Bei dem Gauss'schen Magnetometer, und auch in sonstigen Fällen, wo die Schwingungsdauer länger, (etwa 12″ bis 20″), und die Zahl der beobachteten Durchgänge nicht gross ist, findet man die Reduction bequemer auf folgende Weise:

Nach §. 52 hat man für ein Intervall von n Schwingungen:

$$T = \frac{T'}{1 + \frac{1}{16}\frac{h_1^2}{n}\frac{1-q^{2n}}{1-q^2}} = T' - \frac{T' h_1^2}{16\, n} \cdot \frac{1-q^{2n}}{1-q^2} \text{ u. } \log q = \frac{\log. h_n - \log. h_1}{n-1}.$$

Hier ist T die auf unendlich kleine Bögen reducirte, T' die unmittelbar aus einem Intervall von n Oscillationen abgeleitete Dauer einer Schwingung, und h_1 und h_n die Bögen der ersten und letzten Schwingung. Nun ist $h_n = h_1\, q^{n-1}$, und man kann also die Correction der Schwingungsdauer auch so schreiben:

$$-\frac{1}{16}\frac{T'}{n}\frac{h_1^2 - h_n^2 q^2}{1-q^2}.$$

Da q nur um sehr wenig kleiner ist als 1, so hat man, wenn $\lambda = -\log. q$ gesetzt wird:

$$\log. q = \log. [1-(1-q)] = -m(1-q) = -\lambda,$$

mithin $q = 1 - \frac{\lambda}{m}$, wobei m ($= 0{,}4343$) den Modul der Briggischen Logarithmen bezeichnet. Substituiren wir nun in der Correction der Schwingungsdauer statt q diesen Werth, und behalten nur die Grössen erster Ordnung, so erhalten wir:

$$-\frac{m}{32}\frac{T'}{n\,\lambda}\left(h_1^2 - h_n^2\right). \tag{1}$$

Bei dem Magnetometer erhält man die Elongation in Scalatheilen, so dass, wenn man die Entfernung der Scala vom Magnetspiegel e nennt, $h_1 = N \cdot \frac{1}{2e}$ und $h_n = N' \cdot \frac{1}{2e}$ gesetzt werden kann, wenn N und N' die Schwingungsweite*) am Anfange und Ende in Scalatheilen ausgedrückt bezeichnen; alsdann ist die Correction:

*) Hier, wie in diesem Buche durchgängig, wird unter Schwingungsweite

$$= -\frac{m\,T'(N^2 - N'^2)}{128\,e^2\,n\,\lambda}, \qquad (2)$$

und

$$\lambda = \frac{\log. N - \log. N'}{n-1}.$$

55. Es giebt noch eine andere Form für die Reduction auf unendlich kleine Bögen, welche einfacher und bequemer ist als die vorhergehende, jedoch nur dann die nöthige Schärfe gewährt, wenn die Zahl der Schwingungen nicht zu gross ist. Man kann dazu durch folgende Betrachtungen gelangen:

Der Unterschied zwischen dem ersten und zweiten Bogen ist $= h_1 - h_1 q$, und der Unterschied zwischen dem n^{ten} und $(n+1)^{\text{ten}}$ Bogen ist $h_n - h_n q$: wäre nun die Abnahme der Bogen gleichmässig, so hätte man $n(h_1 - h_1 q) = h_1 - h_n q$, und $n(h_n - h_n q) = h_1 - h_n q$. Nun ist aber die Abnahme vom Anfange schneller, am Ende langsamer, und deshalb $n(h_1 - h_1 q)$ grösser, und $n(h_n - h_n q)$ kleiner als $h_1 - h_n q$: man wird aber der Wahrheit sehr nahe kommen, wenn man $\frac{1}{2}[n(h_1 - h_1 q) + n(h_n - h_n q)] = h_1 - h_n q$ setzt; alsdann giebt die obige Formel, wenn man sie so schreibt:

$$\tfrac{1}{16}\,\frac{T'}{n}\,\frac{h_1 + h_n q}{1+q} \cdot \frac{h_1 - h_n q}{1-q}$$

und den eben gefundenen Werth für $h_1 - h_n q$, dann $\frac{h_1 + h_n}{2}$ für $\frac{h_1 + h_n q}{1+q}$ substituirt:

---

der Bogen verstanden, um welchen sich der Magnet von der Mittelrichtung entfernt. Viele bezeichnen aber mit Schwingungsweite den ganzen Bogen, in welchem sich der Magnet bewegt. Wo man einen eigenen Schwingungsbogen hat mit dem Nullpuncte in der Mitte, und wo man die Durchgänge über diesen Nullpunct beobachtet, ist es bequemer den Schwingungsbogen nach der erstern Weise von der Mitte aus nach beiden Seiten zu rechnen. Beim Magnetometer, wo die Zählung nicht von der Mitte, sondern von einem Ende zum andern geht, thut man besser, den ganzen Bogen als Rechnungsdatum zu gebrauchen. Versteht man in der obigen Formel (2), N und N' in diesem Sinne, so muss man im Nenner 512 anstatt 128 setzen.

$$-\tfrac{1}{16}\,T'\left(\frac{h_1+h_n}{2}\right)^2.$$

Bei einem Intervall von mehreren Schwingungen geschieht also die Reduction nach derselben Formel, wie bei einer einzelnen Schwingung mit dem Unterschiede, dass im erstern Falle der mittlere Schwingungsbogen zu nehmen ist*).

Im Mittel ist q für grosse, wie für kleine Magnete $= 0{,}997$. Berechnet man mit diesem Werthe den Fehler der vorigen Formel, so findet sich, dass sie die Correction zu gross giebt:

bei 100 Schwingungen um $\frac{1}{144}$,
bei 50 Schwingungen um $\frac{1}{572}$,
bei 20 Schwingungen um $\frac{1}{4481}$,
bei 10 Schwingungen um $\frac{1}{24510}$.

So lange der Schwingungsbogen nicht über 2^0 geht, (wie es bei den Magnetometer-Beobachtungen der Fall ist) bleiben diese Fehler ganz unmerklich, z. B. bei 100 Schwingungen erhält man die Schwingungsdauer um $\frac{1}{2400000}$ zu klein. Aber auch bei grössern Bögen kann man die Reductionsmethode in den meisten Fällen anwenden, so z. B. ist bei 10^0 Schwingungsweite der Fehler der nach obiger Formel reducirten Schwingungsdauer für 100 Schwingungen $= \frac{1}{76410}$.

3. Bestimmung des Trägheitsmoments.

56. Um die Hauptgleichung (2) §. 39 anwenden zu können, müssen wir zuerst das Trägheitsmoment $K = \Sigma r^2\, dp$ bestimmen. Hierzu giebt es verschiedene Mittel.

Ist der Magnet vollkommen regelmässig und homogen, so lässt sich K aus den Dimensionen und dem Gewichte ableiten.

---

*) Einige Beobachter haben die Schwingungen auf unendlich kleine Bögen reducirt mit der Formel $-\frac{1}{16}T' h_1 h_n$, die minder genau ist, wie die hier gegebene. Auch die Formel (2) §. 54, die in den Resultaten des magnetischen Vereins (1837 pag. 60) entwickelt und vorgeschrieben wird, ist minder genau.

So hat man z. B. für ein Parallelepipedum AB (Fig. 29), das um die durch seinen Mittelpunct gehende senkrechte Axe ff schwingt, $dp = g\,c\,dx'\,dy'$, wenn g das specifische Gewicht und c die Dicke bedeuten.

Mithin $K = \int r^2\,dp = \int (x'^2 + y'^2)\,g\,c\,dx'\,dy'$.

Dieser Ausdruck integrirt von $x' = -\frac{1}{2}l$ bis $x' = +\frac{1}{2}l$ und $y' = -\frac{1}{2}b$ bis $y' = +\frac{1}{2}b$, (wo l die Länge und b die Breite bedeuten), giebt:

$$K = \tfrac{1}{12}(l^3\,b + b^3\,l)\,g\,c,$$

oder, da das Gewicht, welches wir mit p bezeichnen wollen, $= g\,l\,b\,c$ ist, so folgt:

$$K = \tfrac{1}{12}(l^2 + b^2)\,p.$$

Für einen Cylinder von der Länge l und dem Halbmesser r, dessen Endflächen eben und auf der Länge senkrecht sind, hat man:

$$K = \tfrac{1}{4}(\tfrac{1}{3}l^2 + r^2)\,p.$$

Es ist nicht unwahrscheinlich, dass man auf diesem Wege alle erforderliche Genauigkeit erreichen könne: bisher besitzen wir übrigens keine Versuche, aus denen man ein Urtheil über die practisch erreichbare Genauigkeit folgern könnte.

57. Alle diejenigen, welche bisher grössere Schärfe erlangen wollten, haben den von **Poisson** bezeichneten Weg befolgt, und mit dem schwingenden Magnet einen unmagnetischen Körper von bekanntem Trägheitsmoment verbunden. Da die Kraft hierdurch nicht geändert wird, so bleiben die am Ende von §. 39 gegebenen Gleichungen gültig mit dem einzigen Unterschiede, dass jetzt für $\Sigma r^2\,dp$ die Summe der Trägheitsmomente des Magnets und des damit verbundenen Körpers zu substituiren ist, d. h. anstatt K muss man $K + R$ setzen, wenn R das Trägheitsmoment des Körpers bezeichnet. Wir erhalten alsdann für die neue Schwingungszeit T' (auf unendlich kleine Bögen reducirt), die Gleichung:

$$MX = \frac{\pi^2\,(K + R)}{T'^2}.$$

Verbindet man diese Gleichung mit derjenigen, welche die Schwingung des Magnets allein giebt, nämlich $MX = \frac{\pi^2 K}{T^2}$, so erhält man:

$$K = \frac{R}{\frac{T'^2}{T^2} - 1}.$$

Zur Belastung kann man jeden Körper, oder jedes System von Gewichten brauchen, dessen Trägheitsmoment sich genau bestimmen lässt. Man sieht übrigens, dass $\frac{T'^2}{T^2}$ von der Einheit sich beträchtlich unterscheiden müsse, wenn eine sichere Bestimmung erlangt werden soll; mit andern Worten, es soll das Trägheitsmoment der Belastung bedeutend grösser sein, als das Trägheitsmoment des Magnets. Bei Bestimmung der Schwingungsdauer kann, wenn man ein Intervall von 10 Minuten nimmt, etwa eine Unsicherheit von $\frac{5}{10000}$ übrig bleiben: im unvortheilhaften Falle könnte also $\frac{T'^2}{T^2}$ um $\frac{2}{1000}$ fehlerhaft sein. Setzt man nun $\frac{T'^2}{T^2} - 1 = n$, d. h. nimmt man an, dass das Trägheitsmoment der Belastung um n mal grösser ist, als das Trägheitsmoment des Magnets, so ergiebt sich für verschiedene Werthe von n der Fehler von K, wie folgt:

n.	Fehler von K	
0,1	22	$\cdot \frac{K}{1000}$
0,2	12	„
0,4	7	„
0,6	5,3	„
0,8	4,5	„
1,0	4,0	„
2,0	3,0	„
5,0	2,4	„
10,0	2,2	„
20,0	2,1	„
30,0	2,03	„

Man sieht, dass, wenn die Belastung bereits ziemlich gross ist, etwa über das 10fache geht, eine Vermehrung derselben nur sehr wenig mehr die Unsicherheit von K vermindert: dagegen gewährt eine solche Vermehrung einen andern Vortheil. Ist nämlich die Bestimmung von R fehlerhaft, etwa zu gross um δR, so entsteht in K ein Fehler von $\frac{\delta R}{n}$, und dieser Fehler wird immer kleiner, je grösser man die Belastung macht. Ist das Trägheitsmoment der Belastung nur $\frac{1}{10}$ von dem Trägheitsmomente des Magnets, so bringt jeder Fehler von R in der Bestimmung von K einen zehnfach grössern Fehler hervor: macht man aber die Belastung so gross, dass R zwanzig Mal mehr beträgt, als K, so wird der Fehler um das Zwanzigfache vermindert.

Somit wäre eine Vermehrung der Belastung von wesentlichem Vortheile; allein man trifft bald auf eine Gränze; je mehr Masse nämlich durch dieselbe Kraft zu bewegen ist, desto unsicherer ist die Bewegung: somit würde die Bestimmung der Schwingungsdauer bei zu grosser Belastung nicht mit der nöthigen Sicherheit erhalten werden können. Wo diese Gränze anfängt, kann ich nicht angeben; jedoch kann ich als Ergebniss der Erfahrung anführen, dass, wenn das Trägheitsmoment der Belastung das 35fache des Trägheitsmoments der Nadel beträgt, die Schwingungsdauer noch mit der erforderlichen Genauigkeit sich bestimmen lässt: ich möchte es aber für rathsam halten, über die angegebene Gränze nicht weit hinauszugehen.

58. Es ist oben bereits bemerkt worden, dass man zur Belastung jeden Körper oder jedes System von Gewichten brauchen könne, dessen Trägheitsmoment sich genau bestimmmen lässt. Man kann demnach einen messingenen Cylinder, dessen Trägheitsmoment wir oben zu berechnen gelehrt haben, mit Coconfäden an den Magnet anhängen (Fig. 29), oder man kann ein Parallelepipedum von Messing auf dieselbe Weise anhängen. Die vortheilhaftesten Bestimmungen sind aber mit messingenen Ringen zu erhalten, die auf den Magnet aufgelegt werden (Fig. 30). Das Trägheitsmoment des Ringes wird auf folgende Weise bestimmt: Es seien (Fig. 31) an der untern Fläche $d_1 = a\,a'$ und $d_2 = b\,b'$ der innere und äussere Durchmesser, und an der obern Fläche seien diese Durchmesser $D_1 = A\,A'$ und $D_2 = B\,B'$, die Höhe, (oder Dicke) des Ringes sei $c = A\,a$; nehmen wir ferner an, dass die Durchmesser mit der Entfernung von der untern Fläche gleichmässig zu- oder abnehmen, so dass für die Höhe $z = mn$ die Durchmesser seien:

$$\alpha\,\alpha' = D_1 + \frac{D_2 - D_1}{c}\,z \ldots \beta\,\beta' = d_1 + \frac{d_2 - d_1}{c}\,z.$$

Der Distanz r vom Mittelpuncte entspricht das Element des Ringes $dp = g\,r\,d\psi\,dr\,dz$, wenn g das specifische Gewicht, und ψ = dem Winkel $\alpha\,n\,o$ ist. Wir haben demnach das Trägheitsmoment $\Sigma\,r^2\,dp = g\iiint r^3\,d\psi\,dr\,dz$. Zuerst muss in Beziehung auf ψ integrirt werden, und zwar zwischen den Gränzen $\psi = o$ und $\psi = 2\pi$. Das Resultat dieser Operation ist:

$$2\,g\,\pi\iint r^3\,dr\,dz.$$

Integrirt man dann in Beziehung auf r von $r = \frac{1}{2}\left(d_1 + \frac{d_2 - d_1}{c}\,z\right)$ bis $r = \frac{1}{2}\left(D_1 + \frac{D_2 - D_1}{c}\,z\right)$, so hat man:

$$\tfrac{1}{32}\,g\,\pi\int\left[\left(D_1 + \frac{D_2 - D_1}{c}\,z\right)^4 - \left(d_1 - \frac{d_2 - d_1}{c}\,z\right)^4\right] dz.$$

Endlich giebt die Integration in Beziehung auf z zwischen den Gränzen $z = o$ und $z = c$

$$\tfrac{1}{160}\,g\,\pi\,c\left[\frac{D_2^5 - D_1^5}{D_2 - D_1} - \frac{d_2^5 - d_1^5}{d_2 - d_1}\right].$$

Berechnet man auf dieselbe Weise die Masse oder das Gewicht des Ringes $p = \Sigma\,dp$, so ergiebt sich

$$p = \tfrac{1}{12}\,g\,\pi\,c\left[\frac{D_2^3 - D_1^3}{D_2 - D_1} - \frac{d_2^3 - d_1^3}{d_2 - d_1}\right].$$

Ist $D_2 - D_1$, dann $d_2 - d_1$ sehr klein, was immer der Fall sein wird, wenn die Ringe nur mit mässiger Sorgfalt verfertiget werden, und setzt man $\frac{1}{2}(D_2 + D_1) = D$ und $\frac{1}{2}(d_2 + d_1) = d$, so ergiebt sich:

$$p = \tfrac{1}{4} g \pi c (D^2 - d^2)$$

und

$$\Sigma r^2 dm = R = \tfrac{1}{32} g \pi c (D^4 - d^4),$$

daher durch Combination der beiden Gleichungen:

$$R = \tfrac{1}{8}(D^2 + d^2) p.$$

Unter allen Körpern von gleicher Masse oder gleichem Gewichte ist ein Ring derjenige, welcher das grösste Trägheitsmoment hat, und wobei eine Abweichung von der mathematischen Form und von der vollkommenen Homogenität am wenigsten Einfluss auf das Trägheitsmoment ausübt. Zugleich giebt es keine Form, die so leicht mechanisch mit grosser Genauigkeit hergestellt werden könnte. Deshalb sind Ringe zur Bestimmung des Trägheitsmoments am Vortheilhaftesten zu gebrauchen*).

---

*) Die Bemerkung ist hier vielleicht nicht überflüssig, dass man besonders darauf Acht haben müsse, dem Magnet bei den Schwingungen eine genau horizontale Lage zu geben. Ist der Magnet bei den einfachen Schwingungen um den Winkel ε, bei denen mit Ring um den Winkel ϑ gegen den Horizont geneigt, so erhält man, wenn das Trägheitsmoment des Ringes n mal grösser ist, als das Trägheitsmoment des Magnets, sehr nahe:

$$K = \frac{R}{\frac{T'^2}{T^2} - 1}\left(1 + 2\frac{n+1}{n}\left(\sin^2 \tfrac{1}{2}\vartheta - \sin^2 \tfrac{1}{2}\varepsilon\right)\right)$$

für $\vartheta = 2^0 . 34'$ hat man $2 \sin^2 \frac{1}{2}\vartheta = \frac{1}{1000}$,
3 . 38 - - - - $= \frac{1}{500}$,
8 . 6 - - - - $= \frac{1}{100}$.

Man sieht, dass es blos nöthig ist, den Magnet bei den Schwingungen mit und ohne Ring dieselbe Stellung zu geben: eine kleine Abweichung von dieser Bedingung hat einen beträchtlichen Fehler im Resultate zur Folge, besonders wenn n nicht gross ist. Gebraucht man einen Magnet mit Spiegel, und bewirkt, dass bei den Schwingungen mit und ohne Ring das Bild der Scala gleich hoch im Fernrohre erscheine, so hat man genau $\vartheta - \varepsilon = o$. Bei den Magnetometer-Beobachtungen (§. 61) ist es jedenfalls nöthig, dieser Bedingung Genüge zu leisten.

War der Magnet bei den einfachen Schwingungen horizontal, und bei den Schwingungen mit Ring um den Winkel ϑ geneigt, so hat man:

59. Beispielweise möge hier die Messung des Ringes No. II. im Münchner Observatorium Platz finden.

Der Ring wurde auf den Schieber einer Längen-Theilmaschine hingelegt: vertical darüber stand ein fixes Microscop, und indem man mit der Theilschraube den Schieber vorwärts bewegte, konnte man die Kanten des Ringes unter das Microscop bringen. Die Einstellungen wurden so gemacht, dass das Bild der Kante mit dem Faden des Microscops zusammentraf. Auf solche Weise fand sich in Umgängen der Theilschraube:

	mittlerer äusserer Durchm.	mittlerer innerer Durchm.
auf der einen Seite	135,95	111,81
auf der andern Seite	136,08	111,95

Temperatur $+ 18^\circ,5$.

Bei $+ 13^\circ,0$ waren 2761,66 Umgänge der Schraube = 1 Meter. Das Gewicht des Ringes war:

$$p = 194{,}341 \text{ Grammen.}$$

$$K = \frac{R}{\frac{T'^2}{T^2 \cos \vartheta} - 1} \left(1 + \tfrac{1}{2} \sin 2\vartheta\right).$$

Im ersten Falle sind die entsprechenden Winkel und Fehler:

$$0^\circ.\,50' \ldots\ldots \frac{1}{10.000},$$

$$1\,.\,49 \ldots\ldots \frac{5}{10{,}000},$$

$$2\,.\,34 \ldots\ldots \frac{1}{1000}.$$

Im zweiten Falle hat man, wenn das Trägheitsmoment des Ringes = n mal dem Trägheitsmoment des Magnets ist:

$$K = \frac{R}{\frac{T'^2}{T^2} - 1} \left(1 - \tfrac{1}{2} n \sin^2 \vartheta\right),$$

woraus zu ersehen ist, dass je schwerer der Ring, desto vortheilhafter die Bestimmung. So bringt, wenn $n = 1$ ist, eine Neigung von $1^\circ.\,49'$ einen Fehler von $\frac{5}{10000}$ hervor: ist dagegen $n = 20$, so ist eine Neigung von $8^\circ.\,8'$ nöthig, um denselben Fehler hervorzubringen.

Verwandelt man die Schrauben-Umgänge in Millimeter, so ergiebt sich für $+ 13^{\circ},0$

$$\log R = 8{,}59672,$$

für die Temperatur t hat man:

$$\log R = 8{,}59672 + 0{,}00002\,(t - 13^{\circ}).$$

60. Will man anstatt eines einzigen Körpers ein System von mehreren Körpern oder Gewichten gebrauchen, so lassen sich mannigfache Einrichtungen treffen. Als Gewichte ist es zweckmässig, Cylinder oder Kugeln zu gebrauchen. Es sei AB (Fig. 32) ein Cylinder, dessen Axe der Schwingungsaxe FF, in Beziehung auf welche das Trägheitsmoment bestimmt werden soll, parallel sei. Man setze die Entfernung der Axe $ac = f$, dann $bc = \varrho$ $acb = \psi$, so hat man in dem Ausdrucke $\Sigma r^2 dp$, $r^2 = f^2 - 2f\varrho\cos\psi + \varrho^2$, und $dp = g r\, d\psi\, d\varrho\, dz$, wenn $z = ec$ gesetzt wird, demnach:

$$\Sigma r^2\, dm = g \int\!\!\int\!\!\int (f^2 - 2f\varrho\cos\psi + \varrho^2)\,\varrho\, d\psi\, d\varrho\, dz.$$

In Beziehung auf ψ und z ist dieser Ausdruck zu integriren von $\psi =$ bis $\psi = 2\pi$ und von $z = o$ bis $z = c$, wo c die ganze Länge des Cylinders bedeutet. Diese Integrationen geben:

$$2\pi c g \int (f^2 + \varrho^2)\,\varrho\, d\varrho.$$

Ist der Durchmesser des Cylinders $= d$, so ergiebt die Integration von $\varrho = o$ bis $\varrho = \frac{1}{2} d$:

$$\tfrac{1}{4}\pi c g\,(f^2 d^2 + \tfrac{1}{8} d^4).$$

Nun ist die Masse oder das Gewicht des Cylinders $p = \frac{1}{4}\pi d^2 c g$, folglich das Trägheitsmoment des Cylinders

$$= (f^2 + \tfrac{1}{8} d^2)\, p.$$

Auf gleiche Weise findet man das Trägheitsmoment einer Kugel von dem Durchmesser d und dem Gewichte p unter denselben Umständen

$$= (f^2 + \tfrac{1}{10} d^2).$$

Die einfachste Weise, Gewichte an einen Magnet anzubringen, besteht darin, einen Coconfaden (Fig. 33) über den Magnet gehen zu lassen, an dessen beiden Enden die gleichen, (oder sehr nahe gleichen) Gewichte p, p' anzuhängen. Ist die Summe der Gewichte $= P$, der Durchmesser im Mittel $= d$, die Länge des Magnets $= l$, so hat man das Trägheitsmoment, welches wir oben mit R bezeichnet haben:

$$= \tfrac{1}{4} P (l^2 + \tfrac{1}{2} d^2).$$

Von d braucht man, wie leicht begreiflich, keine sonderlich genaue Bestimmung, dagegen soll l sehr genau gemessen sein; überdies muss man zu l noch die Fadendicke hinzufügen*).

61. Eine andere sehr zweckmässige Einrichtung bei Anwendung von Gewichten besteht darin, sie auf einen an den Magnet befestigten Querstab von Holz oder Metall anzuhängen (Figur 34), wie dies gewöhnlich bei Magnetometer-Beobachtungen geschieht. Man versieht sie deshalb mit einem dünnen messingenen Bügel, der eine Spitze hat, an welcher das Gewicht getragen wird. Auf dem Querstab befindet sich oben eine Punctentheilung. Behufs der Bestimmung des Trägheitsmoments hängt man die Spitzen der Bügel in zwei gleichweit von der Mitte entfernten Theilungspuncte ein: ist dann die Entfernung der Punct $= f$, die Summe der Gewichte (ohne Bügel) $= P'$, die Durchmesser der Gewichte im Mittel $= d$, so ist ihr Trägheitsmoment $= \frac{1}{4} P (f^2 + \frac{1}{2} d^2)$. Hierzu muss man noch das Trägheitsmoment der Bügel hinzufügen $= \frac{1}{4} f^2 P''$, wenn P'' die Summe der Gewichte der Bügel bezeichnet; ferner das Trägheitsmoment des Querstabes und

*) Ein Coconfaden, der 100 Grammes zu tragen im Stande ist, hat eine Dicke von $\frac{1}{10}$ bis $\frac{1}{15}$ Millimeter. Hätte man demnach einen Magnet von 100 Millimeter Länge, so würde die Vernachlässigung des Coconfadens bei obiger Dicke die Bestimmung des Trägheitsmoments der Gewichte um $\frac{1}{500}$ bis $\frac{1}{750}$ fehlerhaft machen. Bei grössern Magneten und schwerern Gewichten, wo mehrere Coconfäden nöthig sind, wird der Fehler minder beträchtlich, weil die Fäden parallel neben einander gelegt werden können, also die Dicke nicht grösser ist als bei einem einfachen Faden. Das Gewicht des Fadens ist wohl in Rechnung zu bringen. Für den letzt erwähnten Fall kann man auch einen feinen Kupferdrath brauchen. Die Dicke und das Gewicht eines solchen Draths lässt sich sehr genau in Rechnung bringen. Noch zweckmässiger ist es, dünne versilberte Kupferlamellen, (wie man sie im Handel bekommt), anzuwenden.

der Vorrichtung, womit er an den Magnet befestigt ist $= S$. Diese letztere Grösse lässt sich schwer mit der nöthigen Genauigkeit aus den Dimensionen und dem Gewichte ableiten; deshalb thut man am Besten, dem ganzen Trägheitsmomente die Form

$$\tfrac{1}{4} P f^2 + Q$$

zu geben, so dass $P = P' + P''$, d. h. $=$ dem Gewichte der Cylinder und der Bügel, und $Q = \frac{1}{8} P d^2 + S$ wird. Alsdann beobachtet man bei verschiedenen Distanzen f, f', f'', und erhält eben so viele Gleichungen von der Form:

$$K = (Q + \tfrac{1}{4} P f^2) \frac{T^2}{T'^2 - T^2}.$$

$$K = (Q + \tfrac{1}{4} P f'^2) \frac{T^2}{T''^2 - T^2}.$$

$$K = (Q + \tfrac{1}{4} P f''^2) \frac{T^2}{T'''^2 - T^2},$$

$$\cdots\cdots\cdots\cdots$$

als die Zahl der Distanz $f f' f'' \ldots$ beträgt. Aus diesen Gleichungen kann man dann die Unbekannten K und Q nach der Methode der kleinsten Quadrate ableiten. Nimmt man blos zwei Distanzen, so hat man: $K = \frac{1}{4} P (f'^2 - f^2) \frac{T^2}{T''^2 - T'^2}$.

Bei dieser Einrichtung hat man den Vortheil, dass die Form der Gewichte ganz gleichgültig ist. Nach der Art und Weise, wie die Gewichte angehängt werden, stellt sich der Schwerpunct senkrecht unter den Aufhängungspunct, und ist also genau so weit von der Schwingungsaxe entfernt, wie der Aufhängungspunct selbst; d. h. die Distanz ist $\frac{1}{2} f$. Es seien nun $\frac{1}{2} f + x$, y, z die Coordinaten eines Elements dp vom Gewichte, so dass also x, y, z ihren Anfangspunct im Schwerpuncte haben, so erhält man:

$$\Sigma r^2 dp = \int [(\tfrac{1}{2} f + x)^2 + y^2 + z^2]\, dp$$

$$+ \tfrac{1}{4} f^2 \int dp + f \int x\, dp + \int (x^2 + y^2 + z^2)\, dp;$$

für den Schwerpunct hat man aber $\int x\, dm = o$, mithin lässt sich das Trägheitsmoment der Gewichte, welche Gestalt letztere auch haben mögen, unter die Form:

$$\tfrac{1}{4} f^2 P + Q$$

bringen, wo $\frac{1}{2} f$ die Entfernung des Schwerpunctes von der Schwingungsaxe, P das Gewicht, und Q eine von der Masse und den Dimensionen des Gewichts abhängige Grösse bedeuten.

Fragt es sich, welche Methode die vortheilhafteste sei, um das Trägheitsmoment zu bestimmen, so möchte der letztern auf den ersten Anblick der Vorzug zuerkannt werden: es ist indessen nothwendig, hierbei zu bedenken, dass sie umständlicher und mühsamer ist: auch muss hier als Erfahrungs-Resultat bemerkt werden, dass eine sichere Bestimmung der Schwingungsdauer nur dann zu erlangen ist, wenn alle Theile des schwingenden Körpersystems fest mit einander verbunden sind. Wo einzelne Theile an dem System so hängen, dass sie für sich eine schwingende Bewegung annehmen können, werden die Schwingungen des Systems gestört, und nehmen unregelmässiger und schneller, als gewöhnlich ab. Aus diesem Grunde ziehe ich die Bestimmung des Trägheitsmoments durch Ringe vor.

4. Bestimmung der Schwingungsdauer einer Nadel, auf welche ausser dem Erdmagnetismus ein nahe befindlicher Magnet einwirkt.

62. Wir haben noch die Verhältnisse der Schwingungen zu untersuchen, wenn ausser dem Erdmagnetismus ein anderer nahe gelegener Magnet einwirkt. Was diese Aufgabe von den bisherigen besonders unterscheidet, ist, dass die Kraft nicht mehr als parallel wirkend angenommen werden kann. Wir wollen uns übrigens hier auf einen speciellen Fall beschränken, und voraussetzen, dass der fixe Magnet sehr nahe im Meridian des schwingenden Magnets sich befinde.

Es sei NS (Fig. 35) ein schwingender Magnet, $N'S'$ ein fixer Magnet, der in derselben Horizontalebene NS liegt, und fc

die Richtung, in welcher der Magnet $n\,s$ im Gleichgewichte sein würde, und in welcher er zuletzt zur Ruhe kommt.

Als Axe der x (§. 38) nehmen wir $f\,c$ und als Anfangspunct der Coordinaten c, und wollen die Kräfte ξ und v bestimmen, welche parallel und senkrecht gegen diese Richtung auf den Punct a wirken. Setzen wir den Magnetismus der Puncte a und b $= dm$ und dm', die Distanz $ab = \varrho$ und $l\,c\,f = \psi$, so ergiebt sich:

$$\xi = -X \cos \psi + \int \frac{dm'}{\varrho^2} \cos f\,d\,b,$$

$$v = \quad X \sin \psi + \int \frac{dm'}{\varrho^2} \sin f\,db.$$

Setzt man ferner $f\,c\,N = u$, $a\,c = r$, $b\,c' = r'$, und substituirt in der Gleichung (2) §. 38 $x = r \cos u$, $y = r \sin u$, und die obigen Werthe für ξ und v, so ergiebt sich:

$$\frac{d^2 u}{dt^2} \Sigma r^2\,d\,p - \int r \sin (u + \psi)\,X\,d\,m + \int\int \frac{dm\,dm'}{\varrho^2} r \sin (u - f\,db) = o.$$

Nun hat man, wenn die Winkel $f\,c\,c'$ und $e\,c'\,N'$ mit χ und φ bezeichnet werden und $c\,c' = e$ ist,

$$\sin (u - f\,d\,b) = \sin b\,a\,N = \frac{e \sin (u - \chi) - r' \sin (\varphi - u)}{\varrho}$$

und da $\varrho^2 = [e \sin (u - \chi) - r' \sin (\varphi - u)]^2 + [e \cos (u - \chi) + r' \cos (\varphi - u) - r]^2$, so findet sich, dass das letzte Glied der obigen Gleichung auch unter die Form $-\int\int \frac{d\frac{1}{\varrho}}{du} dm\,dm'$ gebracht werden könne. Wird dann $\Sigma r^2\,dp = K$ und $\int r\,d\,m = M$ gesetzt, so hat man:

$$K \frac{d^2 u}{dt^2} - M\,X \sin (u - \psi) - \int\int \frac{d\frac{1}{\varrho}}{du} dm\,dm' = o.$$

Wird mit $d\,u$ multiplicirt und integrirt, so ergiebt sich:

$$\tfrac{1}{2} K \frac{du^2}{dt^2} + M\,X \cos (u - \psi) \int\int \frac{1}{\varrho} dm\,dm' = \text{Const.}$$

Entwickelt man den Ausdruck:

$$M\,X \cos (u - \psi) + \int\int \frac{1}{\varrho} dm\,dm'$$

in eine Reihe nach den Potenzen von $2\,r\cos u\left(\frac{\cos\xi}{e}+\frac{r'\cos\varphi}{e^2}\right)$ und $2\,r\sin u\left(\frac{\sin\xi}{e}+\frac{r'\sin\varphi}{e^2}\right)$, so ergiebt sich als Werth für $\frac{1}{2}K\frac{d\,u^2}{dt^2}$ eine Reihe von Gliedern von der Form:

$$\int\!\!\int A\,r^{p+q}\sin^p u\cos^q u\,dm\,dm',$$

wo A eine Function von r'^2 und r^2 ist. Da nun alle geraden Potenzen von r durch die Integration ausfallen, so sind die Glieder wegzulassen, wo $p+q$ eine gerade Zahl ist; folglich muss immer von den Zahlen p und q die eine $=2\,n$ und die andere $=2\,m+1$ sein. Nun ist aber:

$$\sin^{2n}u\cos^{2m+1}u=$$

$$\cos^{2m+1}u-2\,n\cos^{2m+3}u+\frac{2\,n}{1}\,\frac{2\,n-1}{2}\cos^{2m+5}u-\ldots.$$

und

$$\sin^{2m+1}u\cos^{2n}u=\sin^{2m+1}u-2\,n\sin^{2m+3}u+\ldots.$$

mithin kann man:

$$\begin{aligned}\tfrac{1}{2}K\frac{du^2}{dt^2}=\text{Const.}&+A\cos u+B\cos^3 u+C\cos^5 u\ldots.\\&+A'\sin u+B'\sin^3 u+C'\sin^5 u\ldots.\end{aligned}$$

setzen.

Da aber die Geschwindigkeit $\frac{du}{dt}$ ein Maximum ist, wenn der Magnet durch die Mittelrichtung $f\,c$ geht, und demnach $\frac{d\left(\frac{du}{dt}\right)}{dt}$ $=o$ sein wird, wenn $u=o$ ist, so ergiebt sich:

$$A'=o.$$

Was die Glieder $B'\sin^3 u+C'\sin^5 u\ldots$ betrifft, so enthalten sie $\sin\varphi$ und $\sin\xi$ in denselben Dimensionen, wie $\sin u$, und da φ und ξ unserer Voraussetzung zufolge sehr kleine Grössen sein werden, so dürfen wir die Reihe $B'\sin^3 u+C'\sin^5 u+\ldots$, vernachlässigen. Ist die grösste Elongation $=h$, so wird $u=h$ sein, wenn $\frac{du}{dt}=o$ ist; daraus folgt:

$$\tfrac{1}{2} K \frac{du^2}{dt^2} = A(\cos u - \cos h) + B(\cos^3 u - \cos^3 h) + C(\cos^5 u - \cos^5 h) \ldots$$

Setzen wir, wie §. 40, $\cos h = 1 - \alpha^2$ und $\cos u = 1 - \alpha^2 \sin^2 x$, so haben wir:

$$\frac{dt}{\sqrt{K}} = \frac{dx(1 - \frac{1}{2}\alpha^2 \sin^2 x)^{-\frac{1}{2}}}{[A+3B+5C-\alpha^2(3B+10C)(1+\sin^2 x)+\alpha^4(B+10C)(1+\sin^2 x+\sin^4 x)+\ldots\ldots]^{\frac{1}{2}}}.$$

Der Kürze wegen wollen wir $A + 3B + 5C = Q$, und $\frac{3B + 10C}{Q} = m$ setzen: dann giebt die Integration zwischen den Gränzen $x = o$ und $x = \pi$ (§. 40), wenn T' die Schwingungsdauer ist:

$$\frac{T' \sqrt{Q}}{\pi \sqrt{K}} = 1 + \tfrac{1}{8}\alpha^2(1 + 6m) + \frac{\alpha^4}{64}\left(57m^2 - 13m - 400\frac{C}{Q} + \frac{9}{4}\right) + \ldots.$$

Es lässt sich leicht nachweisen, dass, so lange h innerhalb der sonst zulässigen Gränzen bleibt, das mit α^4 multiplicirte Glied vernachlässiget werden dürfe; somit haben wir, wenn $1 + 6m = a^2$ und $T = \frac{T'}{1 + \frac{1}{8}a^2 \alpha^2} = \frac{T'}{1 + \frac{1}{4}a^2 \sin^2 \frac{1}{2} h} = \frac{T'}{1 + \frac{1}{16}a^2 h^2}$ gesetzt wird:

$$Q = A + 3B + 5C = \frac{\pi^2 K}{T^2}.$$

Entwickelt man die oben gegebenen Ausdrücke nach den negativen Potenzen von e bis e^7 ausschliesslich, so findet man

$$A = MX\cos\psi + \frac{MM'}{e^3}[3\cos(\xi - \varphi) - \cos\varphi] + \frac{M_3 M'}{e^5}\left(\tfrac{3}{2}\cos\varphi - \frac{15}{2}\cos(\xi - \varphi)\right) + \frac{MM'_3}{e^5}\left[\tfrac{3}{2}\cos\varphi - \frac{15}{2}\cos^2(\xi-\varphi)\cos\varphi - \frac{15}{2}(\xi-\varphi) + \frac{35}{2}\cos^3(\xi - \varphi)\right],$$

$$B = \frac{M_3 M'}{e^5}\left(\frac{35}{2}\cos^3\xi\cos(\xi - \varphi) - \frac{15}{2}\cos\xi\cos\varphi\right)$$

$C = o$.

Es lässt sich demnach die Grösse $A + 3B + 5C$ auf die Form $MX\cos\psi + kMM'$ bringen, wo k eine Function der Distanz, der Grössen $\frac{M_3}{M}$, $\frac{M_3}{M'}$ ... und der kleinen Winkel ξ und φ ist; und alle hier vorkommenden Verhältnisse können nach folgenden Gleichungen bestimmt werden:

$$MX\cos\varphi + kMM' = \frac{\pi^2 K}{T^2}, \tag{1}$$

$$T = \frac{T'}{1 + \frac{1}{16}a^2 h^2}. \tag{2}$$

Ein merkwürdiger Umstand ist es, dass bei der Reduction auf unendlich kleine Bögen die Schwingungsweite mit einer Constante zu multipliziren ist. Die Bestimmung der Constante wird weiter unten §. 193, wo wir diese Schwingungen anwenden, gelehrt werden.

V. Abschnitt.

Ablesung magnetischer Instrumente.

63. Jedes magnetische Instrument hat als Hauptbestandtheil eine frei bewegliche Nadel: die Beobachtung hat zunächst den Zweck die Bewegungen der Nadel, d. h. die Aenderungen in ihrer Richtung anzugeben. Zu diesem Behufe nimmt man eine bestimmte Linie auf der Nadel, und eine bestimmte Linie auf der Unterlage an, und zeichnet den Winkel auf, den sie mit einander machen: dies nennt man die Ablesung.

1. Ablesung der beiden Enden eines Magnets mit freiem Auge, mit Loupen oder mit Microscopen.

64. Die einfachste Ablesungsweise ist diejenige, welche bei dem Compass gewöhnlich ist. Eine Nadel wird von einer feinen Spitze getragen, auf welcher sie frei in der horizontalen Ebene sich drehen kann: die zugespitzten Enden der Nadel bewegen sich über einem getheilten Kreise, und dienen als Zeiger. Bei der Ablesung handelt es sich darum, den Winkel anzugeben, welchen die durch beide Endspitzen der Nadel gehende Linie mit der Linie 0° und 180° macht. Die Excentricität wird dadurch eliminirt, dass man die beiden Endspitzen abliest, und aus beiden Ablesungen das arithmetische Mittel nimmt.

Zwei Umstände sind für diese Ablesungsweise ungünstig:

1) dass man zwei Ablesungen machen muss, um eine einzige Richtung zu bestimmen;
2) dass man nur einen geringen Grad von Genauigkeit mit freiem Auge erlangen kann.

65. Den letzt erwähnten Nachtheil kann man vermindern, wenn man eine Loupe zum Ablesen gebraucht, und gänzlich beseitigen, wenn man Microscope anwendet.

Microscope (ohne Micrometer) können auf der Alhidade eines Kreises befestiget werden, wie Fig. 45 vorstellt. Man dreht die Alhidade bis der Faden des Micrometers *A* mit der einen Spitze des Magnets *m m* coincidirt, und liest die Verniers des Kreises ab, dann bewegt man die Alhidade wieder, bis der Faden des Micrometers *B* mit der andern Spitze coincidirt, und liest nochmals die Verniers ab. Das Mittel dieser vier Verniers-Ablesungen bezeichnet die Richtung des Magnets.

Hat man Micrometer an den Microscopen, so kann man die Micrometer auf *o* stellen, und die Ablesungen vornehmen auf die angegebene Weise, oder man kann, was in den meisten Fällen bequemer ist, die Alhidade bewegen, bis die Enden der Nadel in das Feld der Microscope kommen, und an den Verniers den Winkel ablesen, den wir v nennen wollen: alsdann stellt man mit den Micrometerschrauben die beiden Fäden der Microscope auf die beiden Endspitzen der Nadel, und liest die Micrometer ab. Das Mittel der Micrometer sei $= u$, so ist der wahre Winkel $= v + u$.

Dieses letztere Verfahren ist besonders bequem, wenn man Variations-Beobachtungen macht, oder überhaupt viele Beobachtungen aufzeichnet, während die Nadel wenig sich bewegt, mithin die Nadelspitzen beständig in dem Felde der Microscope bleiben.

Anstatt die Enden der Magnete spitzig zu machen, kann man Linien oder Puncte anbringen, oder auch Löcher durchbohren, und auf die Löcher Kreuzfäden aufspannen.

2. Spiegel-Ablesung.

66. Die bequemste Ablesung für Variationen, die nicht mehr als ein paar Grade betragen, ist die Spiegel-Ablesung. Man befestige an dem Magnete *mm* (Fig. 36) den Metallspiegel *s s*; in einiger Entfernung stelle man ein kleines Fernrohr *F*, und darüber eine Glasscala *A B* auf; hinter der Glasscala bringe man den Beleuchtungsspiegel *D D* an, der das Licht vom Fenster durch die Scala und gegen den Magnetspiegel *ss* reflectirt. Hat der Magnetspiegel *ss* die richtige Stellung, so wird er die Scala in das Fernrohr reflectiren, und zwar wird ein Punct *a* in die Axe des Fernrohrs kommen, und mit dem Faden zusammenfallen. Wenn nun der Magnet allmälig sich bewegt, z. B. das Nordende gegen *f*, so führt er den Spiegel mit, und so kommen nach und nach die übrigen Puncte der Scala gegen *B* hin auf den Faden des Fernrohrs. Wenn man durch das Fernrohr sieht, so scheint es, als wenn die Scala sich bewegte, und ihre scheinbare Bewegung giebt ein Maass für die Winkelbewegung des Magnets.

Den Zusammenhang beider sieht man am besten ein, wenn

man die in Fig. 36 vorgestellte Vorrichtung auf eine Horizontalebene projicirt, was Fig. 37a geschehen ist: *s s* ist die Projection des Spiegels, *A B* die Projection der Scala: von dem Puncte *a* der Scala trifft der Strahl den Spiegel in *e*, und wird in der Axe des Fernrohrs nach *e c* reflectirt. Es sei *b e* senkrecht auf den Spiegel, so kann man sich diese Linie mit dem Spiegel fest verbunden denken, und die Bewegungen von *b e* werden mit den Bewegungen des Spiegels, folglich auch mit den Bewegungen des Magnets gleichbedeutend sein. Unsere Aufgabe ist also gelöst, wenn wir die Richtung von *b e* gegen irgend eine feste Linie, z. B. *c e* bestimmen können. Nun sind die Winkel *a e b* und *b e c* als Einfalls- und Reflexionswinkel einander gleich, und wenn wir $bec = u$, $aec = 2u$, $ace = h$, $ce = e$, $ao = n$, $co = N$ setzen, so ergiebt sich:

$$\sin 2u = \frac{\sin(2u + h)}{e}(n - N).$$

Daraus lässt sich der gesuchte Winkel $bec = u$ ableiten.

Es gilt als allgemeine Regel, dass man die Scala senkrecht auf die optische Axe des Fernrohrs stelle, so dass $h = 90^\circ$ wird: alsdann hat man:

$$\operatorname{tg} 2u = \frac{n - N}{e}.$$

Es ist übrigens wohl niemals nothwendig, so lange es sich um Variations-Beobachtungen handelt, nach dieser strengen Formel zu rechnen, sondern man setzt den Bogen, anstatt der Tangente, und erhält:

$$u = \frac{n - N}{2e}.$$

Der Fehler, der aus der Verwechslung des Bogens mit der Tangente entsteht, beträgt bei $u = 2^\circ$ nur $0'',3$.

Will man *u* in Minuten oder Secunden ausdrücken, so muss man $u = \frac{n - N}{2e \sin 1'}$ oder $u = \frac{n - N}{2e \sin 1''}$ setzen, und der Werth eines Theilstriches ist in den angeführten drei Fällen:

$$\frac{1}{2e},\ \frac{1}{2e\sin 1'},\ \frac{1}{2e\sin 1''}.$$

Es ist oben gesagt worden, dass die Scala auf die optische Axe des Fernrohrs senkrecht gestellt werden solle. Ist dieser Bedingung nicht genügt, und hat man $h = 90 + \alpha$, so verwandelt sich die obige Formel in $\frac{\operatorname{tg} 2u}{\cos\alpha(1 - \operatorname{tg} 2u \operatorname{tg}\alpha)} = \frac{n-N}{e}$, oder oder wenn α klein ist:

$$\operatorname{tg} 2u = \frac{n-N}{e}\left(1 - \tfrac{1}{2}\alpha^2 - \alpha\frac{n-N}{e}\right).$$

Man erreicht übrigens leicht, wenn man nur dem Augenmaasse nach die Scala stellt, die Genauigkeit, die nöthig ist, um die Anbringung der Correction vernachlässigen zu können.

Sind die Winkel grösser, und ist der Spiegel nicht in der Mitte der Bewegung, dann muss auch der Umstand berücksichtiget werden, dass bei der Drehung des Spiegels die Distanz von der Scala sich ändert. Es sei (Fig. 37b) C die Drehungsaxe, (horizontale Projection des Fadens), Cd die Senkrechte auf dem Spiegel, $b\,Cd = u$, und $Cd = Cd' = l$, so ist die Entfernung $bc = bd' - cd' = e - \left(\frac{l}{\cos u} - l\right) = e - \frac{2l\sin^2\frac{1}{2}u}{\cos u}$, mithin $\operatorname{tg} 2u = \frac{n-N}{e - \frac{2l\sin^2\frac{1}{2}u}{\cos u}}$: daraus folgt $\operatorname{tg} u = \frac{n-N}{2e}\left(1 + \frac{2l}{e}\frac{\sin^2\frac{1}{2}u}{\cos u}\right.$ $\left.- \operatorname{tg}^2 u\right)$, oder auch $\log\operatorname{tg} u = \log\frac{n-N}{2e} - 0{,}4343\operatorname{tg}^2 u\left(1 - \frac{1}{2}\frac{l}{e}\right)$ $+ 0{,}8686\operatorname{tg}^4 u$.

67. Muss der Lichtstrahl, der von der Scala ausgeht, durch ein oder mehrere Plangläser gehen, bis er in das Fernrohr gelangt, so wird eine Correction des Werthes der Scalatheile erfordert, die auf folgende Weise sich berechnen lässt. Wenn ein Lichtstrahl ab (Fig. 38) auf ein Planglas $ABCD$ unter dem Einfallswinkel $abf = \varepsilon$ fällt, so wird er gegen fg gebrochen, und zwar ist $\sin cbg = \frac{2}{3}\sin\varepsilon$, wenn man den Brechungs-Exponenten des Glases $= \frac{3}{2}$ nimmt. Nach dem Durchgange durch die zweite Fläche CD wird der Strahl mit seiner vorigen Richtung parallel, aber um die Grösse cd seitwärts verlegt. Da wir nun mit Strahlen zu thun haben, die nahe senkrecht auffallen, so können wir $cd = \frac{1}{3}\varepsilon$, $bc = \frac{1}{3}\delta\varepsilon$ setzen, wenn δ die Dicke des Glases bedeutet.

Wir haben hier CD als parallel mit AB angenommen, ist aber die zweite Fläche mit der ersten nicht parallel, und wird sie durch $C'D'$ vorgestellt, so trifft der Strahl bc diese Fläche unter dem Winkel $bcf' = cbg + CcC' = cbg + \psi$, wenn die Neigung der zweiten Fläche mit ψ bezeichnet wird. Der Strahl setzt nun seinen Weg fort in der Richtung ce', so dass $\sin bcf' = \frac{2}{3}\sin g'ce'$, oder $\sin(cbg + \psi) = \frac{2}{3}\sin(hce + ece' + hcg') = \frac{2}{3}\sin(\varepsilon + ece' + \psi)$ wird.

Für kleine Einfallswinkel findet sich hieraus $ece' = \frac{1}{2}\psi$, und in der Distenz ce' ist der neue Strahl von der Richtung, die er sonst genommen hätte, um $ee' = \frac{1}{2}ce'\psi$ entfernt.

68. Es sei nun (Fig, 39) vor der spiegelnden Fläche ein Plan- und Parallelglas $ABCD$, durch welches das von a kommende Licht, um zum Fernrohre zu gelangen, zweimal durchgehen muss. Stellen wir uns vor, dass der Strahl vom Fernrohr in der Richtung cb ausgehe, und das Glas unter dem Einfallswinkel $cbf = \varepsilon$ treffe, so wird er um die Grösse $\frac{1}{3}\delta.\varepsilon$ von der ursprünglichen Linie seitwärts gebracht, und wenn er reflectirt wird, trifft er das Glas unter dem Einfallswinkel $2u - \varepsilon$, und entfernt sich wiederum in demselben Sinne von der ursprünglichen Richtung um $\frac{1}{3}\delta(2u - \varepsilon)$. Im Ganzen kommt also der Strahl um die Grösse $aa' = \frac{1}{3}\delta.\varepsilon + \frac{1}{3}\delta(2u - \varepsilon) = \frac{2}{3}\delta.u$ von dem Puncte a, der sonst mit dem Faden des Fernrohres zusammengetroffen wäre, ab. Das Glas hat also die Ablesung vermindert, und man muss, um den wahren Stand zu erhalten, zu der Ablesung $oa = n$ eine Correction von $+\frac{2}{3}\delta.u$ hinzufügen. Hätte man ein Glas mit ebenen, aber nicht parallelen Flächen, und wären die Flächen unter einem Winkel $= \psi$ in dem oben (§.67) bezeichneten Sinne (auf der Seite $A\,C$ zusammengehend), gegen einander geneigt, so würde der Strahl, wenn er die spiegelnde Fläche trifft, mit seiner ursprünglichen Richtung einen Winkel $= \frac{1}{2}\psi$ machen, und wenn er wieder durch das Glas zurückgeht, würde sich dieser Winkel noch um $\frac{1}{2}\psi$ vermehren. Der Strahl träfe demnach die Scala in einem Puncte a'' so, dass $aa'' = \frac{1}{2}\psi\,(be + ae) + \frac{1}{2}\psi\,a\,b' = \psi\,(ab) = e\,\psi$ wäre. Um diese Grösse wäre die Ablesung zu vermindern, und wenn beide Correctionen zusammengezogen werden, so hat man die wahre corrigirte Ablesung $= n + \frac{2}{3}\delta\,u - e\,\psi$. Demnach ist:

$$u = \frac{n + \frac{2}{3}\delta\,.\,u - e\,\psi - N}{2\,e} = \frac{n - N}{2\,(e - \frac{1}{3}\delta)} - \frac{1}{2}\psi.$$

69. Die hier entwickelten Verhältnisse finden zuvörderst Anwendung, wenn man nicht einen Metall-, sondern einen Glasspiegel braucht. Für diesen Fall muss bei Berechnung des Werthes eines Scalatheils die Entfernung der spiegelnden Fläche um $\frac{2}{3}$ von der Dicke des Glases vermindert werden: ausserdem muss man $\frac{1}{2}\psi$ von dem Winkel u abziehen.

Gewöhnlich aber muss das Licht durch zwei Gläser gehen, man hat nämlich meistentheils vor dem Glasspiegel noch ein Planglas, um den Magnetkasten zu verschliessen*). Nennt man die Dicke dieses letzten δ', und seine Abweichungen vom Parallelismus ψ', so hat man im Ganzen die Entfernung um $\frac{2}{3}\,(\delta + \delta')$ zu vermindern, und eine constante Correction $- \frac{1}{2}\,(\psi + \psi')$ dem Winkel u beizufügen.

Bei grössern Stäben befestigt man gewöhnlich die Spiegel am Ende (Fig. 46). Dieser Umstand hat auf die bisher entwickelten Verhältnisse keinen Einfluss, und die Formeln gelten eben so gut für diesen Fall, als wenn der Spiegel in der Mitte befestigt wäre.

70. Wendet man einen sphärischen Spiegel an, anstatt eines

*) Einige Beobachter haben Glimmerblättchen zum Verschliessen des Kastens gebraucht, um die hier entwickelten Correctionen unnöthig zu machen.

Planspiegels, so ist die Entfernung desselben von der Drehungsaxe von wesentlichem Belange.

Es sei C (Fig. 40) die Bewegungsaxe des Magnets, (die Projection des Aufhängungsfadens auf den Horizont), f der Mittelpunct eines mit dem Magnet NS auf irgend eine Weise fest verbundenen sphärischen Spiegels, und stellen wir uns vor, dass vom Anfange der Magnet in der Lage $N'S'$ sich befand, und die optische Axe des Fernrohrs mit dem Radius $f'b'$ des Spiegels zusammenfiel, folglich der Spiegel den Punct c der Scala in die Mitte des Fernrohrs, d. h. auf den Faden reflectirte. Dreht sich nun der Stab um den Winkel $NCN' = u$, so kommt der Mittelpunct des Spiegels nach f', und man hat $fCf' = u$. Setzt man demnach $bf = R$, $bC = r$, so hat man, wenn Cbf ein ganz kleiner Winkel ist, $fbf' = \frac{(R-r)u}{R}$.

Nun ist aber, wenn wir uns das Licht vom Fernrohre ausgehend denken, $fbf' = ebc$, der Einfallswinkel des Strahls cb: dieser Strahl wird demnach reflectirt den Punct a der Scala treffen, so dass $abc = 2\,ebc$ ist. Bezeichnen wir wie oben cb mit e und ac mit $n - N$, so folgt:

$$\operatorname{tg} 2 . \frac{R-r}{R} u = \frac{n-N}{e},$$

oder

$$u = \frac{n-N}{2e} \frac{R}{R-r}.$$

Ist der Spiegel in der Mitte, also $r = o$, so hat man:

$$u = \frac{n-N}{2e},$$

gerade so, als wenn es sich um einen Planspiegel handelte. Ist $R = r$, so bringt eine Bewegung des Stabes gar keine scheinbare Aenderung an der Scala hervor; d. h. es wird immer derselbe Punct der Scala auf den Faden treffen. Die vorhergehende Rechnung setzt einen convexen Spiegel voraus: wenn der Spiegel concav ist, so wird R negativ, und man erhält für u einen negativen

Werth, so lange R grösser als r ist; d. h. der Winkel u und der in das Fernrohr reflectirte Scalatheil liegen auf entgegengesetzter Seite der optischen Axe.

Man sieht, dass ein sphärischer Spiegel in jedem Falle den Werth der Scalatheile vergrössert, also für die Ablesung unvortheilhaft ist. Jedoch kann ein sphärischer Spiegel einen andern Vortheil gewähren, nämlich dass man mit demselben Fernrohre ohne Aenderung des Oculars eine nahe Scala (reflectirt), und einen entfernten Gegenstand (direct) deutlich sieht.

71. Wir wollen hier noch den Fall erwähnen, wenn ein Glas $ABCD$ (Fig. 41) mit sphärischen Flächen vor dem Magnetspiegel ss sich befindet. Setzen wir der Einfachheit halber voraus, dass die Mittelpuncte f und f' der beiden sphärischen Flächen in der optischen Axe des Fernrohrs liegen, so geht der Strahl, (den wir uns als vom Fernrohre ausgehend denken), ungeändert durch: erst auf dem Rückwege wird er bei d gebrochen, und kommt nach e. Da bdf der Einfallswinkel ist, so beträgt die Ablenkung des Strahls von seiner ursprünglichen Richtung $\frac{1}{3}bdf$. Vermöge dieser Ablenkung wird der Punct, wo der Strahl die Scala trifft, von a gegen c um die Grösse $ad\frac{1}{3}bdf$ hereingerückt. Wenn der Strahl auf die zweite Fläche trifft, so wird er vom Perpendikel (Radius) $f'e$ abgelenkt, und entfernt sich von der Richtung de um $\frac{1}{2}f'ed$. Er trifft also die Scala um die Grösse $ae.\frac{1}{2}f'ed$ näher an c, als er sie getroffen haben würde, wenn er bei e in der Richtung de durchgegangen wäre.

Ist demnach a' der Punct, wo der Strahl zuletzt die Scala trifft, so hat man $aa' = \frac{1}{3}ad.fdb + \frac{1}{2}ae.f'ed = aa(\frac{1}{3}fdb + \frac{1}{2}f'ed) + de\frac{1}{3}fdb$. Setzt man $cb = e$, $abc = 2u$, $ck = d$, $kf = R$, $k'f' = R'$, $de = \delta$, so hat man $fdb = 2u - dfc = 2u\left(1 - \frac{e-d}{R}\right)$, und $f'ed = ef'c - (afc + ade) = 2u\frac{e-d}{R'} - 2u\frac{e-d}{R} - \frac{2}{3}u\left(1 - \frac{e-d}{R}\right)$, mithin:

$$a\,a' = \tfrac{2}{3}\,u\,\delta\left(1 - \frac{e-d}{R}\right) + u\,(e-d)\left(\frac{1}{R'} - \frac{1}{R}\right).$$

Um so viel ist die Ablesung **kleiner**, als sie sein würde ohne das Glas; demnach muss die Ablesung um $a\,a'$ vermehrt werden, oder was gleichbedeutend ist, es muss

$$e - \tfrac{2}{3}\,\delta - (e-d)\left(\frac{1}{R'} - \frac{1}{R}\right)$$

bei der Berechnung des Werthes der Scalatheile anstatt e substituirt werden. Hierbei ist die Grösse zweiter Ordnung $\delta\,\frac{e-d}{R}$ vernachlässigt.

Gewöhnlich sind die von den Künstlern hergestellten Plangläser nicht vollkommen plan, sondern etwas sphärisch. Die vorhergehende Rechnung zeigt, dass es keinen Einfluss hat, wenn man ein solches Glas als Spiegel braucht: dagegen kann der Einfluss beträchtlich werden, wenn ein nur wenig sphärisches Glas zum Verschliessen des Magnetkastens gebraucht wird. Es sei z. B. die eine Fläche des Glases plan; der Radius der andern Fläche betrage 40 Fuss; die Entfernung vom Magnetspiegel, (der an der Mitte des Stabes befestigt sein soll), sei 2 Fuss, die Entfernung des Spiegels von der Scala 10 Fuss, so wird der Werth der Scalatheile durch die sphärische Gestalt allein verändert um $\frac{1}{200}$, was keineswegs vernachlässigt werden dürfte.

3. Collimator-Ablesung.

72. Wir haben noch eine Ablesungsart zu untersuchen, nämlich die Ablesung durch Collimatoren. Auf einem Magnetstabe (Fig. 42) befestige man ein Objectiv O, und am Ende des Stabes im Focus des Objectivs die Glasscala SS; von dem Objective in einiger Entfernung stelle man einen Theodoliten auf, so dass man durch das Objectiv O die Scala SS, (die von rückwärts beleuchtet sein muss), sehen kann. Es sei Fig. 43 die Projection der vorhergehenden Vorrichtung auf den Horizont. Wenn der Stab gerade gegen das Fernrohr gerichtet ist, und die optischen Axen des Fernrohrs und des Collimators zusammenfallen, so trifft der mittlere Punct der Scala b auf den Faden des Fernrohrs: dreht sich der Stab um den Winkel $acd = u$, so entfernt sich die Mitte der Scala vom Faden um die Grösse bb'*). Hat man bb' (in Scalatheilen) abgelesen, so erhält man u durch die Gleichung:

$$\operatorname{tg} u = \frac{b\,b'}{O\,b}, \text{ oder auch } u = \frac{b\,b'}{O\,b}.$$

Auf solche Weise erhält man u in Bogen: will man den Bogen in Minuten oder Secunden verwandeln, so muss man durch sin 1' oder sin 1'' dividiren. Man könnte die Entfernung des Objectivs von der Scala $O\,b$ messen, und somit den Werth der Scalatheile bestimmen; indessen lässt sich dies practisch mit der nöthigen Schärfe nicht ausführen, und man muss die Bestimmung durch den Theodoliten vornehmen. Zu diesem Zwecke macht man den Magnet fest, und misst mit dem Theodoliten den Winkel zwischen zwei entfernten Theilstrichen.

Auch die Variationen können mit dem Theodoliten ohne Scala beobachtet werden: man bringt nämlich anstatt der Scala einen Kreuzfaden an, stellt jedesmal auf den Kreuzfaden ein, und liest die Verniers des Theodoliten ab.

4. Messung des Winkels zwischen der Ablesungslinie eines Magnets und einer terrestrischen Mire, Azimuth der Ablesungslinie.

73. Nach dem Bisherigen sind wir im Stande die Bewegungen

---

*) Es ist hier vorausgesetzt, dass die Strahlen zwischen den zwei Objectiven parallel fortgehen. Man könnte die Scala um eine beliebige Grösse von dem Focus des Objectivs O entfernen, und dann das Ocular des Fernrohrs so ziehen, dass man die Scala deutlich sähe: in diesem Falle hätten die Theilstriche einen andern Werth, und es träte dabei der Uebelstand ein, dass die Excentricität bei der Bewegung des Stabes nicht eliminirt würde. Ueberhaupt hat der Gebrauch des Collimators mancherlei Unbequemlichkeiten, besonders bei Variations-Instrumenten; und in vielen Observatorien, wo früher Collimator-Ablesung eingeführt war, wird jetzt Spiegelablesung vorgezogen.

eines Magnets, und zwar zunächst die Bewegungen einer mit dem Magnet fest verbundenen Linie zu beobachten. Wir wollen wieder eine solche Linie annehmen, und den Winkel bestimmen, den diese Linie mit einer gegebenen terrestrischen Richtung macht.

Bei der Einstellung auf das terrestrische Object muss das Ocular des Fernrohrs für unendliche oder wenigstens sehr grosse Distanz gezogen sein: man muss demnach entweder die Einrichtung treffen, dass die magnetische Linie mit unverändertem Fernrohre beobachtet werden kann — Einstellungsmethode des Collimators und des magnetischen Theodoliten — oder man muss das Fernrohr und die Beobachtungsweise so einrichten, dass die Messungen auf dieselbe optische Axe sich beziehen, auch wenn das Fernrohr zur Beobachtung naher Puncte geändert wird, was auf verwandte Weise bei den ältern Declinatorien und beim Magnetometer erreicht wird.

74. Will man die Richtung eines Magnets auf einen terrestrischen Gegenstand beziehen, so giebt es keine Einrichtung welche so bequem und einfach wäre, als die Collimatorablesung. Man braucht blos das Theodoliten-Fernrohr auf irgend einen Theilstrich der Collimatorscala, (oder auf den Kreuzfaden, wenn man keine Scala hat), dann auf einen terrestrischen Gegenstand einzustellen, und den Kreis beide Male abzulesen: der Unterschied der beiden Kreisablesungen ist der Winkel zwischen dem terrestrischen Objecte und dem Theilstriche, worauf man eingestellt hat.

75. Die Einstellungsmethode des magnetischen Theodoliten lässt sich durch Fig. 44 verdeutlichen. Der Magnet *mm*, in einem Gehäuse eingeschlossen, ist auf der Mitte der Alhidade aufgehängt, das Fernrohr dagegen excentrisch angebracht, so dass es dem Magnetspiegel *S* gegenüber steht. Das Ocularrohr hat einen Einschnitt bei *a* zwischen dem Faden und der Ocularlinse. In diesen Einschnitt legt man einen kleinen Spiegel, der die Hälfte des Feldes bedeckt, und unter 45° gegen die optische Axe geneigt ist. Der Spiegel reflectirt das einfallende Licht gegen den Magnetspiegel, und beleuchtet den Faden: die Strahlen gehen vom Faden aus durch das Objectiv, werden parallel gemacht, und fallen so auf den Magnetspiegel *S*, der sie parallel auf das Objectiv wieder zurücksendet; von dem Objective werden sie im Focus vereinigt, und es entsteht ein Bild des Fadens. Bringt man dieses Bild mit dem Faden zur Coincidenz, so steht die optische Axe des Fernrohrs senkrecht auf dem Spiegel. Auf solche Weise bestimmt man die Richtung der auf dem Magnetspiegel senkrechten Linie, oder, (wie sie gewöhnlich genannt wird) der Axe des Spiegels, und wenn man den Magnet entfernt, und auf ein terrestrisches Object einstellt, so erhält man den Winkel zwischen dem terrestrischen Objecte und der Axe des Magnetspiegels.

76. Bei den ältern Declinatorien (von Tronghton und Gambey) wird die Beobachtung eines nahe und fernen Punctes ohne Aenderung des Oculars durch Vorsetzung eines zweiten Objectivs möglich gemacht. Wenn man nämlich über das für grosse Distanz gezogene Fernrohr *F* (Fig. 45) ein Rohr *a a* mit dem kleinen Objectiv *o* hinaufschiebt, und es auf die Spitze des Magnets *mm* richtet, so sieht man die Magnetspitze deutlich, sobald sie sich im Focus des kleinen Objectivs befindet. Die Strahlen, die von der Magnetspitze ausgehen, werden durch das Objectiv *o* parallel gemacht, und gelangen zum Objectiv des Fernrohrs, als wenn sie von unendlicher Distanz kämen. Dabei wird nun allerdings die optische Axe geändert, d. h. man erhält einen neuen Collimationsfehler; diess ist indessen gleichgültig, wenn das Ferneohr nach Art eines Passageinstruments aufgestellt ist, und umrglegt werden kann: man darf nämlich nur eine Einstellung vornehmen in der gewöhnlichen Lage des Fernrohrs, dann das Fernrohr umlegen, so dass der Zapfen *a* nach *b* kommt, und eine neue Einstellung machen, so ist das Mittel der zwei Einstellungen unabhängig vom Collimationsfehler, und gleich der Ablesung, die man erhalten hätte, wenn die optische Axe vollkommen senkrecht auf die Rotationsaxe, d. h. auf die Axe der Zapfen wäre.

Nach der hier angegebenen Weise muss auf beide Spitzen des Magnets eingestellt werden: das Mittel der so erhaltenen Bestimmungen ist die Richtung der durch die Endspitzen des Magnets gehenden Linie, unabhängig vom Collimationsfehler des Fernrohrs.

Als Bedingung wird dabei vorausgesetzt, dass die Axe in beiden Lagen des Fernrohrs genau horizontal sei, oder dass man die Neigung der Axe gegen den Horizont in Rechnung bringe; dann dass die Axe keine Bewegung nach ihrer Länge habe: zu diesem Zwecke muss vor dem einem Zapfenende ein Widerlager, und vor dem andern eine Feder sein, welche die Axe gegen das Widerlager drückt.

Nachdem man die vier Beobachtungen des Magnets in obiger Weise vorgenommen hat, entfernt man das zweite Objectiv, und stellt zweimal auf das terrestrische Object ein, so zwar, dass zwischen den zwei Einstellungen das Fernrohr umgelegt wird. Das Mittel dieser zwei Bestimmungen giebt die Richtung des terrestrischen Objectes, unabhängig von dem Collimationsfehler, und da man durch die obigen Messungen die Richtung der durch die Endspitzen des Magnets gehenden Linie hat, so ist die Aufgabe gelöst.

77. Eine ähnliche Methode wird bei dem Gauss'schen Magnetometer angewendet. Um aber das Verfahren deutlich einzusehen, muss man voraus folgende Verhältnisse in Betracht ziehen.

Man nehme an, dass die optische Axe des Fernrohrs (Fig. 100) durch die Mitte des Objectivs gehe, dass ferner von der Mitte des Objects aus ein Senkel $o\,q$ herabgelassen werde, der dicht an der Scala vorbeigeht, und auf den Theilstrich N der Scala trifft. Man lege eine verticale Ebene, durch die optische Axe, so wird natürlich das Senkel in dieser Ebene liegen, und der Magnetspiegel wird den Theilstrich N auf den Faden des Fernrohrs reflectiren, wenn ihn die Ebene senkrecht schneidet. Betrachten wir nur, wie es für unsern Zweck nothwendig ist, die horizontale Projection, so können wir demnach sagen, dass die optische Axe des Fernrohrs auf dem Magnetspiegel senkrecht steht, wenn die Ablesung $= N$ ist. Die verlängerte optische Axe geht aber durch die Mire; wir können also ferner sagen, dass, wenn die Ablesung $= N$ ist, die auf dem Magnetspiegel senkrechte Linie mit der Richtung der Mire zusammenfällt.

Nehmen wir nun an, das Fernrohr und der Theodolit seien vollkommen berichtigt, die Axe des Fernrohrs horizontal, die optische Axe senkrecht darauf, und durch ihre Mitte gehend, und diese Mitte genau über der Mitte der (senkrechten) Alhidadenaxe; setzen wir ferner voraus, dass durch das Herausziehen und Hineinschieben des Ocularrohrs die optische Axe nicht verändert wird. Sind alle diese Bedingungen erfüllt, so haben wir nur auf die Mire einzustellen .... a.... dann das Ocular tiefer hineinzuschieben, und auf den terrestrischen Gegenstand einzustellen ... b...: der Unterschied $a - b$ ist gleich dem Winkel, welchen die Axe des Spiegels mit dem terrestrischen Gegenstande macht, wenn die Ablesung $= N$ ist. Für jede andere Ablesung n hat man den Winkel der Spiegelaxe mit dem terrestrischen Objecte, wenn man $n - N$ zu dem Winkel $a - b$ nach Umständen hinzufügt, oder abzieht.

Immer sind indessen die obigen Bedingungen nur näherungsweise erfüllt, und man muss durch die Beobachtungsmethode die etwa vorhandenen Abweichungen eliminiren. Dies geschieht, wenn man auf die Mire, und eben so auf den terrestrischen Gegenstand zweimal einstellt, und zwischen den zwei Beobachtungen desselben Gegenstandes nicht etwa das Fernrohr umlegt, sondern die Alhidade um 180° dreht, und das Fernrohr durch das Zenith auf die Einstellung wieder zurückführt. Es ist dabei aus demselben Grunde, wie oben §. 76 die Einrichtung zu treffen, dass die Axe des Fernrohrs sich nach ihrer Länge nicht verschieben könne. Für den Punct N ist das Mittel aus den zwei Ablesungen des Senkels zu nehmen, welche man erhält, wenn man vor und nach der oben angezeigten Drehung von 180° das Senkel von demselben feinen Einschnitte oder Risse der Objectivfassung herunter gehen lässt.

Eine Methode, analog mit §. 75 kann beim Magnetometer in Anwendung gebracht werden, wobei die Scala und die Mire gar nicht in Betracht kommen. Man lasse nämlich, wie oben bereits angegeben worden, von einem scharfen Einschnitte in der Objectivfassung, ein Senkel herabgehen, stelle den Kreuzfaden des Theodolitenfernrohrs auf das vom Magnetspiegel reflectirte Bild des Senkelfadens ein, und lese den Kreis ab. Darauf lege man das Theodolitenfernrohr um, (so dass die Zapfen in die entgegengesetzten Lager kommen) lasse wieder den Senkel von demselben Einschnitte herabhängen, stelle auf den Senkelfaden ein, wie zuvor, und lese den Kreis ab. Das Mittel der beiden Kreisablesungen bezeichnet die Richtung der auf dem Magnetspiegel senkrechten Linie. Wenn man das Theodolitenfernrohr, (nach dem das Ocular gehörig gezogen ist), auf einen terrestrischen Gegenstand richtet, und zwei analoge Ablesungen des Kreises vornimmt, so bezeichnet das Mittel dieser Ablesungen die Richtung des terrestrischen Gegenstandes. Die Differenz der zwei Resultate ist der Winkel zwischen dem terrestrischen Gegenstande und der auf dem Magnetspiegel senkrechten Linie.

5. Bestimmung der Collimation.

78. Alle bisherigen Bestimmungen bezogen sich auf eine mit dem Magnet fest verbundene, übrigens willkürlich gewählte Linie. Wir haben nun anzugeben, wie man von einer solchen Linie die Bestimmung auf die magnetische Axe übertragen kann. Hierzu gelangt man ganz einfach durch Umlegen des Magnets. Es sei (Fig. 48) ab die Richtung der magnetischen Kraft, und de die magnetische Axe, $\alpha\beta$ die Linie, welche durch die Spitzen des Magnets geht. Lege ich den Magnet um, so stellt sich natürlich die magnetische Axe wieder in die Richtung der Kraft, und es ist dasselbe, als wenn ich den Magnet um die Linie $a\,b$ drehe; dabei kommen die Spitzen α' und β' auf die entgegengesetzte Seite und die Linie $\alpha\beta$ entfernt sich von der magnetischen Axe eben so weit, wie zuvor, aber in entgegengesetztem Sinne, so dass die magnetische Axe genau in der Mitte liegt zwischen den zwei Richtungen $\alpha\beta$ und $\alpha'\beta'$.

Was hier von der Linie gesagt ist, die durch die beiden Endspitzen geht, gilt eben so gut von der Linie, welche auf dem Magnetspiegel senkrecht steht, wenn man Spiegelablesung braucht.

Die Messungen, die auf die magnetische Axe zu beziehen sind, werden auf zweifache Weise je nach Umständen eingerichtet; entweder macht man zwei Messungen, zwischen welchen der Stab umgelegt wird, und nimmt das Mittel der zwei Messungen für die Richtung der magnetischen Axe, oder man legt den Magnet öfters um mit dem Zwecke, den Collimationsfehler (der halben Differenz der Ablesungen vor und nach dem Umlegen) zu bestimmen, und bringt den so bestimmten Collimationsfehler an die in einer Lage des Magnets gemachten Beobachtungen an. Das Letztere geschieht vorzugsweise, wenn die Resultate oft wiederholter Variationsbeobachtungen in absolute Bestimmungen zu verwandeln sind.

Aendert sich die Richtung der magnetischen Kraft während des Umlegens, so muss hierauf Rücksicht genommen werden.

79. Durch das Umlegen erhält der Fehler im Parallelismus des Planspiegels ein entgegengesetztes Zeichen, und wird in den Collimationsfehler eingerechnet. Es ist zweckmässig, auch das Planglas, welches den Magnetkasten verschliesst, jedesmal bei Bestimmung des Collimationsfehlers umzulegen, damit eine etwa vorhandene Abweichung von dem Parallelismus der Flächen ebenfalls in den Collimationsfehler eingerechnet werde. Beim magnetischen Theodoliten ist dieser Bedingung durch die Construction entsprochen, weil der Kasten mit dem Magnet zugleich umgelegt wird.

6. Ablesungsmethode bei Magneten, die in Schwingungen begriffen sind.

80. Wir haben noch die Einrichtung zu erwähnen, welche man den Beobachtungen geben muss, wenn die Magnete nicht ruhig stehen, sondern um die Mittelrichtung, (die eigentlich gesucht wird), in kleinern oder grössern Bögen schwingen. Das einfachste Verfahren, die Mittelrichtung zu finden, ist, beiderseits die grösste Elongation zu beobachten, und zwischen beiden Elongationen das arithmetische Mittel zu nehmen.

Ein anderes Verfahren besteht darin, den Stand an der Scala zu beobachten für zwei Zeitmomente, die um die Schwingungsdauer von einander entfernt sind: das Mittel der abgelesenen Stände ist die wahre Mittelrichtung, welche dem arithmetischen Mittel der Beobachtungszeit entspricht. Es sei z. B. AB (Fig. 49) die Scala eines Magnetometers, und der Faden bewege sich (scheinbar) an der Scala vorwärts und rückwärts: in dem Augenblicke $T - \frac{1}{2}\tau$ beobachte man den Stand $o\,a$, und in dem Augenblicke $T + \frac{1}{2}\tau$ sei der Stand $= o\,b$, so wird der Zeit T die wahre Mittelrichtung $\frac{1}{2}(o\,a + o\,b)$ entsprechen, wenn τ die Schwingungsdauer ist. Auf solche Weise erhält man den wahren Stand für die Zeit T, auch in dem Falle, dass die Mittelrichtung selbst sich gleichmässig mit der Zeit ändert. Der Beweis hiefür ergiebt sich sogleich aus den §. 39 gegebenen Formeln. Es sei die erst zu bestimmende Mittelrichtung n, die Grösse des Schwingungsbogens h, die Geschwindigkeit, womit sich die Mittelrichtung ändert, $= f$, so ist der Stand für die Zeit $T - \frac{1}{2}\tau$,

$$o\,a = n - \tfrac{1}{2} f\tau + h \sin\left((T - \tfrac{1}{2}\tau)\cdot\sqrt{\frac{MX}{K}}\right)$$

und für die Zeit $T + \frac{1}{2}\tau$

$$o\,b = n + \tfrac{1}{2} f\tau + h \sin\left((T + \tfrac{1}{2}\tau)\sqrt{\frac{MX}{K}}\right),$$

mithin:

$$\tfrac{1}{2}(o\,a + o\,b) = n + h \sin T \sqrt{\frac{M X}{K}} \cos \tfrac{1}{2}\tau \sqrt{\frac{M X}{K}}.$$

Nun ist aber $\frac{1}{2}\tau\sqrt{\frac{M X}{K}} = \frac{1}{2}\pi$, folglich

$$\tfrac{1}{2}(o\,a + o\,b) = n.$$

Der grössern Genauigkeit wegen kann man mehrere solche Sätze vereinigen.

51. Braucht man Kupfer zur Beruhigung, so muss man in den vorhergehenden Werthen von $o\,a$ und $o\,b$ nach §. 41 (2)

$$A\,e^{-\frac{1}{2}q(T-\frac{1}{2}\tau)} \text{ und } A\,e^{-\frac{1}{2}q(T+\frac{1}{2}\tau)} \text{ anstatt } h, \text{ dann}$$

$$\sqrt{\frac{M X}{K} - \tfrac{1}{4}q^2} \text{ anstatt } \sqrt{\frac{M X}{K}}$$

substituiren; auch wird der Werth von τ ein anderer, und findet sich aus der Gleichung:

$$\tfrac{1}{2}\tau\sqrt{\frac{M X}{K} - \tfrac{1}{4}q^2} = \tfrac{1}{2}\pi.$$

Setzt man nun $\frac{1}{2}A\,e^{-\frac{1}{2}q\tau}\sin\left((T+\frac{1}{2}\tau)\sqrt{\frac{M X}{K} - \frac{1}{4}q^2} + C\right) = V$;
$\frac{1}{2}A\,e^{-\frac{1}{2}q\tau}\sin\left((T-\frac{1}{2}\tau)\sqrt{\frac{M X}{K} - \frac{1}{4}q^2} + C\right) = V'$, so hat man:

$$\tfrac{1}{2}(o\,a + o\,b) = n + e^{-\frac{1}{2}q\tau}\,V + e^{\frac{1}{2}q\tau}\,V',$$

$$\tfrac{1}{2}(o\,b - o\,a) = e^{-\frac{1}{2}q\tau}\,V - e^{\frac{1}{2}q\tau}\,V'.$$

Berücksichtiget man, dass $V + V' = o$ ist, so ergiebt sich hieraus:

$$n = \tfrac{1}{2}(o\,a + o\,b) + \tfrac{1}{2}(o\,b - o\,a)\frac{1 - e^{-\frac{1}{2}q\tau}}{1 + e^{-\frac{1}{2}q\tau}}.$$

Der Factor von $\frac{1}{2}(o\,b - o\,a)$ lässt sich durch Schwingungsbeobachtungen leicht bestimmen.

Anstatt nach dem Vorhergehenden zwei Beobachtungen zu machen, kann man die drei Stände $o\,a$, $o\,b$, $o\,c$ vereinigen, welche den Zeiten $T - \tau$, T, $T + \tau$ entsprechen und man erhält für die Zeit T die wahre Mittelrichtung

$$= \tfrac{1}{4}(o\,a + 2\,o\,b + o\,c).$$

Dieses Verfahren ist auch gültig, wenn man Kupfer zur Beruhigung braucht, so lange die Abnahme der Schwingungen nicht zu gross ist, d. h. so lange man $e^{-\frac{1}{2}q\tau} = 1 - \frac{1}{2} q \tau$ setzen darf.

VI. Abschnitt.

Suspension und Torsion.

1. Bewegung auf Spitzen, Aufhängung an Seiden- und Metallfäden, ihre Dehnung und Torsion.

82. Von der Bewegung auf Spitzen, wie man sie in früherer Zeit allgemein gebrauchte, und wie sie jetzt noch bei Seecompassen gebraucht wird, reden wir hier nicht, weil dieser Bewegungsart für genaue magnetische Bestimmungen nie die nöthige Feinheit gegeben werden kann, selbst wenn die Spitzen mit der äussersten Sorgfalt verfertiget werden, und wenn man in die Nadel ein Agathütchen befestigt. Es bleibt immer eine Reibung übrig, die zu überwinden ist, und die zur Folge hat, dass die Nadel meistens etwas zurückbleibt, und erst, wenn die magnetische Aenderung gross genug ist, um die Reibung zu überwinden, ihre Stellung verlässt; gewöhnlich aber zu weit geht. So geschieht es, dass die Nadel nicht den Aenderungen der Kraft augenblicklich folgt, sondern sprungweise sich bewegt.

Wo es um feinere Beobachtungen sich handelt, müssen die Magnete an Fäden aufgehängt werden; und zwar hat man bisher entweder Metallfäden oder Coconfäden gebraucht.

Unter den Metallfäden oder Dräthen dürften die Stahldräthe die tauglichsten sein, weil sie am meisten Elasticität besitzen. Am häufigsten sind versilberte Kupferdräthe, von Einigen auch Silberdräthe angewendet worden.

Was die Seidenfäden betrifft, so ist es am zweckmässigsten, sie zu nehmen, wie sie vom Abhaspeln kommen. Ist die Nadel leicht, so reicht ein einfacher Faden hin: bei schwerern Magneten muss man einen Bündel paralleler Fäden vereinigen.

Bei der Suspension findet ein Umstand statt, den man sorgfältig beachten muss: wenn nämlich ein Magnet aufgehängt wird, dehnt sich der Faden erst nach und nach, und kommt erst nach langer Zeit — bei einfachen Fäden vielleicht nach ein paar Wochen, bei Fadenbündeln oft erst in 5 bis 6 Monaten — zu einem constanten Stande. Bei dieser Dehnung findet auch fast immer eine Drehung statt. Hat der Faden einen constanten Stand erlangt, und man entfernt den Magnet auch nur auf einige Augenblicke, oder hebt sonst die Spannung auf, so tritt sogleich eine Verkürzung ein, und wenn man den Magnet wieder einhängt, so folgt aufs Neue eine allmälige Dehnung und Drehung, obwohl nicht in demselben Betrag, wie beim ersten Aufhängen.

Man glaubte früher, dass dies nur bei den Seidenfäden der Fall sei; unterdessen haben sorgfältigere Untersuchungen bei Metallfäden denselben Uebelstand nachgewiesen.

Aus diesem Grunde ist es zweckmässig, die Instrumente, welche zur Beobachtung der magnetischen Variationen gebraucht werden, unverändert und ungestört stehen zu lassen, und zur Bestimmung der absoluten Werthe, (wo nothwendig verschiedene Manipulationen vorgenommen werden müssen), eigene Instrumente anzuwenden.

Die Torsion der Seidenfäden ebenso wie ihre Dehnung hängt auch von dem jedesmaligen Feuchtigkeitszustande der Luft ab: jedoch ist es wahrscheinlich, dass diese Veränderlichkeit um so geringer wird, je länger ein Magnet hängt*). Die Metallfäden

*) Ich habe die Fäden vor dem Gebrauche bisweilen mit Baumöl bestrichen, glaube aber nicht, dass damit ein wesentlicher Vortheil erreicht sei.

sind von der Feuchtigkeit ganz unabhängig, und haben in so fern einen grossen Vorzug: dagegen ist es wahrscheinlich, dass sie bei Temperaturänderungen sich drehen, denn mit jeder Aenderung der Länge scheint eine Torsionsänderung verbunden zu sein.

83. Die Grösse der Torsionskraft bei Fäden von verschiedener Länge und Dicke verhält sich umgekehrt, wie die Länge, und direct, wie die vierten Potenzen der Dicke. Daraus folgt, dass es vortheilhaft ist, um den Einfluss der Torsion zu vermindern, den Faden so lang zu machen, als mit der Localität und sonstigen Bedingungen nur immer vereinbar ist.

Da die Tragkraft der Fäden sich verhält, wie die Querschnitte, d. h. wie die Quadrate der Dicke, so müssten die magnetischen Momente der Magnete, wie die Quadrate des Gewichts zunehmen, damit das Verhältniss der Torsionskraft des Fadens zu dem Moment des Magnets bei grossen, wie bei kleinen Stäben dasselbe bleibe. Näherungsweise mag dies eintreten bei Stäben von verschiedener Länge, wenn die Breite und Dicke dieselbe ist. Unterdessen kann man grössern Stäben nicht die Breite und Dicke geben, wie kleinen Nadeln; sondern es müssen Breite und Dicke zunehmen mit der Länge. Deshalb wird das Verhältniss der Torsion zum Moment der Nadel immer weniger vortheilhaft, je mehr die Grösse der Nadeln zunimmt. Die Erfahrung stimmt hierin überein: bei einem 25pfündigen Stabe beträgt die Torsion des Fadens, auch wenn man ihm eine Länge von 12 Fuss giebt, $\frac{1}{250}$ der Kraft des Stabes, während ein einfacher Coconfaden von 18 Zoll Länge kaum $\frac{1}{10000}$ von der Kraft der Nadel hat, die er zu tragen im Stande ist.

84. Es ist zweckmässig, ein Missverständniss hier zu beseitigen, welches bezüglich auf die Torsion einfacher Coconfäden bisweilen stattgefunden hat. Man hat nämlich die Torsion einfacher Coconfäden bei absoluten Declinationsbestimmungen gänzlich vernachlässiget, in der Voraussetzung, dass sie zu unbedeutend sei. Das wahre Verhältniss aber ist, dass zwar eine Drehung von 360° bei einem einfachen Coconfaden kaum eine grössere Ablenkung der Nadel hervorbringt, als eine Drehung von ein paar Graden bei einem einfachen Fadenbündel, woran man einen grossen Stab aufhängt: dagegen ist eine Drehung von 10 ganzen Umgängen bei einem einfachen Coconfaden so leicht vorhanden, und so umständlich aufzuheben, wie eine Drehung von 10° bei einem Fadenbündel. Es ist demnach eben so nothwendig, bei kleinen, wie grossen Magneten die Torsion zu berücksichtigen.

2. Aufhebung der Torsion, Bestimmung ihres Einflusses und Verbesserung der Beobachtungen.

85. Bei der Torsion kommen zwei Operationen vor; die Aufhebung der Torsion, und die Bestimmung ihrer Grösse im Verhältnisse zum magnetischen Moment der Nadel.

Aufhebung der Torsion. Bei kleinen Nadeln ist das obere Ende des Fadens an einem Drathstücke *a b* (Fig. 49) befestigt, das durch die Klemmschraube *k* festgehalten wird, und oben einen Knopf *a* hat, den man mit der Hand fassen kann, (um ihn zu drehen, oder höher oder tiefer zu stellen). Zur Aufhebung der Torsion bedient man sich eines Torsionsgewichts *T*, das in die Schlinge des Fadens eingehängt wird. Man lässt das Gewicht nach Umständen ein paar Stunden, bis ein paar Tage hängen: am Ende kommt es zur Ruhe, und man entfernt dann das Gewicht und hängt den Magnet ein, wobei man dafür sorgt, dass der Faden sich nicht während dieser Operation drehen kann. Wo ein öfteres Ein- und Aushängen nöthig ist, braucht man gewöhnlich einen länglichen Bügel *a b* (Fig. 50). Bei *b* wird der Haken des Magnets oder Torsionsgewichts eingehängt, und die Schraube *c c*, welche durch das Rohr und durch den Bügel geht, verhindert die Drehung des letztern.

Bei grössern Magneten hat man einen drehbaren Torsionskreis *K* (Fig. 51) in Grade getheilt, und mit zwei Zeigern *z*, *z* versehen. Der Aufhängungsstift geht durch die Hülse *A* und wird geklemmt durch die Schraube *k*. Der Faden ist oben an den Aufhängungsstiften, unten an der Hülse befestigt, in welche der Magnetstab hineingeschoben wird. Zur Aufhebung der Torsion nimmt man den Magnetstab aus der Hülse heraus, und bringt an seine Stelle einen gleich schweren Messingstab, ebenfalls mit einem Spiegel versehen. Ist eine beträchtliche Torsion vorhanden, so dreht sich der Stab, bis diese aufgehoben ist: am Ende kommt er in einer bestimmten Stellung zur Ruhe, alsdann bringt man ihn durch Drehung des Torsionskreises in den Meridian, oder vielmehr n a h e in den Meridian, und bestimmt an der Scala die Entfernung vom Meridian, wonach die Correction berechnet wird*) (§. 88). Da es sehr schwer ist oder zu viel Zeit erfordert, den Torsionsstab zur Ruhe zu bringen, so ist es zweckmässiger, die E l o n g a t i o n e n zu beobachten: sind diese zu gross, so kann man einen bestimmten Theilstrich nehmen, und die Z e i t bestimmen, wie lange der Stab beiderseits von diesem Theilstriche bleibt. Daraus lässt sich angeben, wo die Mittelrichtung hinfällt. Bei dem G a u s s'schen Magnetometer ist der Torsionskreis unmittelbar an der Hülse angebracht (Fig. 46), und der Faden geht von dem Zapfen (Axe) des Torsionskreises aus.

86. Es ist zweckmässig hier zu bemerken, dass Coconfäden keineswegs vollkommene Elasticität besitzen, und um so weniger, je mehr Fäden man in einen Bündel vereinigt, und je weniger

*) Es wird hier vorausgesetzt, dass die Spiegel des Magnetstabs senkrecht auf der magnetischen Axe, und der Spiegel des Torsionsstabes senkrecht auf seiner Länge sei. Ist dies nicht der Fall, so müssen die Zahlen durch Beifügung der Collimation auf das zurückgeführt werden, was sie sein würden, wenn jene Bedingungen erfüllt wären. Es ist übrigens das Verfahren nicht genau, wenn der Magnetstab und der Torsionsstab nicht vollkommen ähnliche Figur haben, ausserdem die magnetische Axe mit der Axe der Figur parallel ist. So lange ich grosse Stäbe gebrauchte, hatte ich einen Spiegel an dem M a g n e t h a l t e r befestigt, nach welchem die Torsion bestimmt wurde.

sie gespannt sind. Daher geschieht es, dass der Torsionsstab in verschiedenen Lagen zur Ruhe kommen kann. Es ist dies ein Hauptgrund für den Gebrauch zweier Systeme von Instrumenten, wovon die einen die Variationen, die andern die absoluten Werthe geben sollen. Die erstern werden stets vor jeder Störung oder Erschütterung verwahrt, so dass man, (besonders wenn sie lange stehen), die Torsion als constant, oder wenigstens geringer und langsamer Aenderung unterworfen, betrachten kann. Bei den letztern muss durch Wiederholung der Messungen das Unbestimmte und Veränderliche der Torsion beseitiget werden.

87. Um die Grösse der Torsion zu bestimmen, dreht man das obere Ende des Fadens um einen beliebigen Winkel q, und beobachtet, wieviel der Stand der Nadel dadurch verändert worden. Beträgt die Aenderung m, so ist das Verhältniss der Torsionskraft des Fadens zu der Directionskraft der Nadel

$$\eta = \frac{m}{q - m}.$$

Es versteht sich wohl von selbst, dass q und m in demselben Maasse auszudrücken sind; und zwar werden wir, (was practisch am bequemsten ist), in der Folge durchgängig voraussetzen, dass man q und m in Graden ausdrücke. Bei grossen Stäben reicht es hin, den Torsionskreis 30° bis 50°*) zu drehen, und zwar soll man einmal östlich, einmal westlich von der Mittelrichtung drehen.

Bei kleinen Nadeln nimmt man immer ganze Umgänge, und dreht 1 . 2 ... Umgänge nach dem Augenmaasse, oder nach einem Zeiger k (Fig. 50), den man am Haken oben festmacht. Bringen n Umgänge eine Aenderung von m Graden hervor, so ist die Torsionskraft des Fadens $\eta = \frac{m}{360\,n - m}$.

Die Torsion macht zweierlei Correctionen nöthig, eine Cor-

*) Es ist nicht zweckmässig, um grosse Winkel zu drehen, weil die Fäden nicht vollkommen elastisch sind, und die Torsionskraft dem Drehungswinkel nicht proportional ist, wenn die Winkel zu gross werden.

rection des Standes oder des Nullpunctes der Scala, und eine Correction des Werthes der Scalatheile.

88. Es falle die Linie ohne Torsion genau auf den Nullpunct der Scala, und es zeige der Magnetstab auf den Theilstrich n, so ist es offenbar, dass durch die Torsionskraft des Fadens der Stab gegen den Nullpunct zurückgezogen, und die Ablesung kleiner gemacht wird, und zwar um die Grösse $n\eta$. Der corrigirte Stand des Instruments ist also $= n + n\eta = n(1+\eta)$. Fällt die Linie ohne Torsion nicht auf den Nullpunct, sondern auf den Theilstrich N, so hat man die corrigirte Ablesung $n + (n - N)\eta = n(1+\eta) - N\eta$. Um die Theilstriche in Winkelmaass zu verwandeln, muss man sie mit dem Werthe eines Scalatheils ... ε ... multipliciren, und alsdann erhält man den reducirten Stand $= n\varepsilon(1+\eta) - N\varepsilon\eta$. Der zweite Theil des Ausdruckes wird die Correction des Nullpunctes genannt. Was den ersten Theil betrifft, so lässt er sich auf zweierlei Weise berechnen, indem man nämlich entweder jede Ablesung corrigirt durch Hinzufügung der Grösse $+ n\eta$, und dann die corrigirte Ablesung mit dem Factor ε in Winkelmaass verwandelt, oder indem man die uncorrigirten Ablesungen gleich mit $\varepsilon(1+\eta)$, d. h. mit dem wahren, (wegen der Torsion corrigirten) Werthe eines Scalatheils multiplicirt. Es ist kaum nöthig zu bemerken, dass das letztere Verfahren das bequemere ist, und daher überall in der Praxis befolgt wird.

89. Sehr zweckmässig ist es, einen kleinen Magnet ns (Fig. 52) in den Torsionsstab einzulassen. Die Unbestimmtheit der Torsion des Fadens hat weniger Einfluss auf das Resultat, und die Operation wird sehr abgekürzt, weil der Stab eher zur Ruhe kommt, auch leicht durch einen Hülfsmagnet beruhigt werden kann. Ist die Torsionskraft bei dem Torsionsstabe um q grösser als bei dem Hauptstabe, oder was gleichbedeutend ist, das magnetische Moment des Torsionsstabes $\frac{1}{q}$ von dem Moment des Hauptstabes, und der Torsionsstab zeigt, wenn er zur Ruhe kommt, auf den Theilstrich N, so ist die Correction des Nullpunctes $= \frac{1}{q} N \varepsilon \eta$. Die Torsionskraft eines solchen Torsionsstabes mit eingelegtem Magnet wird übrigens gemessen, wie oben (§. 87).

90. Es giebt noch zwei andere Verhältnisse, unter welchen die Torsion in Rechnung zu bringen ist, nämlich bei Ablenkungen senkrecht auf dem Meridian*), und bei Schwingungs-Versuchen. Die Kraft, welche in beiden Fällen den Magnet in den Meridian zurückzuführen sucht, ist nicht sein magnetisches Moment multiplicirt mit X, sondern mit $X(1+\gamma)$, und wir müssen daher in den Gleichungen $X(1+\gamma)$, anstatt X setzen. Dadurch erhalten wir:

$$\tfrac{1}{2} e^3 \frac{X}{M} \operatorname{tg} \varphi \, (1+\gamma) = 1 + \frac{p}{e^2} \quad \text{(§§. 22 und 182.)}$$

$$e^3 \frac{X}{M} \operatorname{tg} \varphi' (1+\gamma) = 1 + \frac{p'}{e^2} \quad \text{- - - -}$$

$$M X = \frac{\pi^2 K}{T^2 (1+\gamma)} \ldots\ldots\ldots \quad \text{(§§. 39 und 181).}$$

Gewöhnlich sucht man die log. der corrigirten Werthe der Ablenkungs-Tangente und der Schwingungsdauer, wie sie nämlich sein würden, wenn keine Torsion vorhanden wäre; diese sind:

log tang corrig. Ablenkung $= \log \operatorname{tg} \varphi + 0.4343\,\gamma$,

log corrig. Schwingungsdauer $= \log T + 0.2171\,\gamma$.

91. Der oben gegebenen Definition zufolge ist η das Verhältniss der Torsionskraft des Fadens zur Directionskraft der Nadel,

---

*) Bei Ablenkungen senkrecht auf der Länge der Nadel, wie sie mit dem magnetischen Theodoliten vorgenommen werden, hat die Torsion allerdings auch Einfluss, weil die Nadel weiter aus ihrer eigentlichen Richtung entfernt wird (§ 91), wenn sie abgelenkt ist, (mithin schwächere Directionskraft hat), als wenn sie sich im Meridian befindet. Es werden jedoch die sämmtlichen zu einer Ablenkung gehörigen Ablesungen um gleichen Betrag dadurch vermehrt oder vermindert, so dass im Resultate der Einfluss der Torsion gänzlich ausfällt.

d. h. zu MX; demnach ist η genau genommen eine veränderliche Grösse; sie nimmt zu, wie die Nadel allmälig an Kraft verliert; sie ist bei demselben Instrumente verschieden, wenn man damit an verschiedenen Puncten der Erde beobachtet. Es können Fälle vorkommen, (obwohl sie selten sein möchten), wo beide Umstände zu beobachten sind.

Wichtiger für die Praxis ist die Aenderung des Torsions-Verhältnisses, welches entsteht, wenn man die Nadel aus dem Meridian ablenkt. Ist die Ablenkung $= \varphi$, so hat man die Directionskraft $= MX \cos \varphi$, und wenn man η wie oben für das Torsions-Verhältniss im Meridian nimmt, so wird das Torsions-Verhältniss bei der Ablenkung $\varphi = \frac{\eta}{\cos \varphi}$.

Man kann hiernach aus Ablenkungen auch die Torsion ableiten. Man habe aus einem Kreise, dessen Theilung von Nord über Ost geht, die Ablesungen v_1 und v_2 (bei Ablenkung östlich); v_3 und v_4 (bei Ablenkung westlich), und V für die Mittelrichtung oder Declination erhalten. Man setze $\frac{1}{2}(v_1 + v_2) = u_1$, dann $\frac{1}{2}(v_3 + v_4) = u_2$, $\frac{1}{2}(u_1 - u_2) = \varphi$, und es sei die Torsions-Correction der Mittelrichtung $= \vartheta$, so hat man die wegen der Torsion verbesserten Winkel-Ablesungen wie folgt:

$$V + \vartheta,$$

$$u_1 + \frac{\vartheta}{\cos \varphi},$$

$$u_2 + \frac{\vartheta}{\cos \varphi}.$$

Nun müssen die Ablenkungen östlich ... $u_1 + \frac{\vartheta}{\cos \varphi} - V - \vartheta$ ... und die Ablenkung westlich ... $V + \vartheta - u_2 - \frac{\vartheta}{\cos \varphi}$ ... vollkommen gleich sein, daraus folgt:

$$\vartheta = [V - \tfrac{1}{2}(u_1 + u_2)] \frac{\cos \varphi}{2 \sin^2 \frac{1}{2} \varphi}.$$

Eine Tabelle für $\frac{\cos \varphi}{2 \sin^2 \frac{1}{2} \varphi}$ (Tab. I.) findet sich am Ende. Es braucht hier kaum in Erinnerung gebracht zu werden, dass alle während der Messung vorgehenden Aenderungen, die auf die Werthe von V, u_1, u_2 Einfluss haben, in Rechnung genommen werden müssen. Demnach hat man V, u_1, u_2. auf gleiche Declination, ferner u_1 und u_2 auf gleiche Temperatur und Intensität zu reduciren und endlich wegen Ungleichheit der Ablenkungen zu verbessern.

5. Anwendung der Torsion zur Messung der magnetischen Kraft.

92. Wir haben bisher die Torsion nur in so fern betrachtet, als sie störend auf die Beobachtungen einwirkt. Die Torsion wird aber auch als Hülfsmittel zur Messung gebraucht: dabei können natürlich nur solche Torsions-Vorrichtungen angewendet werden, wobei ein bestimmtes und regelmässiges Verhältniss zwischen der Kraft und dem Torsionswinkel vorhanden ist. Es sind bisher nur zwei Torsionsmittel in Anwendung gebracht worworden, nämlich einfache Metallfäden, (hauptsächlich Stahldräthe), dann Bifilar-Suspension.

Ein einfacher Metalldrath, wenn er als vollkommen elastisch angenommen werden kann, hat eine Torsionskraft, welche mit der Länge umgekehrt, und mit der vierten Potenz der Dicke, dann mit dem Torsionswinkel direct proportional ist. Nur der Torsionswinkel kann zu messenden Bestimmungen practisch angewendet werden.

Eine absolute Bestimmung der Torsionskraft eines Drathes erhält man dadurch, dass man einen Körper von bekanntem Trägheitsmoment, z. B. einem Cylinder nach Art eines horizontalen Magnets, daran hängt, und die Schwingungszeit beobachtet. Nennt man die Torsionskraft γ, das Trägheitsmoment K, und die Dauer einer Schwingung T, so hat man:

$$\gamma = \frac{\pi^2 K}{T^2},$$

K muss durch Millimeter und Milligramme ausgedrückt werden: T wird in Secunden angegeben: alsdann erhält man γ in denselben Einheiten, wie die magnetische Kraft.

Die Messung durch den Torsionswinkel geschieht auf folgende Weise: An dem Drathe ff (Fig. 53) hänge man den Magnet mm auf; die Torsion sei aufgehoben, und der Magnet befinde sich in der Richtung ab im magnetischen Meridian. Nun drehe man das obere Ende des Drathes um den Winkel $b'c'd' = \psi$, so wird dadurch der Stab um den Winkel $bcg = \varphi$ aus dem Meridian abgelenkt werden. Man denke sich cd parallel mit $c'd'$ gezogen, so ist der Torsionswinkel $= dcg = \psi - \varphi$, und man hat die Gleichung:

$$\gamma(\psi - \varphi) = MX \sin \varphi.$$

Der Winkel $\psi - \varphi$ ist in Bogen ausgedrückt: will man, wie es gewöhnlich ist, diesen Winkel in Graden haben, so muss man der Gleichung die Form geben:

$$\gamma(\psi - \varphi) = \frac{MX \sin \varphi}{\sin 1^\circ}.$$

93. Das genauste bisher angewendete Hülfsmittel zur Messung der Torsionskraft ist die Bifilar-Suspension. — Es sei ab (Fig. 54) eine unbewegliche verticale Linie, dc ein Faden, der vom fixen Puncte d senkrecht herabgeht, und das eine Ende der Linie bc hält, während das andere Ende c sich um den fixen Punct drehen lässt; in c sei das Gewicht p angehängt. Man bringe bc auf die Seite nach bc', so wird es in Folge des Zuges, den das Gewicht p ausübt, in die vorige Lage zurück zu kommen suchen. An und für sich strebt der Punct c' in die gerade Richtung $c'c$ nach c zu kommen, und zwar mit der Kraft $p \sin c'dc$: da aber die Bewegung, wegen der unveränderlichen Linie bc', im Kreise geschehen muss, so ist es nöthig diese Kraft in zwei andere aufzulösen, wovon die eine, (wenn man die Figur auf eine Horizontalebene projicirt), nach der Tangente $c'h$, die andere nach

$b\,c'$ gerichtet ist. Die letztere Kraft hebt sich an dem Widerstande der Linie $b\,c'$ auf, die erstere $= p \sin c\,d\,c' \times \cos c\,c'\,h$ $= p \sin c\,d\,c' \times \cos \frac{1}{2}\, c\,b\,c'$, an dem Hebelarm $b\,c'$ wirkend, übt das Drehungsmoment $p\,.\,bc \sin cdc' \cos \frac{1}{2}\, c\,b\,c'$ aus. Nun ist $dc' \sin cdc' = 2bc \sin \frac{1}{2} cbc'$: wenn wir demnach den Torsionswinkel cbc' mit u bezeichnen, und die Entfernung $bc = k$, die Länge des Fadens $dc = l$ setzen, so haben wir das eben erwähnte Drehungsmoment

$$= \frac{2\,p\,k^2 \cos \frac{1}{2} u \sin \frac{1}{2} u}{l} = \frac{p\,k^2 \sin u}{l}.$$

Wenn eine Kraft von dieser Grösse nach $c\,g$ wirkend angebracht wird, so bleibt das System im Gleichgewicht. Bringen wir auf der andern Seite einen Faden $d'\,k$ an, der unter ganz denselben Bedingungen und Verhältnissen das Gewicht p beträgt, und um denselben Winkel $k\,b\,k' = u$ gedreht wird, so ist zur Erhaltung des Gleichgewichts wieder eine Kraft $= \frac{p\,k^2 \sin u}{l}$ nöthig. Ist nun $c\,k = c'\,k$ eine unbiegsame Linie, so kann man die feste Axe $a\,b$, worauf gleicher Druck nach beiden Seiten ausgeübt wird, gänzlich entfernen, und die zwei parallelen Fäden werden unter dem Torsionswinkel u im Gleichgewichte sein, wenn das Drehungsmoment $= 2\,\frac{p\,k^2 \sin u}{l}$ auf die Linie $c'\,k'$ wirkt. Das Gesammtgewicht $p + p$ wollen wir mit P, und die Distanz der Fäden $2k$ mit a bezeichnen: hiernach ist das oben angegebene Drehungsmoment

$$= \tfrac{1}{4}\, P\, \frac{a^2}{l} \sin u.$$

Will man diese Formel auf magnetische Beobachtungen anwenden, so muss man die Längen sowohl, als das Gewicht (oder eigentlich die Kraft) P in denselben Einheiten ausdrücken, die man sonst für den Magnetismus angenommen hat. Zu diesem Zwecke muss P, wenn man es in Milligrammen ausdrückt, nach §. 6 mit λ multiplizirt werden, und man erhält das obige Drehungsmoment:

$$\frac{\lambda}{4} P \frac{a^2}{l} \sin u.$$

Hängt man einen Magnet von dem Gewichte P (in Milligrammen) an zwei parallelen Fäden dg, eh (Fig. 55) nach obiger Weise auf, so dass er im magnetischen Meridian ab sich befindet, und dreht man dann oben de um den Winkel $dc'd' = \psi = bck$, so wird der Magnet um den Winkel $bcp = \varphi$ aus dem Meridian abgelenkt; er sucht sich dem Meridian zu nähern mit dem Drehungsmomente $MX \sin \varphi$, und bringt die zwei Fäden aus ihrer natürlichen Richtung um den Winkel $pck = \psi - \varphi$. Damit das Gleichgewicht bestehe, müssen die Drehungsmomente der Magnete und der Fäden gleich sein; wir haben also:

$$MX \sin \varphi = \frac{\lambda}{4} \frac{P}{l} \sin (\varphi - \psi).$$

94. Es kann die Drehungskraft bei der Bifilar-Suspension nach derselben Methode, wie bei einem einfachen Faden (§. 92) bestimmt werden. Man hängt nämlich einen Körper von bekanntem Trägheitsmoment K' daran, und beobachtet die Schwingungsdauer in der horizontalen Ebene. Ist T' die auf unendlich kleine Bögen reducirte Dauer einer Schwingung, und γ die Kraft der Fäden, so hat man:

$$\gamma = \frac{\pi^2 K'}{T'^2}. \tag{1}$$

Wenn ein Magnet durch dieselben zwei Fäden aus dem Meridian abgelenkt wird, unter den im vorigen §. angegebenen Bedingungen, so hat man für die Lage des Gleichgewichts die Gleichung:

$$MX \sin \varphi = \gamma \sin (\psi - \varphi). \tag{2}$$

Die Directionskraft eines auf solche Weise abgelenkten Magnets ist $= MX \cos \varphi + \gamma \cos (\psi - \varphi) = MX \cos \varphi + \frac{1}{4} \lambda P \frac{a}{l} \cos (\psi - \varphi)$.

Lässt man ihn also schwingen, und ist seine Schwingungsdauer T und sein Trägheitsmoment K, so hat man:

$$MX \cos \varphi + \gamma \cos (\psi - \varphi) = \frac{\pi^2 K}{T^2}$$

oder

$$M X \cos \varphi + \frac{\lambda}{4} P \frac{a^2}{l} \cos (\psi - \varphi) = \frac{\pi^2 K}{T^2}.$$

Beobachtet man die Schwingungsdauer τ bei $\varphi = o$, $\psi = o$, und die Schwingungsdauer τ' bei $\varphi = 180^0$, $\psi = 180^0$, so hat man:

$$M X + \gamma = \frac{\pi^2 K}{\tau^2},$$

$$\gamma - M X = \frac{\pi^2 K}{\tau'^2},$$

also $$= \frac{\lambda}{4} P \frac{a^2}{l} = \tfrac{1}{2} \pi^2 K \left(\frac{1}{\tau^2} + \frac{1}{\tau'^2}\right)$$ und

$$M X = \gamma \cdot \frac{\tau'^2 - \tau^2}{\tau'^2 + \tau^2}.$$

Aus dieser Gleichung verbunden mit der des §. 92 folgt endlich:

$$\frac{\sin . (\psi - \varphi)}{\sin \varphi} = \frac{\tau'^2 - \tau^2}{\tau'^2 + \tau^2}. \qquad (3)$$

Damit in der zweiten Lage, — d. h. wenn der Stab im magnetischen Meridian sich befindet, aber mit dem Nordpol gegen Süden gerichtet, Schwingungen beobachtet werden können, ist es nöthig, dass γ grösser sei als $M X$.

95. Was die practische Anwendung der Bifilar-Suspension besonders erschwert, ist die Messung der Distanz der Fäden. Will man die magnetische Kraft bis auf den $\frac{1}{10000}$sten Theil messen, so darf der Fehler in der Bestimmung von a nicht mehr, als $\frac{a}{0000}$ betragen. Nimmt man auch $a = 40$ Millimeter an, so müsste demnach die Messung bis auf $\frac{1}{500}$ Millimeter genau sein. Allerdings lässt sich eine solche Genauigkeit mit Microscopen erreichen, wo es sich um die Distanz zweier hinreichend feiner und scharf begränzter Puncte oder Striche handelt; bei Metallfäden aber wie bei Coconfäden, die weder vollkommen gerade sind, noch ganz gleiche Dicke überall haben, ist es unmöglich, die Entfernung bis auf die obige Gränze zu verbürgen.

Die obige Entwickelung setzt voraus, dass bei der Drehung die Distanz der Endpuncte immer vollkommen gleich bleibe: dies ist ebenfalls schwer zu erreichen, wenn es sich um grosse Aenderungen des Torsionswinkels handelt.

Ferner ist in unserer Entwickelung angenommen, dass die Fäden sich vom Befestigungspuncte aus scharf biegen nach den geraden Linien $g' d'$, $e' h'$ (Fig. 55). Dies ist bei Metalldräthen nicht der Fall: vermöge ihrer Steifigkeit und Elasticität bildet sich oben und unten ein Bogen nach entgegengesetzter Richtung, und man müsste bei Anwendung von Metallfäden in den obigen Formeln l um eine kleine Grösse δl, welche eine Function des Torsionswinkels wäre, vermindern.

Alle diese Umstände haben bewirkt, dass die Bifilar-Suspension bisher nur zu relativen Messungen, und zwar zur Beobachtung der Variationen der horizontalen Intensität benutzt worden ist.

VII. Abschnitt.

Einfluss der Temperatur auf Magnete und magnetische Apparate, — Temperatur-Coëfficienten und Temperatur-Compensation.

96. Bei magnetischen Bestimmungen hat die Temperatur mannigfachen Einfluss, den man nicht mit gehöriger Sicherheit in Rechnung zu bringen im Stande ist, dahin gehört z. B. der Einfluss auf die Torsion der Metall- sowohl als der Seidenfäden; die Hervorbringung von Luftströmung in Magnetkästen u. s. w. Ein anderer nachtheiliger Einfluss ist, dass die Temperatur, besonders wenn sie schnell wechselt, oder an verschiedenen nahen Puncten verschieden ist, nicht hinreichend genau bestimmt werden kann, so dass die anzubringenden Verbesserungen, selbst bezüglich auf diejenigen Einflüsse, die sonst genau in Rechnung gebracht werden könnten, unsicher bleiben.

Es folgen hieraus verschiedene Regeln, welche zu beachten sind, wenn magnetische Messungen die gehörige Sicherheit haben sollen. So z. B. sollte man magnetische Observatorien unterirdisch bauen, um möglichst gleiche Temperatur zu haben: sind sie über der Erde, so ist es zweckmässig, sie an Localitäten einzurichten, wo sie von der Sonne nicht beschienen werden können. Aus gleichem Grunde sollte ein Observatorium nicht durch Seitenfenster, sondern durch Dachfenster beleuchtet werden, was auch zugleich für die Beleuchtung und Ablesung der Instrumente von grossem Vortheile ist. Wenn man im Freien magnetische Messungen macht, so wählt man, wo möglich, trübe Tage; Messungen im Sonnenscheine sind immer höchst unzuverlässig. Besonders hervorzuheben ist der Umstand, dass die Aenderungen, der Temperatur nur nach und nach in die Körper eindringen, also ein Körper längere Zeit in unveränderter Temperatur stehen muss, wenn man sicher sein will, dass dieselbe Temperatur im Innern sich befindet, die an der Aussenseite gemessen wird.

Noch viele ähnliche Regeln könnten angeführt werden: ich beschränke mich aber auf das Vorhergehende, und gehe jetzt zu denjenigen Einflüssen der Temperatur über, die genauer Bestimmung fähig sind.

1. Temperatur-Erhöhung dehnt die Metalltheile magnetischer Instrumente aus, und vermindert die Kraft der Magnete.

97. Die Aenderung der Temperatur wirkt bei magnetischen Instrumenten auf zweifache Weise ein: sie ändert die Dimensionen der Metalltheile, und ändert die Kraft der Magnete. Die Dimensions-Bestimmungen magnetischer Instrumente werden für eine gewisse Normal-Temperatur ... t_0 ... festgesetzt, wächst nun die Temperatur, und wird $= t$, so nimmt jede Länge oder Distanz λ zu, und wird $= \lambda (1 + k (t - t_0))$, wo k der Ausdehnungs-Coëfficient, oder die Ausdehnung einer Längeneinheit für einen Thermometergrad bedeutet.

Die am gewöhnlichsten vorkommenden Ausdehnungs-Coëfficienten sind:

	1° Reaumur	1° Celsius	1° Fahrenheit
Stahl*)	0.0000135	0.0000108	0.0000060
Messing	0.0000235	0.0000188	0.0000104
Kupfer	0.0000215	0.0000172	0.0000095
Eisen (gehämmert)	0.0000152	0.0000122	0.0000067

Streng genommen sind die Ausdehnungs-Coëfficienten für verschiedene Stücke desselben Metalls merklich verschieden; indessen ist diese Verschiedenheit wohl niemals so gross, dass sie auf die bei magnetischen Messungen erforderliche Genauigkeit Einfluss haben könnte.

98. Der zweite oben erwähnte Einfluss der Temperatur besteht darin, dass sie die magnetische Kraft ändert, und zwar durch eine Erhöhung der Temperatur den Magnetismus vermindert. Man hat diese Aenderung der magnetischen Kraft mit der durch die Temperatur hervorgebrachten Ausdehnung des Magnets, wodurch seine Molecüle weiter entfernt werden, in Zusammenhang bringen wollen: ich glaube indessen nicht, dass ein solcher Zusammenhang bestehe, weil sonst anzunehmen wäre, dass die Aenderung der Dimensionen streng der Zu- oder Abnahme der Temperatur proportional sein würde, was nicht der Fall ist. So lange wir nicht eine nähere Kenntniss der Art und Weise, wie der Magnetismus mit dem Stahle verbunden ist, besitzen, können wir blos die Ergebnisse der Erfahrung, so weit sie eben gehen, zusammenstellen; diese sind ungefähr wie folgt:

---

*) Die Ausdehnung des Stahls für 1° R. wird in der Folge immer mit β', die Ausdehnung des Messings immer mit β bezeichnet werden.

a) Das magnetische Moment einer Nadel wird bei zunehmender Temperatur kleiner, bei abnehmender grösser, und zwar so, dass das Moment für die Temperatur t

$$= M[1 - \alpha(t - t_0)]$$

wird, wenn M das Moment für die Temperatur t_0, und α den Temperatur-Coëfficienten vorstellt.

b) Dieses gilt jedoch nur, so lange die Temperatur-Aenderung $t - t_0$ nicht beträchtlich ist, d. h. nicht über 10° R. geht. Bei grössern Aenderungen muss man die Formel

$$M[1 - \alpha(t - t_0) - \beta(t - t_0)^2]$$

gebrauchen.

c) Der Temperatur-Coëfficient α ist nicht etwa eine constante Grösse, wie z. B. der Ausdehnungs-Coëfficient des Stahls, sondern ist für verschiedene Magnete sehr verschieden, und variirt zwischen 0.0001 und 0.0010 (für 1° R.). Diese Verschiedenheit des Temperatur-Coëfficienten hängt vorzugsweise von zwei Umständen ab, nämlich von der Härte und der Dicke der Magnete.

d) Je härter ein Magnet, desto geringer ist der Temperatur-Coëfficient.

e) Je geringer die Dicke eines Magnets, bei gleichem Grade der Härte, desto geringer der Temperatur-Coëfficient*).

99. Es ist oben als niedrigste Gränze, die der Temperatur-Coëfficient erreicht 0.0001 angegeben worden. Dies gilt jedoch nur vom gewöhnlichen Stahle: in neuerer Zeit ist von Kupfer eine besondere Art Stahl, Bulatstahl genannt, in Anwendung ge-

---

*) Die Dicke und Härte eines Magnets sind zwar von einander in so fern abhängig, als ein hoher Grad von Härte nur der Oberfläche gegeben werden kann, und die innern Theile immer minder hart sind, und zwar ist der Unterschied in der Härte um so grösser, je dicker der Magnet. Man könnte deshalb glauben, die dickern Magnete hätten blos deshalb einen grössern Temperatur-Coëfficienten, weil sie im Innern weniger hart sind: allein dies ist nicht der Fall, denn auch eine Nadel von ganz weichem Stahle hat einen geringen Coëfficienten, wenn sie dünner ist. Bei ganz weichen Magneten, wenn sie nur ein paar Zehntel-Linien in der Dicke haben, ist α wohl nie grösser, als 0.0007.

bracht worden, wobei der Temperatur-Coëfficient $= 0$ oder sehr nahe verschwindend ist, und zwar bisweilen einen positiven, bald einen negativen Werth hat. Nähere Bestimmungen sind noch nicht bekannt gemacht worden.

Eine ähnliche Bewandtniss hat es mit dem Einflusse der Temperatur auf den inducirten Magnetismus weicher Eisenstäbe, der immer sehr gering bleibt. Man hat angenommen, dass bei Erhöhung der Temperatur das inducirte magnetische Moment eines Stabes immer zunehme, das permanente Moment abnehme, und dass mithin der Temperatur-Coëfficient eines Eisenstabes positiv oder negativ sein könne, je nachdem das Verhältniss der beiden Momente stehe. Ich habe Ursache zu zweifeln, ob diese Ansicht hinreichend begründet sei: die Entscheidung hat übrigens für den Augenblick keine practische Wichtigkeit.

2. Bestimmung der Temperatur-Coëfficienten.

100. Die Bestimmung der Temperatur-Coëfficienten kann auf zweifache Weise erlangt werden, indem man nämlich einen Magnet in Räumen von verschiedener Temperatur schwingen lässt, oder indem man Ablenkungen vornimmt mit einem Magnete, der abwechselnd in kältern und wärmern Räumen sich befindet. Die erstere Methode, in früherer Zeit die gewöhnlichste, ist mühsam, und lässt nur einen mässigen Grad von Genauigkeit zu, während die letztere alle erwünschte Schärfe gewährt. Ich werde deshalb die letztere allein hier näher entwickeln.

Auf der Mitte eines magnetischen Theodoliten (Fig. 56) stelle man ein Magnetgehäuse, in welchem eine Nadel *ns* frei sich bewegt, auf: an dem Gehäuse bringe man eine hölzerne Schiene *HH* an, und befestige daran, etwa in der durch die Figur dargestellten Weise den zu untersuchenden Magnet *NS*, so zwar, dass er die Nadel nach §. 19 um den Winkel φ vom magnetischen

Meridian ablenkt. Unter den Magnet NS bringe man ein mit Wasser gefülltes Gefäss G hinein, dem man hölzerne Klötzchen unterlegt, um es in solcher Höhe zu halten, dass der Magnet in das Wasser eintaucht. Hat das im Gefässe G befindliche Wasser die Temperatur t_1, so kann man das magnetische Moment von $NS = M(1 - \alpha t_1)$ setzen, und dann hat man nach §§. 19 und 183 die Gleichung

$$\frac{M(1-\alpha t_1)}{X} = e^3 \frac{\sin\varphi}{k}.$$

Entfernt man nun das Gefäss G, (was leicht geschehen kann, ohne die Nadel, oder den Magnet NS zu stören), und bringt an dessen Stelle ein Gefäss mit Wasser von der Temperatur t_2, so ändert sich die Ablenkung: sie wird $= \varphi'$, und man hat die der obigen analoge Gleichung:

$$\frac{M(1-\alpha t_2)}{X} = e^3 \frac{\sin\varphi'}{k}.$$

Die Combination der beiden Gleichungen giebt:

$$\frac{1-\alpha t_1}{1-\alpha t_2} = \frac{\sin\varphi}{\sin\varphi'},$$

oder mit hinreichender Genauigkeit:

$$\alpha = \frac{\sin(\varphi - \varphi')}{(t_2 - t_1)\operatorname{tg}\frac{1}{2}(\varphi + \varphi')}.$$

Es ist nöthig, wiederholte Messungen zu machen; die ersten werden gewöhnlich unbrauchbar, weil der Magnet durch Temperaturwechsel permanent an Kraft verliert.

Will man die Aenderungen des magnetischen Moments für grosse Temperatur-Differenzen bestimmen, so gelangt man practisch am leichtesten zum Ziele, wenn man zuerst zwei höhere Temperaturen, etwa $t_1 = 30^0$ und $t_2 = 40^0$ wählt, und den Coëfficienten α'' in obiger Weise bestimmt; dann bei zwei tieferen Temperaturen, etwa bei $t_1' = 0^0$ und $t_2' = 10^0$ eine analoge Bestimmung vornimmt, deren Resultat wir mit α' bezeichnen wollen. Hiernach ist α'' der Temperatur-Coëfficient bei $\frac{1}{2}(t_1 + t_2)$, und α'

der Coëfficient bei $\frac{1}{2}(t'_1 + t'_2)$, und wir haben die Zunahme des Temperatur-Coëfficienten für einen Grad:

$$\beta = \frac{\alpha'' - \alpha'}{\frac{1}{2}(t_1 + t_2 - t'_1 - t'_2)}.$$

Nennen wir α_0 den Temperatur-Coëfficienten bei 0°, so haben wir:

$$\alpha_0 = \alpha' - \tfrac{1}{2}\beta'(t'_1 + t'_2).$$

Demnach wird das magnetische Moment M einer Nadel vermindert durch ein Steigen der Temperatur von

0° bis 1° um $\alpha_0 M$,
1 - 2 - $(\alpha_0 + \beta')M$,
2 - 3 - $(\alpha_0 + 2\beta')M$,
3 - 4 - $(\alpha_0 + 3\beta')M$,
von $t-1$ bis t um $[\alpha_0 + (t-1)\beta']M$,

daher die ganze Verminderung von 0° bis t der Summe der angeführten Grössen gleich ist, d. h.

$$= [t\alpha_0 + \tfrac{1}{2}t(t-1)\beta]M.$$

Setzen wir demnach $\alpha_0 - \frac{1}{2}\beta' = \alpha$, $\frac{1}{2}\beta' = \beta$, und ist M das magnetische Moment bei 0°, so wird dieses Moment bei t Graden

$$= M(1 - \alpha t - \beta t^2).$$

Somit wäre die Form erreicht, welche wir oben für grosse Temperatur-Differenzen vorausgesetzt haben. Folgendes Beispiel dient zur Erläuterung:

Magnet No. XV. (des Münchener Observatoriums) Länge 149,0 mm, Breite 7,3 mm, Dicke 3,6 mm, den 29. September 1847.

Temperatur.	Ablesung des Kreises.	Temperatur.	Ablesung des Kreises.
8°,7	294°. 15',6	9°,5	294°. 22',0
46,9	293 . 37,1	23,9	294 . 7,7
9,0	294 . 17,4	9,5	294 . 22,7
42,2	293 . 44,5	19,9	294 . 12,1
9,15	294 . 19,6	9,5	294 . 22,5
38,0	293 . 51,9	15,8	294 . 16,5
9,3	294 . 21,4	(9,5)	(294 . 22,5)
35,2	293 . 55,9		
9,5	294 . 21,9		
28,7	294 . 3,0		

Richtung des magnetischen Meridians am Anfange . . . 247°.55',6
- - - - am Ende 247.50,4

Um die Variationen des Erdmagnetismus, (die nicht beobachtet wurden), zu eliminiren, combinire man jede Beobachtung bei höherer Temperatur mit der vorausgehenden und folgenden niedern Temperatur, so ergiebt sich, (wenn man eine gleichmässige Aenderung des magnetischen Meridians voraussetzt), folgende Zusammenstellung:

$t_2 - t_1$	$\frac{1}{2}(t_1 + t_2)$	$\varphi - \varphi'$	$\frac{1}{2}(\varphi + \varphi')$	Temperatur-Coëfficient.
38°,05	27°,9	39',40	46°. 1',7	0.0002906
33,12	25,6	34,00	6,9	0.0002872
28,77	23,6	28,60	12,1	0.0002773
25,80	22,3	25,75	15,2	0.0002779
19,20	19,1	18,95	19,3	0.0002741
14,40	16,7	14,65	22,4	0.0002821
10,00	14,7	10,50	25,2	0.0002906
5,90	12,6	6,00	27,9	0.0002811

Das vom Quadrate der Temperatur abhängige Glied ist hier so klein, dass man es füglich vernachlässigen, und mit Rücksicht auf die Sicherheit der einzelnen Bestimmungen, (Grösse des Temperatur-Intervalls, aus welchem sie abgeleitet worden), im Mittel $\alpha = 0.0002831$ setzen kann.

Als zweites Beispiel füge ich die Temperatur-Bestimmung bei einem sehr dünnen und ungewöhnlich harten Magnet bei. Die Dimensionen waren Länge 90,0 mm, Breite 6,5 mm, Dicke 0,6 mm.

Temperatur.	Ablesung des Kreises.	Temperatur.	Ablesung des Kreises.
47°,4	202°. 10',1	10,05	201°. 45,2
10,05	201 . 45,0	26,6	201 . 55,5
41,8	202 . 6,3	10,0	201 . 45,4
10,1	201 . 45,4	19,95	201 . 51,6
33,5	202 . 1,1		

Magnetischer Meridia, Anfang 247°. 52′,7.
Ende.. 247 , 51 ,4.

Nach der oben angezeigten Weise erhält man:

$t_2 - t_1$	$\frac{1}{2}(t_1 + t_2)$	$\varphi' - \varphi$	$\frac{1}{2}(\varphi' + \varphi)$	Temperatur-Coefficient.
37°,35	28°,7	25′,1	45°. 54′,5	0.00018938
31,73	25,9	21,1	45 . 56,3	0.00018720
23,43	21,8	15,8	45 . 58,8	0.00018957
16,52	18,3	10,2	46 . 1,6	0.00017328
9,95	15,0	6,2	46 . 3,5	0.00017469

Das Mittel der beiden ersten und beiden letzten Bestimmungen giebt eine Zunahme von 0.000001343 für 1° und man erhält demnach $\alpha = 0.0001526\, t + 0.000000671\, t^2$.

Mit diesem Werthe stimmen die einzelnen Beobachtungen hinreichend genau überein, mit Ausnahme der dritten, wobei eine nicht unbeträchtliche Abweichung statt findet.

Est ist wahrscheinlich, dass bei grossen Magnetstäben der Coëfficient von t^2 grössern Betrag erlangt. Hansteen fand bei einem 25pfündigen Stabe $\alpha = 0.00089626\, t + 0.000009077\, t^2$.

101. Es wird nicht unzweckmässig sein, noch ein paar practische Bemerkungen beizufügen, die auf die Messung des Temperatureinflusses Bezug haben. Sind die Magnete sehr dünn, so kann man annehmen, dass sie schon nach 4 bis 5 Minuten die Temperatur des Wassers, in welches sie eingetaucht sind, annehmen: haben sie grössere Dicke, so ist es nöthig, nach Umständen 10 bis 15 Minuten zu warten. Dringt die Temperatur nicht ganz bis in die Mitte des Magnets, so bekommt man den Temperatur-Coëfficienten immer zu klein. Ist eine Nadel neu magnetisirt und man bringt sie in warmes Wasser, so erleidet sie durch diese plötzliche Temperatur-Aenderung einen beträchtlichen permanenten Kraftverlust. Wird sie aus dem warmen Wasser plötzlich in kaltes getaucht, so erleidet sie wieder permanenten Kraftverlust; jedoch ist der Verlust nie so gross, als bei einem plötzlichen Uebergange von einer tiefern in eine höhere Temperatur. Bei wiederholtem Eintauchen in kaltes und warmes Wasser wird der Verlust immer geringer, und zuletzt ist kein Verlust mehr wahrzunehmen. Erst dann ist der Magnet in einem Zustande, wo die genaue Bestimmung des Temperatur-Coëfficienten möglich wird.

Bemerkenswerth ist noch, dass, wenn ein Magnet durch öfteres Eintauchen in kaltes und warmes Wasser constant geworden ist, und man ihn längere Zeit in gewöhnlicher Temperatur stehen lässt, das Eintauchen von Neuem dennoch wieder einen permanenten Kraftverlust zur Folge hat.

102. Aus dem eben Gesagten wird es leicht begreiflich, dass, wenn ein Magnetstab von grössern Dimensionen in einem Observatorium, wo die Temperatur eine tägliche Periode hat, aufgestellt ist, (etwa zu Variations-Beobachtungen), und die Temperatur desselben genau bei jeder Beobachtung angegeben werden soll, um darnach die nöthigen Correctionen in Rechnung zu bringen, dies grossen Schwierigkeiten unterliegt. Stellt man das Thermometer neben den Stab, so giebt es entschieden die Temperatur nicht an, welche im Innern des Stabes vorhanden ist. Ich habe durch Versuche gefunden, dass, wenn man ein Thermometer in die Mitte eines eisernen Parallelipipedums von 11 Quadratlinien Durchschnitt (Fig. 57) bringt, die Oeffnung neben dem Rohre mit Wachs verschliesst, und daneben ein anderes Thermometer in der Luft aufhängt, die Grösse der täglichen Periode in der Mitte des Parallelipipedums um $\frac{1}{4}$ kleiner ist, als in der umgebenden Luft, und dass die Wendepuncte um 2 Stunden später eintreffen. Um diesem Uebelstande auszuweichen, hat Lloyd einen Messingstab von der Grösse des Magnetstabes machen, und in der Mitte eine eiserne Kapsel einlegen lassen, die mit Quecksilber gefüllt wurde. In das Quecksilber tauchte die Kugel des zur Temperatur-Bestimmung gebrauchten Thermometers ein. Es ist dies allerdings eine wesentliche Verbesserung: gleichwohl lässt sich nicht in Abrede stellen, dass weder die Temperatur in der Mitte des Stabs, noch die Temperatur in irgend einem Puncte zwischen der Mitte und der Oberfläche streng genommen als mittlere Temperatur des Stabes allgemein betrachtet werden kann. Hierbei muss man nicht vergessen, dass, wenn im Winter die tägliche Periode der Horizontal-Intensität (in unseren Gegenden) auch nur bis auf ihren zehnten Theil genau bestimmt werden soll, (was noch keine grosse Genauigkeit ist), die Temperatur bis auf $\frac{1}{25}$ Grad R. genau bekannt sein muss.

Die hier angedeuteten Uebelstände sind übrigens um so geringer, je kleiner die Magnete, die man anwendet.

3. Temperatur-Compensation.

103. Durch die weitläufige Arbeit, welche die Anbringung der Temperatur-Correction erfordert, und die Unsicherheit, die zuletzt kaum vermieden werden kann, habe ich mich veranlasst gefunden, eine Temperatur-Compensation zu suchen, und zu diesem Zwecke verschiedene Einrichtungen in Anwendung gebracht. Die erste stellt Fig. 58 dar: Ein Magnet NS, der die freie Nadel ns ablenkt, ist an einem Compensationsbogen aaa — bestehend aus Zink (inwendig), und Mesing (auswendig) — befestigt. Das Ende b des Compensationsbogens ist an die Messingschiene ce angeschraubt. Man bringt zuerst die Messingschiene sammt dem Compensationsbogen in kaltes und warmes Wasser, und bestimmt die Verminderung der Distanz $cf = e$ für eine Wärmezunahme von einem Thermometergrade: diese Verminderung sei $= ke$, so dass für die Temperatur t die Distanz $= e(1-kt)$ sei. Wird das magnetische Moment von NS für dieselbe Temperatur durch $M(1-\alpha t)$ vorgestellt, so ist der Sinus der Ablenkung proportional der Grösse

$$\frac{M(1-\alpha t)}{e^3(1-kt)^3},$$

und wird von Temperatur-Aenderungen unabhängig sein, wenn $\frac{1-\alpha t}{(1-kt)^3}=1$, oder $\alpha=3k$ ist.

Um die zwei Ablenkungsmagnete eines Variationsinstrumentes für Horizontalintensität zu compensiren, kann man auch die (Figur 59) dargestellte Einrichtung gebrauchen. Die geraden Messingstücke bc, $b'c'$ tragen die zwei Magnete ns, $n's'$, und sind um die Axen a, a' beweglich: die Lager, in welchen die Axen a, a' sich bewegen, sind an der hölzernen Unterlage AB festgemacht; unter dieser Unterlage befindet sich ein Stab, (oder besser ein Rohr) von Zink ff'. Hängt die freie Nadel in C, und setzt man $Cc=Cc'=e$, $ff=2a(1+kt)$ für die Temperatur t, $fa=fa'=b$, $ca=c'a'=B$, dann die Summe der magnetischen Momente der beiden Magnete $=\mu(1-\alpha t)$ für die Temperatur t, so wird das Drehungsmoment proportional sein der Grösse

$$\frac{\mu(1-\alpha t)}{\left(e-\frac{B}{b}akt\right)^3},$$

und der Einfluss der Temperatur wird verschwinden, wenn $1-\alpha t=\left(1-\frac{B}{b}\frac{a}{e}kt\right)^3$ oder sehr nahe $\alpha=3\frac{B}{b}k$ ist, da man $\frac{a}{e}=1$ setzen kann. Die Ausdehnung des gehämmerten Zinks ist nach Smeaton für 1^0 R. $=0.000039$: das Verhältniss $\frac{B}{b}$ wird also jedenfalls zwischen 8 und 2 sein. Dieses Compensationsmittel ist insbesondere bei magnetographischen Instrumenten mit Vortheil anzuwenden.

104. Die vortheilhafteste magnetische Compensation ist diejenige, welche durch Vereinigung zweier Magnete in folgender Weise erreicht wird. An dem zu compensirenden Magnet NS (Fig. 88) schraube man einen kürzern Magnet ns an, so dass die Pole die entgegengesetzte Richtung haben: zwischen beide legt man ein Stückchen Messing, um die unmittelbare Berührung zu verhindern. Es sei das magnetische Moment von $NS = M$, und und der Temperatur-Coëfficient $= \alpha$; für ns nehmen wir die analogen Bezeichnungen M' und α'. Das Moment des zusammengesetzten Magnets wird demnach:

$$= M(1 - \alpha t) - M'(1 - \alpha' t),$$

oder

$$= M - M' - (\alpha M - \alpha' M')\, t$$

sein. Wählt man nun die Magnete so, dass $\alpha M - \alpha' M' = o$ ist, so wird das Moment des zusammengesetzten Magnets $= M - M'$, und mithin von Temperatur-Aenderungen unabhängig sein. Wir haben oben gesehen, dass die Temperatur-Coëfficienten je nach dem Grade der Härte sehr verschieden sind: man ist demnach im Stande der Bedingung $M\alpha - M'\alpha' = o$ so zu genügen, dass $\frac{M}{M'}$ grösser oder kleiner sei, wie es gerade der Zweck erfordert. Soll der compensirte Magnet frei aufgehängt werden, (z. B. als Bifilar), und eine Richtung angeben, so muss man $\frac{M}{M'}$ so gross als möglich nehmen*); wird der compensirte Magnet zum Ablen-

---

*) Wenn ein Magnet zu schwach ist, so giebt er die Richtung nicht mehr mit der nöthigen Sicherheit an. Wo diese Gränze anfängt, lässt sich nicht wohl bestimmen: ich habe jedoch durch Versuche gefunden, dass, wenn man einen Magnet mit einem Ringe belastet, wodurch dessen Trägheitsmoment auf mehr als das Dreissigfache vermehrt wird, während die Kraft dieselbe bleibt; die Sicherheit, womit er seine Schwingungen vollbringt, nicht merklich vermindert wird. Nimmt man $\alpha = 0{.}0003$ und $\alpha' = 0{,}0009$, so hat man $\frac{M}{M'} = 3$: sind nun die Breite und Dicke beider Magnete gleich, so verhalten sich die magnetischen Momente, wie die Kubusse der Längen, eben so auch die Trägheitsmomente; demnach wäre bei dem compensirten Magnete das Verhältniss des Trägheitsmoments zum magnetischen Momente zweimal grösser, als beim Hauptmagnete allein. Man kann jedoch leicht die Einrichtung treffen, dass dieses Verhältniss minder ungünstig wird. Es unterliegt übrigens keinem Zweifel, dass diese Vermehrung des Trägheitsmoments den Magnet nicht hindert, die Richtung mit aller erforderlichen Sicherheit zu geben.

ken gebraucht, so kann $\frac{M}{M'}$ grösser oder kleiner sein: hat endlich der compensirte Magnet nur als Correctionsmagnet für Temperatur-Aenderungen, (z. B. beim Bifilar) zu dienen, so muss $\frac{M}{M'} = 1$ oder der Einheit sehr nahe gleich sein.

VIII. Abschnitt.

Induction.

1. Vollkommene Induction durch den Erdmagnetismus und durch einen Magnet.

103. Wenn A (Fig. 60) ein mit positiver Electricität geladener Conductor einer Elektrisirmaschine ist, und man bringt in dessen Nähe einen isolirten metallenen Körper $a\,b$, so entsteht sogleich negative Elektricität in der näheren Hälfte $a\,c$, und positive in der entferntern Hälfte $b\,c$; und zwar so, dass in den beiden Enden die Intensität am stärksten ist: gegen die Mitte zu wird die Intensität immer geringer; die Mitte selbst ist neutral. Es scheint, als wenn in den Körpern, welche Leiter der Elektricität sind, die beiden Fluida, aber mit einander vermischt, sich befinden: sobald eine geeignete Veranlassung eintritt, so trennen sich die Fluida sogleich, und ziehen sich so weit, als möglich von einander zurück.

Gerade so verhält sich auch der Magnetismus: geht von N (Fig. 61) nördlicher Magnetismus aus, und man bringt einen Eisenstab in die Stellung $a\,b$, so trennen sich in demselben die magnetischen Fluida — wie man sich auszudrücken pflegt, durch

Induction — der negative (südliche) Magnetismus wird nach *a* gezogen, der positive oder nördliche nach *b* zurückgestossen, und der Stab ist ein temporärer Magnet, dessen magnetisches Moment in geradem Verhältnisse zu der inducirenden Kraft steht. Wird z. B. in *N* die Kraft auf das Doppelte vermehrt, so erhält der Eisenstab ein doppelt so grosses Moment.

106. Ist der Stab ein regelmässiges Parallelipipedum, oder ein Cylinder, der in der Richtung der magnetischen Kraft liegt, so fällt die magnetische Axe mit der Axe des Stabes zusammen. Sobald man aber den Stab schief stellt gegen die Richtung der Kraft, so muss man letztere in Seitenkräfte zerlegen nach den Dimensionen des Stabes, und es wird nach jeder Dimension ein magnetisches Moment durch die entsprechende Seitenkraft hervorgerufen. Es mache z. B. die Axe des viereckigen Eisenstabes $a\,b\,a'\,b'$ (Fig. 62) mit der magnetischen Richtung den Winkel $d\,c\,e = u$, die Seitenfläche $a\,b'$ aber falle mit dieser Richtung zusammen, so muss man die magnetische Kraft, die wir durch $d\,c = J$ vorstellen wollen, in zwei Seitenkräfte $c\,e = J \cos u$ und $d\,e = J \sin u$ zerlegen, wovon die erstere nach der Länge, die letztere nach der Breite des Stabes ein magnetisches Moment hervorrufen. Beide lassen sich zu einem einzigen Moment vereinigen, welches nach der Linie $p\,q$ wirkt: diese Linie ist also die wahre magnetische Axe.

107. Wir haben bisher nur den Fall betrachtet, wo der Magnetismus in allen Puncten des Stabes gleich stark und nach paralleler Richtung wirkt. Ist $N\,S$ ein Magnet und $a\,b$ (Fig. 63) ein Eisenstab, so wird in dem Eisenstabe Magnetismus inducirt, aber die Vertheilung ist etwas verschieden von derjenigen, welche statt findet, wenn der Erdmagnetismus die inducirende Kraft ist. In *a* ist nämlich die Wirkung des Magnets $N\,S$ stärker, in *b* schwächer; auch ist die Richtung nicht überall parallel: die Bestimmung der Induction wird also sehr complicirt. Ist übrigens die Distanz *Ce* ziemlich gross im Verhältnisse zur Länge des Magnets und des Eisenstabes, so dürfen wir die Verschiedenheit der Kraft an den verschiedenen Puncten des Eisenstabes, und die Abweichung vom Parallelismus der Richtung vernachlässigen, und annehmen, dass die Kraft überall den mittlern Betrag habe, und parallel wirke. Fälle, wo der Magnet dem Eisenstabe sehr nahe steht, werden wir nicht in Betracht ziehen.

Hat der Eisenstab eine schiefe Stellung gegen den Magnet, so zerlegt man die inducirende Kraft, wie oben bereits bemerkt worden ist.

108. Wenn in Folge der schiefen Stellung des Stabes mehrere Momente zugleich in einem Stabe hervorgerufen werden, so kann man sie sämmtlich zu einem einzigen Momente vereinigen, sobald bekannt ist, nach welchen Gesetzen das magnetische Moment von den Dimensionen abhängt. Darüber müssen wir erst von künftiger Forschung Aufklärung erwarten: vorläufig kann ich indessen bemerken, dass bei kürzern viereckigen Stäben, wenn die Kraft nach der Dimension a wirkt, und der darauf senkrechte Querschnitt durch f bezeichnet wird, das magnetische Moment näherungsweise durch die Formel

$$A f a^3 q^f$$

vorgestellt wird, wo A und q nur von der Beschaffenheit des Eisens, (der grössern oder geringern Inductions-Fähigkeit) abhängen.

109. Hiernach könnte man das magnetische Moment eines Eisenstabes und die Richtung seiner magnetischen Axe angeben, sei es, dass der Erdmagnetismus oder ein naher Magnetstab als inducirende Kraft wirkt: man darf jedoch nicht vergessen, (was bereits oben bemerkt wurde), dass die Lehre von der Induction überhaupt noch sehr mangelhaft ist, und es kaum zweckmässig sein möchte, weitere Entwickelungen vorzunehmen, bis durch Versuche einige Anhaltspunkte gewonnen sind, aus deren Vergleichung mit den Resultaten der Rechnung sich entnehmen lässt, in wie fern die angenommenen Grundsätze falsch oder richtig sind.

Ich beschränke mich deshalb hier blos auf die Lösung zweier Aufgaben, wovon später eine Anwendung gemacht werden soll; ich berücksichtige dabei nur das Moment, welches nach der Längen-Dimension des Stabes inducirt wird, und nehme deshalb an, dass die magnetische Axe mit der Axe des Stabes zusammenfällt.

110. Es sei (Fig. 64) zHe die Ebene des magnetischen Meridians, z das Zenith, HH' der Horizont, ce die Richtung der Total-Intensität J, ab ein Eisenstab, dessen Axe mit dem Zenith den Winkel $zcd = z$ und mit dem magnetischen Meridian das Azimuth $Hzd = \alpha$ macht: es soll nun die Grösse des im Eisenstabe inducirten Moments bestimmt werden. Da der Stab mit der magnetischen Richtung den Winkel $dce = u$ macht, so haben wir nach §. 106 das gesuchte Moment $= AJ\cos u$. Nun giebt das sphärische Dreieck edz

$$\cos u = \cos zce \,.\, \cos zcd - \sin zce \sin zcd \cos Hzd,$$

oder da $zce = 90 + i$ ist,

$$\cos u = -\sin i \cos z + \cos i \sin z \cos \alpha.$$

Folglich ist der inducirte Magnetismus des Stabes

$$AJ\cos u = AJ(\cos i \sin z \cos \alpha - \sin i \cos z).$$

111. Es sei NS (Fig. 65) ein Magnet, ab ein Eisenstab, beide in derselben Ebene; die Entfernung der Mittelpuncte Cc wollen wir mit e, die Winkel acC und NCf mit φ und ψ bezeichnen. Ist $Ck = x'$, und bezeichnet man mit dm' die Kraft des Magnets im Puncte k, so ist die Anziehung im Puncte h des Eisenstabes nach der Richtung seiner Axe $= \frac{dm'}{(kh)^3}\, hg$.

Wenn wir demnach $ch = x$ setzen, so übt der Magnet in der ganzen Länge des Stabes die Kraft aus

$$= \int\!\!\int \frac{dm'\, dx\, [e\cos\varphi + x'\cos(\varphi - \psi) - x]}{[e^2 + 2ex'\cos\psi - 2ex\cos\varphi - 2xx'\cos(\varphi - \psi) + x^2 + x'^2]^{\frac{3}{2}}}.$$

Dies ist die Summe der Kräfte, welche der Magnet auf sämmtliche Elemente des Stabes ausübt: um die mittlere Kraft zu finden, müssen wir durch die Summe der Elemente, d. h. durch die Länge des Eisenstabes dividiren. Vernachlässigen wir bei der Entwickelung die höhern Glieder, so erhalten wir als Resultat:

$$\frac{M}{e^3}[\cos(\varphi - \psi) - 3\cos\psi\cos\varphi],$$

und das inducirte Moment des Stabes wird sein:

$$A\frac{M}{e^3}[\cos(\varphi - \psi) - 3\cos\psi\cos\varphi].$$

2. Unvollkommene Induction mit besonderer Rücksicht auf das Verhalten des weichen Eisens.

112. Wir haben bisher vorausgesetzt, dass der inducirte Magnetismus der Kraft proportional sei. Diese Vorstellung erleidet, in so fern wir die in der Natur vorkommenden inductionsfähigen Körper berücksichtigen, eine ähnliche Beschränkung, wie bei der Elasticität der Körper festzustellen ist. Vollkommen elastische Körper finden wir nämlich in der Natur nicht: zwar ist, in so fern wir kleine Aenderungen berücksichtigen, die Zu- oder Abnahme des Druckes der Zu- oder Abnahme der Wirkung einfach proportional, so wie aber die Aenderungen grösser werden, so hört diese Proportionalität auf. Ein elastischer Körper, auf dem eine beträchtliche Last ruht, wird dadurch um einen gewissen Betrag zusammengedrückt: vermehrt man die Last um das Doppelte, so wird der Körper um weniger als das Doppelte zusammengedrückt; und wenn die Last entfernt wird, so kehrt die ursprüngliche Form des Körpers nicht mehr ganz zurück. Gerade so verhält es sich bei der Induction: eine doppelte Kraft ruft nicht ein doppelt so grosses magnetisches Moment in einem weichen Eisenstabe hervor, und wenn die inducirende Kraft aufhört, so bleibt ein Theil des inducirten Moments im Stabe zurück.

Ein anderer hiermit nahe verwandter Umstand, der ebenfalls eine Analogie bei der Elasticität findet, tritt bei der Induction hervor: das inducirte Moment entsteht nämlich nicht augenblicklich, wenn die inducirende Kraft zu wirken anfängt, und hört nicht augenblicklich auf, wenn die Kraft aufhört, sondern es ist in einem, wie im andern Falle eine gewisse Zeit erforderlich.

Das bisher beschriebene Verhalten der inductionsfähigen Körper betrachtet man gewöhnlich als einen Widerstand, den sie der Inductions-Erregung entgegensetzen. Die nähere Bestimmung dieses Widerstandes wäre zwar für mancherlei Zwecke wünschenswerth; gleichwohl hat bisher kein Physiker sie zum Gegenstande hinreichend umfassender Untersuchung gemacht; und somit müssen wir hier die weitere Entwickelung abbrechen.

Da wir indessen später die Induction des weichen Eisens zu magnetischen Messungen anwenden werden, so will ich einige Versuchsreihen hier folgen lassen, welche angestellt wurden mit dem Zwecke, das Verhalten dieses Metalls zu ermitteln. Man wird darnach bei vorkommenden Fällen wenigstens Gränzwerthe angeben können, was für die Praxis bisweilen von Wichtigkeit sein kann.

113. Zuvörderst muss bemerkt werden, dass wir hier ein sehr complicirtes Verhältniss zu untersuchen haben. Die unmittelbare Wirkung der Induction ist, dass sie in jedem Theile des Eisenstabes eine bestimmte Quantität Magnetismus hervorruft oder frei macht; diese Quantität sollte gemessen werden; allein hierzu ist kein Mittel vorhanden; wir müssen uns damit begnügen, die Ablenkung zu messen, welche der ganze Magnetismus des Eisenstabs hervorbringt, und diese Wirkung hängt von der Quantität Magnetismus, von dessen Vertheilung im Stabe (die eine Function der Intensität sein kann) und von der Lage des Stabes gegen die freie Nadel ab. Diese Verhältnisse sind bei den folgenden Bestimmungen im Auge zu behalten.

114. Was die Quantität des in einem Eisenstabe inducirten Magnetismus betrifft, so hängt sie von der Beschaffenheit des Eisens und den Dimensionen des Stabes ab. Für die Beschaffenheit des Eisens haben wir keine Maassbestimmung, und können deshalb keine weitere Untersuchung vornehmen. In wie fern das inducirte Moment von den Dimensionen abhängt, lehren folgende Versuchsreihen:

1) ein runder Eisenstab von 6,7 mm Durchmesser wird in 6 Stücke *A, B, C, D, E, F* von folgenden Längen abgeschnitten:

A .... 434,0 mm
B 380,0
C 324,9
D ... 271,0
E 216,6
F 162,6

Eine kleine Nadel von 3 Pariser Linien wurde nach §. 26 *b* mittelst dieser Eisenstücke abgelenkt. Die Enfernung *e* war bei allen gleich, und = 84 mm, die Höhe der Mitte des Stabes über der Ebene der Nadel ist in folgender Zusammenstellung überall bemerkt.

Stab.	Höhe der Mitte $= f$.	Ablenkung durch beide Enden.	Mittel sin φ
A	152,7 mm	23°. 29′,67	0.3336
„	151,4	15 . 34 ,10	
B	142,4	15 . 34 ,07	0.3041
„	134,4	19 . 52 ,37	
C	122,0	13 . 8 ,03	0.2498
„	114,7	15 . 48 ,40	
D	96,0	12 . 58 ,63	0.2170
„	108,6	12 . 5 ,63	
E	77,9	9 . 34 ,73	0.1774
„	84,8	10 . 52 ,07	
F	66,5	6 . 15 ,33	0.1129
„	67,8	6 . 42 ,73	

2) Ein flacher Stab von 14,0 mm Breite und 4,1 mm Dicke wurde in 5 Theile abgeschnitten, und eine Reihe von Ablenkungen vorgenommen ganz in derselben Weise wie oben; die Längen waren:

$$A = \overset{mm}{571{,}2}$$
$$B = 571{,}2$$
$$C = 380{,}0$$
$$D = 380{,}0$$
$$E = 189{,}4$$

Die Entfernung war bei allen Stäben gleich und $= \overset{mm}{84{,}0}$.

Stab.	Höhe der Mitte $=f$.	Ablenkung durch beide Enden.	Mittel sin φ.
A	246,6 mm	19°. 13',53	0.4366
„	248,3	32 . 57,00	
B	249,8	23 . 31,17	0.4155
„	254,4	25 . 35,98	
C	156,8	24 . 3,83	0.4207
„	157,9	25 . 42,40	
D	160,8	21 . 56,78	0.3854
„	161,5	23 . 24,08	
E	82,8	10 . 42,97	0.1836
„	81,6	10 . 26,70	

115. Um die Abhängigkeit des inducirten Moments von den Dimensionen bequemer zu untersuchen, wurde ein Magnet *B* (Fig. 66) auf die Schiene eines magnetischen Theodoliten in der Entfernung $cc'' = e'$ gelegt, und die Ablenkung ψ gemessen. Zwischen dem Magnet und der Nadel in der Entfernung $cc' = e$ wurde dann ein weicher Eisenstab *A* aufgelegt und die Ablenkung φ gemessen. Bezeichnet man das magnetische Moment von *B* mit *M*, das durch *M* in dem Stabe *A* inducirte Moment mit μM, so erhält man folgende (wenn die höheren Glieder vernachlässigt werden) zwei Gleichungen:

$$\frac{2M}{e'^3 X} = \sin\psi, \quad \frac{2M}{e'^3 X} + \frac{2\mu M}{e^3 X} = \sin\varphi,$$

folglich

$$\frac{2\mu M}{e^3 X} = \sin\varphi - \sin\psi.$$

Der Eisenstab ist jedesmal nach der ersten Messung um 180° gedreht worden, so dass das entgegengesetzte Ende dem inducirenden Magnet zugewendet wurde; bei der Berechnung von $\frac{2\mu M}{e^3 X}$ ist das Mittel aus beiden Bestimmungen gebraucht worden. Auf solche Weise wurden folgende Beobachtungsreihen gemacht:

1) Runde Stäbe mit gleichem Durchmesser und gleicher Länge, $\psi = 37^\circ.\ 32',22$, $e = 150,4^{mm}$, $e' = 252,0^{mm}$, Länge des Magnets $= 141,6^{mm}$.

Länge.	Ablenkung beider Enden. **Mittel.**	$\frac{2\mu M}{e^3 X}$
41,0 mm	63°. 13',09	0.04181
33,9	61 . 7,36	0.02474
27,0	59 . 54,04	0.01431
20,4	59 . 8,35	0.00750
13,9	58 . 39,71	0.00320

2) Runde Stäbe von gleicher Länge $= 30,8^{mm}$ und gleichem Durchmesser, $\psi = 43^\circ.\ 51',30$, $e = 105,3^{mm}$, $e' = 223,3^{mm}$, Länge des Magnets $= 168,2^{mm}$.

Durchmesser.	Ablenkung beider Enden. **Mittel.**	$\frac{2\mu M}{e^3 X}$
10,3 mm	51°. 49',80	0.09335
9,0	51 . 28,64	0.08953
7,0	51 . 1,20	0.08455
4,7	50 . 23,71	0.07763
2,6	49 . 53,55	0.07208

3) Flache Stäbe von gleicher Länge $= 49,4^{mm}$ und Dicke $= 2,7^{mm}$ und ungleicher Breite, $\psi = 72^\circ.\ 9',65$, $e = 289,6^{mm}$, $e' = 499.9^{mm}$, Länge des Magnets $= 337,8^{mm}$.

Breite.	Ablenkung beider Enden. **Mittel.**	$\frac{2\mu M}{e^3 X}$
27,0 mm	70°. 25',32	0.03207
22,3	69 . 59,89	0.02954
17,9	69 . 16,49	0.02517

4) Flache Stäbe von gleicher Länge = 68,5 mm und Breite = 14,7 mm, und ungleicher Dicke, $\psi = 7^\circ.\ 56',77$ *), $e = 206,9$ mm, $e' = 469,8$ mm, Länge des Magnets = 337,8 mm.

Dicke.	Ablenkung beider Enden. **Mittel.**	$\frac{2\mu M}{e^3 X}$
11,8 mm	17°. 10',61	0.04400
10,0	17 . 3,91	0.04209
7,0	16 . 45,88	0.03693
4,9	16 . 32,36	0.03305

116. Wie die Induction eines weichen Eisenstabes mit der Zeit zunehme, zeigen folgende Versuchsreihen. Zur Erklärung der beigefügten berechneten Werthe ist zu bemerken, dass, wenn das inducirte Moment für die Zeit t mit x und das inducirte Moment, welches der Stab am Ende erreicht, mit m bezeichnet wird, die Schnelligkeit, womit x zunimmt, $\frac{dx}{dt}$ der Grösse $m - x$ proportional sein muss, analog mit §. 99, mit andern Worten: der Stab nähert sich dem constanten Stande um so schneller, je weiter er davon entfernt ist. Man hat demnach die Gleichung:

$$\frac{dx}{dt} = a(m - x).$$

*) Es sind zwei Magnete B und C (Fig. 67) gebraucht worden, welche nach entgegengesetzter Richtung der Nadel ablenkten.

Folglich, wenn t gezählt wird von dem Augenblick, wo der Magnetismus zu wirken beginnt:

$$m - x = C e^{-at} = C q^{-t}.$$

Misst man m und x durch rechtwinklige Ablenkungen, und setzt man $x = A \sin \varphi$, $m = A \sin \varphi_0$, so giebt die obige Gleichung:

$$\varphi_0 - \varphi = C' q^{-t},$$

wo $\varphi_0 - \varphi$ in Minuten auszudrücken ist, und die ganze Zunahme in Theilen von m

$$\frac{m - x}{m} = \frac{C' \sin 1'}{\operatorname{tg} \varphi}.$$

1) Ein Eisenstab wird senkrecht gestellt neben eine Nadel, so dass das untere Ende nahe in der Horizontalebene der Nadel sich befindet:

t	φ		Differ.
	beobachtet	berechnet	
2′	45°. 27′,47	45°. 28′,39	— 0′,92
3	31,70	31,29	+ 0,41
4	33,47	33,33	+ 0,14
5	34,63	34,76	— 0,13
6	35,50	35,79	— 0,29
7	36,10	36,51	— 0,41
8	36,67	37.22	— 0,55
9	37,17	37,38	— 0,21
10	37,43	37,62	— 0,19
11	37,77	37,81	— 0,04
12	38,23	37,93	+ 0,30

$C = 19{,}745$, $q = 1.4162$, ganze Zunahme $= 0.0562$.

2) Derselbe Stab wird 180° gedreht um eine horizontale Axe, die senkrecht auf der Mitte der Nadel ist: auf solche Weise lenkt dasselbe Ende die Nadel ab, aber mit entgegengesetztem Magnetismus:

t	φ beobachtet	φ berechnet	Differ.
2'	26°. 52',57	26°. 53',04	— 0',47
3	54,67	54,28	+ 0,39
4	55,00	55,09	— 0,09
5	55,53	55,62	— 0,09
6	55,83	55,96	— 0,13
7	56,13	56,18	— 0,05
8	56,30	56,33	— 0,03
9	56,40	56,42	— 0,02
10	56,60	56,48	+ 0,12

$C' = 8{,}3938$, $q = 1{,}5358$, ganze Zunahme $= 0{,}00480$.

3) Ein Eisenstab von 571,2^{mm} Länge, 14,0^{mm} Breite, 4,1^{mm} Dicke wird senkrecht neben eine Nadel gestellt, so dass die Mitte des Stabes über der Ebene der Nadel um 250,0^{mm} steht:

t	φ beobachtet	φ berechnet	Differ.
2'	19°. 11',59	19°. 11',78	— 0',19
4	14,22	13,95	+ 0,27
6	15,57	15,54	+ 0,03
8	16,22	16,47	— 0,25
10	16,82	17,15	— 0,33
12	17,32	17,57	— 0,25
14	17,62	17,84	— 0,22
16	17,99	18,06	— 0,07
18	18,13	18,14	— 0,01
20	18,36	18,21	+ 0,15

$C' = 10{,}037$, $q = 1{,}5262$, ganze Zunahme $= 0{,}00833$.

4) Derselbe Stab wird um seine Mitte 180° gedreht, so dass das andere Ende mit demselben Magnetismus die Nadel ablenkt

t	φ beobachtet	φ berechnet	Differ.
2'	32°. 0',29	32°. 0',40	− 0',11
4	4,34	3,89	+ 0,45
6	6,01	6.28	− 0,27
8	7,17	7,88	− 0,71
10	8,35	8,96	− 0,61
12	9,27	9,69	− 0,42
14	9,89	10,18	− 0,29
16	10,39	10,51	− 0,12
18	10,73	10.73	0,00
20	11,20	10,89	+ 0,31

$C = 15.999$, $q = 1.4815$, ganze Zunahme $= 0.00467$.

5) Ein anderer Stab von gleicher Breite und Dicke, wie der vorhergehende, aber von 189,0 mm Länge wird in dieselben zwei Stellungen gebracht, und folgende zwei Reihen beobachtet:

t	φ beobachtet	φ berechnet	Differ.
2'	10°. 39',00	10°. 39',44	− 0',44
4	39,58	39,59	− 0,01
6	39,73	39,72	+ 0,01
8	39,76	39,82	− 0,06
10	40,01	39,91	+ 0,10
12	40,06	39,98	+ 0,08
14	40,06	40,03	+ 0,05
16	40,10	40,08	+ 0,02
18	40,03	40,11	− 0,08
20	40,27	40,14	+ 0,13

$C = 1.0274$, $q = 1.2315$, ganze Zunahme $= 0.00159$.

2'	10°. 39',74	10°. 40',15	− 0',41
4	42,10	41,93	+ 0,17
6	43.32	43,23	+ 0,09

t	φ beobachtet	φ berechnet	Differ.
8'	43',98	44',19	— 0',21
10	44,65	44,90	— 0,25
12	45,33	44,42	— 0,09
14	45,83	45,80	+ 0,03
16	46,22	46,06	+ 0,16
18	46,37	46,28	+ 0,09
20	46,85	46,43	+ 0,42

$C = 9.1152$, $q = 1.3609$, ganze Zunahme $= 0,01393$.

3. Induction im Stahle, insbesondere in Magnetstäben.

117. Zu den vorzüglichsten inductionsfähigen Metallen gehört auch der Stahl; er unterscheidet sich dabei von dem Eisen in doppelter Beziehung; dass er nämlich weniger Magnetismus durch Induction annimmt, und von dem einmal angenommenen weniger abgiebt, wenn die inducirende Kraft zu wirken aufhört. — Es wird wohl keine Gelegenheit bei magnetischen Messungen vorkommen, wo die Induction des weichen Stahls mit Vortheil benutzt werden könnte, und wir dürfen deshalb die weitere Untersuchung füglich hier umgehen: dagegen wird es uns von grosser Wichtigkeit sein, die Induction in Magnetstäben genau zu bestimmen, weil der Erfolg magnetischer Messungen, insbesondere der absoluten Intensitäts-Messungen davon abhängt.

118. Zuerst bietet sich die Frage dar, ob und welche Abhängigkeit zwischen dem inducirten und permanenten Magnetismus vorhanden ist.*) Eine Entscheidung erlangt man auf folgende Weise:

Auf die Schiene eines magnetischen Theodoliten lege man

*) Barlow hat die Ansicht aufgestellt, dass in einem Magnet keine Induction statt finde: Kupffer dagegen giebt an, dass ein Magnetstab im Meridian stärker sei, als senkrecht auf dem Meridian.

drei Magnete A, B, C (Fig. 67): ihre Distanzen vom freien Magnete ns seien e, e', e'', ihre magnetischen Momente M, M', M'', und die durch gegenseitigen Einfluss inducirten Momente der Magnete A und B, $\mu M'$ und $\mu' M$, so zwar, dass die Momente sämmtlich als positiv betrachtet werden, wenn sie eine westliche, negativ, wenn sie eine östliche Ablenkung hervorbringen. Man bestimme nun $\varphi, \varphi', \psi, \psi', u$, so dass man hat:

1) A (Nord-westlich) mit B und C, Ablenkung φ

$$\frac{M}{e^3} + \frac{M'}{e'^3} + \frac{M''}{e''^3} + \frac{\mu M'}{e^3} + \frac{\mu' M}{e'^3} = \tfrac{1}{2} X \sin \varphi.$$

2) A allein, Ablenkung φ':

$$\frac{M}{e^3} = \tfrac{1}{2} X \sin \varphi'.$$

3) A (Nord-östlich) mit B und C, Ablenkung ψ:

$$-\frac{M}{e^3} + \frac{M'}{e'^3} + \frac{M''}{e''^3} - \frac{\mu M'}{e^3} - \frac{\mu' M}{e'^3} = \tfrac{1}{2} X \sin \psi.$$

4) A allein, Ablenkung ψ':

$$-\frac{M}{e^3} = \tfrac{1}{2} X \sin \psi'.$$

5) B und C, Ablenkung u:

$$\frac{M'}{e'^3} + \frac{M''}{e''^3} = \tfrac{1}{2} X \sin u.$$

so hat man zur Bestimmung der Induction, wenn sie das magnetische Moment vermehrt:

$$2 \frac{\mu M'}{X e^3} + 2 \frac{\mu' M}{X e'^3} = \sin \varphi - \sin \varphi' - \sin u,$$

und wenn sie das magnetische Moment vermindert:

$$2 \frac{\mu M'}{X e^3} + 2 \frac{\mu' M}{X e'^3} = \sin \psi' + \sin u - \sin \psi.$$

Ist A sehr klein im Verhältnisse zu B, und ausserdem B viel härter, als A, so kann man $\frac{\mu' M}{e'^3}$ vernachlässigen. Unter solchen Umständen sind folgende Versuche angestellt, wobei A zuerst sehr wenig Magnetismus hatte, dann stärker und endlich bis zur Sättigung magnetisirt wurde:

	I.	II.	III.
φ = =	0°. 54′. 15″	7°. 11′. 50″	11°. 58′. 18″
φ' =	1 . 6 . 1	7 . 23 . 47	12 . 10 . 41
ψ =	—0 . 23 . 13	—7 . 4 . 20	—12 . 22 . 13
ψ' =	—0 . 11 . 31	—6 . 53 . 47	—12 . 12 . 26
u =	—0 . 1 . 17	—0 . 0 . 54	— 0 . 1 . 11
Ablenkung A allein =	7 . 59 . 9	—8 . 0 . 43	— 8°. 0 . 12

B und C hatten gleiche Dimensionen, nämlich Länge $144{,}3^{\text{mm}}$, Breite $32{,}0^{\text{mm}}$, Dicke $6{,}5^{\text{mm}}$, und waren vollkommen hart: A war blos gehämmert, (nicht gehärtet), und hatte eine Länge von $85{,}5^{\text{mm}}$, eine Breite von $8{,}5^{\text{mm}}$, und eine Dicke von $4{,}2^{\text{mm}}$. Die Distanzen waren:

$$e = 417{,}5^{\text{mm}},\quad e' = 420{,}6^{\text{mm}},\quad e'' = 216{,}0^{\text{mm}}.$$

Als Resultat erhält man im Vermehrungsfalle:

$$\frac{2\,\mu\,M'}{e^3\,X} = 0.00306 \text{ bei } \frac{2\,M}{e^3\,X} = 0.01920,$$
$$\text{„} \quad = 0.00321 \quad \text{„} \quad \text{„} \quad = 0.12872,$$
$$\text{„} \quad = 0.00319 \quad \text{„} \quad \text{„} \quad = 0.21095,$$

und im Verminderungsfalle

$$\frac{2\,\mu\,M'}{e^3\,X} = 0.00297 \text{ bei } \frac{2\,M}{e^3\,X} = 0.00334,$$
$$\text{„} \quad = 0.00286 \quad \text{„} \quad \text{„} \quad = 0.12006,$$
$$\text{„} \quad = 0.00244 \quad \text{„} \quad \text{„} \quad = 0.21145.$$

Hieraus leiten wir folgende zwei Sätze ab:

1) Dieselbe inducirende Kraft inducirt in einem Stabe mehr Magnetismus im Verminderungs- als im Vermehrungsfalle und zwar sind die Quantitäten bei stark magnetisirten Stäben im Verhältnisse von 4:3.

2) Das inducirte Moment ist im Verminderungsfalle nahe unabhängig vom eigenen magnetischen Moment des Stabes, im Vermehrungsfalle dagegen bleibt das inducirte Moment um so kleiner, je grösser das eigene Moment ist; und zwar ist das inducirte Moment nahe um $\frac{1}{5}$ kleiner, wenn der Stab bis zur

Sättigung magnetisirt ist, als wenn der Stab gar keinen eigenen Magnetismus hat.

Zur Bestättigung des erstern Resultats wollen wir hier noch zwei andere Reihen anführen, wobei die Induction dreier Magnete *A*, *A'*, *A''* bestimmt worden ist.

	A		*A'*		*A''*	
	I.	II.	I.	II.	I.	II.
φ	+50° 7',4	+50° 26',9	+20° 28',5	+20° 48',6	+5° 39',9	+5° 52',3
φ'	+56 21,8	+56 28,1	+23 29,3	+23 36,6	+7 41,5	+7 42,7
ψ	—63 46,0	—63 13,9	—26 44,0	—26 31,8	—9 44,5	—9 28,1
ψ'	—57 35,1	—57 43,0	—24 3,5	—24 6,5	—7 49,9	—7 50,1
u	— 1 23,6	— 1 9,0	— 1 23,6	— 1 9,0	—1 23,6	—1 9,0

Die Dimensionen und Distanzen waren:

A	Länge	167,0 mm . . .	Breite	8,7 mm . . .	Dicke	4,3 mm
A'	„	131,7 . . .	„	8,7 . . .	„	4,3
A''	„	85,3 . . .	„	8,7 . . .	„	4,3
B	„	336,9 . . .	„	19,3 . . .	„	6,3
C	„	85,4 . . .	„	8,7 . . .	„	4,3

$$e = 217{,}5^{\text{mm}} \;.\; e' = 217{,}5^{\text{mm}} \;.\; e'' = 217{,}5^{\text{mm}}.$$

Das Mittel aus beiden Reihen giebt im Verminderungsfalle:

$$A \quad \frac{2\,\mu\,M'}{e^3\,X} = 0.04155 \text{ bei } \frac{2\,M}{e^3\,X} = 0.84480,$$

$$A' \quad „ \quad = 0.02475 \;„\; „ \; = 0.40806,$$

$$A'' \quad „ \quad = 0.01124 \;„\; „ \; = 0.13630.$$

und im Vermehrungsfalle:

$$A \quad \frac{2\,\mu\,M'}{e^3\,X} = 0.02785 \text{ bei } \frac{2\,M}{e^3\,X} = 0.83306,$$

$$A' \quad „ \quad = 0.01793 \;„\; „ \; = 0.39954,$$

$$A'' \quad „ \quad = 0.00835 \;„\; „ \; = 0.13402.$$

Das Verhältniss des inducirten Moments in beiden Fällen ist genau, wie oben 4:3. Die etwas grössern Abweichungen bei Magnet *A* erklären sich leicht dadurch, dass die Induction sehr stark war, und auf die Zeit nicht genau Rücksicht genommen worden ist.

119. Bei magnetischen Messungen ist es immer nöthig, Magnete zu gebrauchen, die stark magnetisirt sind, und deren Magnetismus nahe constant bleibt. In diesem Falle wird also das Verhältniss des eignen Moments zum Momente, welches durch eine Kraft $= 1$ inducirt wird, ebenfalls constant sein. Wir wollen dieses Verhältniss $= k$ setzen und annehmen, dass k für das arithmetische Mittel aus der Induction im Verminderungs- und im Vermehrungsfalle gelte, woraus dann der eigentliche Coëfficient im Verminderungsfalle $= \frac{8}{7} k$ und im Vermehrungsfalle $= \frac{6}{7} k$ folgt.

120. Wir wollen nun die Mittel kennen lernen, durch welche man eine genaue Bestimmung des in Magneten durch die Erde inducirten Moments erhält. Es sei ab (Fig. 68) der magtische Meridian, ns eine freie Nadel, NS ein Magnetstab, welcher in der auf ns senkrechten Ebene nach §. 26b vertical festgemacht ist, und der die Nadel ns um den Winkel $acn = \varphi$ ablenkt. Giebt man dem Magnet die Lage $N'S'$ in derselben Verticallinie, aber eben so weit über der Horizontalebene der Nadel, als er das erstemal darunter war, so bleiben seine sämmtlichen Elemente in derselben Entfernung von ns, und die Ablenkung wird dieselbe sein, in so fern man nur den permanenten Magnetismus in Betracht zieht. Anders verhält es sich mit dem inducirten Magnetismus: in der untern Stellung inducirt der verticale Erdmagnetismus einen Nordpol in N, und einen Südpol in S: in der obern Stellung ist dagegen der inducirte Südpol in N und der Nordpol in S. Nennen wir demnach das inducirte Moment, welches dem verticalen Erdmagnetismus proportional sein wird, im ersten Falle μY, im zweiten $\mu' Y$, dann die correspondirenden Ablenkungswinkel φ und φ', so haben wir:

$$\frac{M + \mu Y}{X} = A \sin \varphi,$$

$$\frac{M - \mu' Y}{X} = A \sin \varphi',$$

woraus folgt:

$$\frac{1}{2} \frac{\mu + \mu'}{M} = k = \frac{\operatorname{tg} \frac{1}{2} (\varphi - \varphi')}{Y \operatorname{tg} \frac{1}{2} (\varphi + \varphi')} = \frac{\operatorname{tg} \frac{1}{2} (\varphi - \varphi')}{X \operatorname{tg} i \operatorname{tg} \frac{1}{2} (\varphi + \varphi')}.$$

121. Um practisch die Inductions-Bestimmung auszuführen, bedarf man der (Fig. 69) dargestellten Vorrichtung. Die freie Nadel hängt im Gehäuse *kk*; der Ring *RR* wird auf die drei Schraubenspitzen n, n', n'' hingelegt: seine Stellung in horizontalem Sinne ist bestimmt durch die zwei Lager a, b, wo die Cylinder α, β zu liegen kommen, und durch den Stift d, der an der innern Fläche des Ringes angedrückt sein muss. Ist das Instrument vollkommen berichtigt, so wird der Ring, wenn er auf den Spitzen n, n', n'' liegt, horizontal, und die Querschiene *AB* genau vertical sein: alsdann darf man nur den Magnet in *NS* und *N'S'* befestigen, und die Ablenkungen φ und φ' messen, so giebt die obige Formel den Betrag der Induction.

Um die Winkel messen zu können, wird der ganze Apparat auf der Alhidade eines magnetischen Theodoliten festgemacht.

Unterdessen ist es nicht möglich die Berichtigung des Instruments genau auszuführen; deshalb werden Umlegungen vorgenommen, wodurch die verschiedenen Fehler sich zuletzt eliminiren: und zwar kann man den Ring umlegen, so dass die obere Seite unten zu liegen kommt: ferner kann man den Magnet auf zweifache Weise umlegen, indem man einmal die Pole umkehrt, was mit „Nord inwendig“, „Nord auswendig“ bezeichnet wird, und indem man ihn von der einen Seiten der Schiene *A* auf die Seite *B* hinübersetzt. Die Einrichtung einer vollständigen Messung ist, wie folgt:

		Ablesung des Kreises.
Magnet auf Seite *A*; Nord inwendig	Nord unten	$= v_1$
	Nord oben	$= v_2$
Magnet auf Seite *B*; Nord inwendig	Nord unten	$= v_3$
	Nord oben	$= v_4$

	Ablesung des Kreises.
Magnet auf Seite B; Nord auswendig	Nord unten $= v_5$ Nord oben $= v_6$
Magnet auf Seite A; Nord auswendig	Nord unten $= v_7$ Nord oben $= v_8$

Setzt man dann:

$$\varphi = \tfrac{1}{8}(v_5 + v_6 + v_7 + v_8 - v_1 - v_2 - v_3 - v_4),$$

$$\delta\varphi = \tfrac{1}{4}(v_1 - v_2 + v_3 - v_4 + v_5 - v_6 + v_7 - v_8),$$

so erhält man den Betrag des inducirten Magnetismus durch die dem obigen Ausdrucke analogen Formel:

$$k = \frac{\operatorname{tg} \frac{1}{2} \delta\varphi}{X \operatorname{tg} i \operatorname{tg} \varphi}.$$

Hier zur Erläuterung als Beispiel die Inductions-Bestimmung des Magnets No. XIV. im Münchener Observatorium:

Mai 2. 1845.	Variations-Instrumente. Declinat.	Intensit.
$v_1 = 35^\circ\, 46'.\, 40''$	77,8	+ 5,0
$v_2 = 36.\,16.\,36$	77,8	+ 5,2
$v_3 = 36.\,23.\,52$	77,5	+ 4,7
$v_4 = 36.\,35.\,40$	77,5	+ 4,9
$v_5 = 41.\,13.\,50$	78,0	+ 5,1
$v_6 = 41.\,30.\,36$	78,0	+ 5,3
$v_7 = 40.\,36.\,32$	78,0	+ 5,2
$v_8 = 41.\,22.\,24$	78,0	+ 5,3

Die Variationen sind in diesem Falle so gering, dass man darauf keine Rücksicht zu nehmen braucht, und man hat:

$$\delta\varphi = 26',18$$
$$\varphi = 51^\circ\, 16',73$$
$$X = 1.938$$
$$i = 65^\circ\, 10', \text{ folglich}$$
$$k = 0.0007407.$$

122. Der Inductions-Coëfficient, sowie der Temperatur-Coëfficient muss für jeden Magnet eigens bestimmt werden; er hängt übrigens, eben so wie der Temperatur-Coëfficient vorzugsweise von dem Grade der Härte und von der Dicke des Magnets ab. Am besten ersieht man die Verschiedenheit aus folgender Versuchsreihe, die im Münchener Observatorium angestellt worden ist. Die Magnete waren jedesmal nahe bis zur Sättigung magnetisirt:

Zeit.	Dimensionen in Pariser Linien.			Inductions-Coëfficient	Benennung und Bemerkungen.
	Länge.	Breite.	Dicke.		
1842.					
Mai 18.	47,1‴	10,2‴	1,0‴	0.001098	Magnet Nr. V.
18.	47,0	3,9	1,0	0.000938	„ „ VI.
19.	36,0	6,3	1,7	0.001310	„ „ A.
„	67,5	6,2	2,0	0.001219	„ „ B ganz hart.
„	67,5	6,2	2,0	0.001972	„ „ B blau angelassen.
„	67,5	6,2	2,0	0.001982	„ „ B - -
20.	47,1	10,2	1,0	0.000759	„ „ V.
21.	47,0	3,9	1,0	0 000791	„ „ VI sehr genau.
23.	67,5	6,2	2,0	0.001087	„ „ B wieder ganz hart.
„	84,8	5,1	0,2	0.000595	„ „ C Stück Uhrfeder.
„	68,7	4,1	0,7	0.000534	„ „ D.
„	47,1	10,2	1,0	0.000762	„ „ V neu magnetisirt.

Um die Induction bei grossen Stäben nach der oben angegebenen Methode zu messen, würde es nöthig sein, eigene kolossale Vorrichtungen herzustellen, und es ist bisher aus diesem Grunde keine Messung dieser Art vorgenommen worden, mit Ausnahme einer einzigen, die ich mit einem 4pfündigen Göttinger Stabe gemacht habe, und die als Resultat ergab: $k = 0{,}00205$.

123. Wir haben noch eine Eigenthümlichkeit des Stahles, bezüglich auf Induction, zu untersuchen, wovon bereits oben Erwähnung gemacht worden ist, dass nämlich der Stahl, so wie er weit mehr, als Eisen, der Inductions-Erregung Widerstand entgegensetzt, so auch weit weniger geneigt ist, von dem einmal inducirten Momente wieder abzugeben. Es ist einleuchtend, dass hiedurch permanente Aenderungen in dem magnetischen Zustande einer Nadel entstehen können. Folgende Experimente geben darüber nähere Bestimmung. Ein Magnet A (Fig. 66) wird auf die Schiene eines magnetischen Theodoliten hingelegt, und die

Ablenkung gemessen; man legt alsdann einen zweiten Magnet *B* hin, lässt ihn 3 Minuten liegen und entfernt ihn, worauf die Ablenkung wieder gemessen wird. Der zweite Magnet inducirt im ersten entweder verstärkend oder schwächend, und der übrig bleibende permanente Einfluss ergiebt sich sogleich durch die zweite Ablesung. In folgenden Zusammenstellungen ist die ursprüngliche Ablesung von den folgenden abgezogen: + bedeutet, dass der Magnet gewonnen, —, dass er verloren habe.

1) Der zu untersuchende Magnet *A* (blau angelassen), (Länge 89,6^{mm}, Breite 7,3^{mm}, Dicke 3,4^{mm}), lenkt die Nadel 54°48′ ab in einer Entferrnung von 180,5^{mm}. Der inducirende Magnet hat 338,0^{mm} Länge, 19,2^{mm} Breite, 6,4^{mm} Dicke, und ein magnetisches Moment von 31022.8570. Die Entfernung der Mittelpunkte der beiden Magnete, wenn der zweite aufgelegt war, betrug 225,8^{mm}.

Induction schwächend . . .	— 2,82
- - . . .	— 3,72
- - . . .	— 4,33
- - . . .	— 5,67
- - . . .	— 6,27
- - . . .	— 6,62
- - . . .	— 7,50
- - . . .	— 8,04
- - . . .	— 8,80
- - . . .	— 9,72
Induction verstärkend . . .	— 8,03
- - . . .	— 8,46
- - . . .	— 8,26

2) Einige Stunden später wurde der Versuch wiederholt, aber so, dass die Induction zuerst verstärkend wirkte; Ablenkung 54°20′.

Induction verstärkend . . . + 1,60
- - . . . + 0,88
- - . . . + 0,42
Induction schwächend . . . — 1,67
- - . . . — 2,49
- - . . . — 2,51
- - . . . — 2,96
- - . . . — 3,10
- - . . . — 3,26

3) Mit einem zweiten Magnet *B* (ganz hart), Länge 90,0mm, Breite 6,8mm, Dicke 3,3mm, wurde eine ähnliche Versuchsreihe vorgenommen. Die Entfernung von der freien Nadel war 176,8mm; die Ablenkung betrug 39°. 30′. Der inducirende Magnet war derselbe wie oben, und die Distanz der Mittelpuncte des Magnets ebenfalls dieselbe.

Induction schwächend . . . — 0,55
- . . . — 0,67
- . . . — 0,98
- . . . — 1,14
- . . . — 1,47
- . . . — 1,44
verstärkend . . . — 0,37
- . . . — 0,34
- . . . + 0,04
- . . . — 0,14

4) Den folgenden Tag wurde der Versuch wiederholt und mit „Induction verstärkend“ angefangen:

Induction verstärkend . . . + 0,33
- . . . + 0,44
- . . . + 0,70

Induction verstärkend	. . .	+ 0,60
-	. . .	— 0,46 *)
schwächend	. . .	+ 2,18
-	. . .	+ 2,12
-	. . .	— 2,12
-	. . .	— 2,55
-	. . .	— 3,20
-	. . .	— 2,68

Mit dem Magnet *A* waren schon eine grosse Anzahl ähnlicher Versuche vorher gemacht worden, so dass er bereits einen constanten Stand hätte erlangt haben sollen. Der Magnet *B* wurde Anfangs constant gemacht durch Eintauchen in warmes und kaltes Wasser; auch war er vor dieser Operation bei mehreren, den obigen ähnlichen Versuchen gebraucht worden.

Aus den angeführten Versuchen kann man folgende Sätze ableiten:

a) Wenn die Induction dem magnetischen Momente entgegenwirkt, so entsteht eine permanente Schwächung, die das erste Mal beträchtlich ist, bei jeder folgenden Wiederholung geringer wird, bis zuletzt ein scheinbar constanter Stand eintritt: dieser constante Stand gilt aber nur für die Dauer der Versuche, und einige Stunden später ist der Magnet eben so sehr, wie zuvor, für neue Schwächung empfänglich.

b) Wenn die Induction verstärkend wirkt, so bleibt eine constante Aenderung übrig, und zwar das erste Mal eine beträchtliche Vermehrung, bisweilen das zweite und dritte Mal auch noch eine kleine Vermehrung; das so gewonnene Moment nimmt aber wieder bei folgenden Wiederholungen ab.

Dem Vorhergehenden zufolge ist anzunehmen, dass der Erdmagnetismus das magnetische Moment einer Nadel permanent

*) Ohne Zweifel die Ablesung um 1′ zu klein, alsdann wäre das Resultat + 0′,54.

ändern könne, und dass es demnach nicht gleichgültig sei, welche Lage man einer Nadel gebe, wenn sie ihre Kraft unverändert behalten soll. Höchst merkwürdig ist der Umstand, dass eine Nadel immer empfänglich bleibt für Schwächung und Verstärkung, selbst wenn sie vorher einen scheinbar constanten Stand erlangt hat. Eine ähnliche Bewandtniss hat es mit dem Einflusse der Wärme, wie aus §. 101 zu ersehen ist.

IX. Abschnitt.

Reduction auf einen Normalstand.

In dem Magnetismus der Erde tritt niemals Stillstand ein: alle Elemente sind in beständiger bald grösserer, bald kleinerer Bewegung begriffen, und es ist nöthig bei jeder magnetischen Messung, wo ein höherer Grad von Genauigkeit erzielt werden soll, auf diese Bewegung Rücksicht zu nehmen. Aehnliche Bewandniss hat es mit der Temperatur, die auch auf längere Zeit niemals sich gleich bleibt, und deren Aenderungen gleich jenen des Erdmagnetismus in Rechnung zu bringen sind.

124. Die magnetischen Bewegungen werden an eigenen Instrumenten beobachtet, die man Differential- oder Variations-Instrumente nennt, und die mit Scalen versehen sind. Bei den Scalen ist sowohl die Grösse der Theilstriche, als auch die Richtung, nach welcher die Zahlen zunehmen, im Grunde ganz willkürlich: jedoch ist es eine grosse Erleichterung für magnetische Rechnungen, wenn die Theilstriche einen bequemen Werth haben — z. B. bei der Declinations-Scala 1 Thlstr. = 0′,5 oder = 1′; bei der Intensitäts-Scala 1 Thlstr. = 0,0001 oder = 0,0002 —

ebenso sollte man zur Vermeidung von Missverständniss die Scalen immer so beziffern, dass zunehmende Zahlen einer Zunahme der absoluten Werthe entsprechen, oder wenigstens sollte man die Zahlen im entgegengesetzten Falle immer als negativ mit — bezeichnen. Ich setze bei allen spätern Entwickelungen voraus, dass die letztere Bedingung berücksichtiget sei, ferner dass die Bezifferung der Theodoliten-Kreise von Nord über West bis 360° gehe; zugleich bezeichne ich den in einem bestimmten Augenblicke auf der Scala abgelesenen Stand der Declination, Intensität und Inclination mit n, n', n''; die Normalstände, auf welche reducirt wird mit N, N', N'', und die Werthe der Scalatheile mit ε, ε', ε *). Nennt man δ_0, X_0, i_0 die absolute Declination, Intensität und Inclination, welche den Theilstrichen N, N', N'' entsprechen, so hat man für die Stände n, n', n'' die absoluten Werthe:

$$\delta_0 + (n - N)\,\varepsilon$$
$$X_0\,[1 + (n' - N')\,\varepsilon']$$
$$i_0 + (n'' - N'')\,\varepsilon''$$

123. Was die Temperatur betrifft, so hat sie nicht auf die magnetischen Elemente, sondern auf die Kraft der Magnete und die Dimensionen der Metalltheile Einfluss, und zwar hat man bei der Temperatur

a) das magnetische Moment einer Nadel $= M_0\,[1 - \alpha\,(t - t_0)]$;

b) das Trägheitsmoment einer Nadel $= K_0\,[1 + \beta'\,(t - t_0)]^2$ $= K_0\,[1 + 2\beta'\,(t - t_0)]$;

---

*) Diess sind die verbesserten Werthe, wobei die Torsion und die Dicke der Spiegel und Plangläser, und der Einfluss der sonst im Observatorium befindlichen Instrumente in Rechnung gebracht sind. Als Variationen der Inclination werden nicht die unmittelbaren Ablesungen, sondern die Stände, die man erhält, wenn die gleichzeitigen Declinationsänderungen eingerechnet sind, betrachtet. Aehnliches gilt von den Itensitätsvariationen, wenn die Bewegungen des Intensitäts-Instruments von den Declinationsänderungen abhängen.

c) das Trägheitsmoment eines Messingringes, wie sie zur Belastung der Magnete gebraucht werden $= R_0 [1 + \beta (t - t_0)]^2 = R_0 [1 + 2\beta (t - t_0)]$;

d) die Ablenkungs-Distanz auf einer Messingschiene gemessen $= e [1 + \beta (t - t_0)]$,

wenn M_0, K_0, R_0, e_0 für die Normal-Temperatur t_0 gelten.

Wir wollen nun die zwei vorzüglichsten Fälle, wo der Einfluss der magnetischen Variationen und der Temperatur zu berücksichtigen sind, näher betrachten.

126. Die Reduction gemessener Declinations-Winkel auf einen Normalstand N besteht einfach darin, dass man $-(n - N)\,\varepsilon$ beifügt, wie aus folgendem Beispiele zu ersehen ist:

Messung der absoluten Declination im magnetischen Observatorium in München, den 28. Juni 1847: Werth eines Theilstriches $\varepsilon = 0',525$; Normaldeclination = 60. Nach je zwei Beobachtungen ist der Magnet umgelegt worden.

Beobachteter Winkel.	Correspondirender Stand der Declination.	Winkel, reducirt auf 60 der Declinations-Scala.
1° 58,05'	44,0	2° 6,45
1 57,82	43,7	2 6,38
umgelegt		
1 26,30	45,0	1 34,17
1 26,47	45,0	1 34,34
umgelegt		
2 7,45	61,4	2 6,72
2 7,38	61,3	2 6,70
umgelegt		
1 34,75	60,4	1 34,54
1 34,68	60,2	1 34,58
umgelegt		
2 5,18	57,3	2 6,60
2 5,12	57,2	2 6,59
umgelegt		
1 32,35	56,0	1 34,45
1 32,35	56,0	1 34,45

Bei Reduction von Declinationsbestimmungen kommt der

Einfluss der Temperatur nicht in Betracht, weil er nur unter abnormen Verhältnissen merklich sein wird *).

127. Bei Reduction von Ablenkungs-Beobachtungen kommen zuerst die Declinations-Aenderungen zu berücksichtigen. Ich setze voraus, dass man vor der Ablenkung die Mittelrichtung, oder die Einstellung, welche dem Normalstande N der Declinations-Scala entspricht, bestimmt, und $= V_0$ gefunden habe. Ist dann die Ablesung des Theodoliten-Kreises bei einer Ablenkung westlich v_1, und hat man gleichzeitig den Stand der Declination $= n_1$ gefunden, so ist die wahre Mittelrichtung $= V_0 + (n_1 - N)\,\varepsilon$, und man hat daher den eigentlichen Ablenkungs-Winkel:

$$= v_1 - [V_0 + (n_1 - N)\,\varepsilon] = v_1 - (n_1 - N)\,\varepsilon - V_0$$

Wäre die Ablenkung östlich, so hätte man den Ablenkungs-Winkel

$$= V_0 + (n_1 - N)\,\varepsilon - v_1 = V_0 - [v_1 - (n - N)\,\varepsilon]$$

Will man demnach die Mittelrichtung als constant betrachten, so muss man die abgelesenen Ablenkungs-Winkel vermindern um $(n - N)\,\varepsilon$. Bei Bestimmung des Temperatur-Coëfficienten und ähnlichen Messungen, wo es hauptsächlich auf die Aenderung der Ablenkungen ankommt, bringt man die Declinations-Variationen in obiger Weise in Rechnung.

Wenn man Ablenkungen zur Bestimmung der absoluten Intensität vornimmt mit vier Einstellungen v_1, v_2 (westlich vom magnetischen Meridian), v_3, v_4 (östlich), so hat man, wenn die correspondirenden Ablesungen der Declinations-Scala n_1, n_2, n_3, n_4 sind, die vier Winkel:

---

*) Es ist nicht unwahrscheinlich, dass die magnetische Axe durch Temperatur-Einflüsse ihre Lage ändere; besonders wenn die Temperatur eine Aenderung in der Vertheilung des Magnetismus bewirkt: die Beobachtung hat jedoch einen solchen Erfolg noch nicht nachgewiesen.

$$v_1 - [V_0 + (n_1 - N)\varepsilon]$$
$$v_2 - [V_0 + (n_2 - N)\varepsilon]$$
$$V_0 + (n_3 - N)v - {}_3$$
$$V_0 + (n_4 - N)\varepsilon - v_4$$

Das Mittel dieser vier Winkel (welches bei der Intensitäts-Berechnung gebraucht wird, und welches wir (§. 24) mit φ bezeichnet haben), ist:

$$\varphi = \tfrac{1}{4}(v_1 + v_2 - v_3 - v_4) - \tfrac{1}{4}(n_1 + n_2 - n_3 - n_4)\varepsilon$$

Die Verbesserung eines Ablenkungs-Winkels wegen der Declinations-Variationen ist also $-\frac{1}{4}(n_1 + n_2 - n_3 - n_4)\varepsilon$.

128. Ausserdem müssen die Aenderungen der Temperatur und Intensität in Rechnung gebracht werden. Hat man für die Einstellungen v_1, v_2, v_3, v_4 die correspondirenden Stände der Intensitäts-Scale gefunden $= n'_1$, n'_2, n'_3, n'_4, so entspricht dem mittlern Resultate φ das arithmetische Mittel $\frac{1}{4}(n'_1 + n'_2 + n'_3 + n'_4)$, was wir mit n' bezeichnen wollen.

Man könnte auf gleiche Weise bei jeder Einstellung die Temperatur ablesen, und das arithmetische Mittel t' als die der Ablenkung φ entsprechende Temperatur betrachten; gewöhnlich ist indessen die Aenderung der Temperatur nicht bedeutend, oder vielmehr man muss bedeutende Aenderungen vermeiden: alsdann begnügt man sich in der Mitte der Operation nach der Beobachtung von v_2 die Temperatur t' abzulesen, und diese für die Ablenkung gelten zu lassen. Das Verhältniss der Intensität zu Ablenkungen senkrecht auf der Länge der Nadel ist gegeben durch die Gleichungen §§. 19 u. 21; setzen wir in dem Ausdrucke $\frac{e^3 X}{M}\sin\varphi$ die Werthe $X_0[1 + (n' - N')\varepsilon']$ und $M_0[1 + \alpha(t' - t_0)]$ $e_0[1 + \beta(t' - t_0)]$, anstatt X und M, e, so haben wir:

$$\frac{e^3 X}{M}\sin\varphi = e_0^3 \frac{X_0}{M}\sin\varphi[1 + 3\beta(t' - t_0)][1 + \alpha(t - t_0)][1 + (n - N')\varepsilon']$$
$$= e_0^3 \frac{X_0}{M}\sin[\varphi + (\alpha + 3\beta)(t' - t_0)\operatorname{tg}\varphi + (n' - N')\varepsilon' \operatorname{tg}\varphi].$$

Wo man blos sin φ braucht, ist es am bequemsten, dieses allein oder vielmehr den Logarithmus zu corrigiren; man hat nämlich für die Normal-Temperatur und Intensität t_0 und X_0

$$\log \sin \text{Ablenkungs-Winkel} = \log \sin \varphi + 0{,}4343\,(\alpha + 3\,\beta)\,(t' - t_0) + 0{,}4343\,\varepsilon'\,(n' - N').$$

Braucht man aber den Winkel selbst, so muss man diesen corrigiren durch Hinzufügung von

$$(\alpha + 3\,\beta)\,(t' - t_0)\,\mathrm{tg}\,\varphi + (n' - N')\,\varepsilon'\,\mathrm{tg}\,\varphi \text{ (in Bogen) oder}$$

$$(t' - t_0)\,\frac{\alpha + 3\beta}{\sin 1'}\,\mathrm{tg}\,\varphi + (n' - N')\,\frac{\varepsilon'}{\sin 1'}\,\mathrm{tg}\,\varphi \text{ (in Minuten).}$$

Folgendes Beispiel wird dies erläutern:

Messung von Ablenkungs-Winkeln im magnetischen Observatorium bei München den 28. April 1845.

Werth eines Scalatheils bei der Declination $\varepsilon' = 0',525$; bei der Intensität $\varepsilon' = 0.00012$; Temperatur-Coëfficient $\alpha = 0.000255$; Ausdehnungs-Coëfficient des Messings $\beta = 0.0000215$; Normal-Intensität $= +5{,}0$; Normal-Temperatur $= +10^0$

	Ablenkungen.	Declinations-Scala.	Intensitäts-Scala.	Temperatur t'
φ	$v_1 = 16^\circ\ 29'\ 8''$	$n_1 = 76{,}3$	$n'_1 = 4{,}3$	$+ 9^\circ{,}7$
	$v_2 = 14\ \ 5\ \ 0$	$n_2 = 76{,}2$	$n'_2 = 5{,}1$	
	$v_3 = 279\ \ 53\ \ 12$	$n_3 = 76{,}0$	$n'_3 = 5{,}3$	
	$v_4 = 280\ \ 8\ \ 50$	$n_4 = 76{,}0$	$n'_4 = 6{,}0$	

$$\varphi = \tfrac{1}{4}(v_1 + v_2 - v_3 - v_4) - \tfrac{1}{4}(n_1 + n_2 - n_3 - n_4)\,\varepsilon = 47^\circ.38',02 - 0{,}12\,\varepsilon = 47^\circ.37',961$$

$$n' = \tfrac{1}{4}(n'_1 + n'_2 + n'_3 + n'_4) = 5{,}18 \ldots t' = +9^\circ{,}7.$$

$$\text{Correct. wegen Ungleichheit der Winkel} = -\tfrac{1}{2}(2^\circ{,}4^2 + 0^\circ{,}25^2)\,0',303 = -0',88 \text{ [§ 24.(1)].}$$

	Ablenkungen.	Declinations-Scala.	Intensitäts-Scala	Temperatur t'
	$_1 = 333°$ 5′ 50″	$n_1 = 76{,}6$	$n'_1 = 4{,}5$	
ψ	$_2 = 333$ 0 22	$n_2 = 76{,}3$	$n'_2 = 4{,}3$	$+ 9°{,}65$
	$_3 = 322$ 20 42	$n_3 = 76{,}2$	$n'_3 = 4{,}2$	
	$v_4 = 322$ 21 16	$n_4 = 76{,}2$	$n'_4 = 4{,}2$	

$$\psi = \tfrac{1}{4}(v_1 + v_2 - v_3 - v_4) - \tfrac{1}{4}(n_1 + n_2 - n_3 - n_4)\,\varepsilon = 5°\ 21{,}'12 - 0{,}12\,\varepsilon = 5°\ 21{,}'\ 6$$

$$n' = \tfrac{1}{4}(n'_1 + n'_2 + n'_3 + n'_4) = +\,4{,}30\ \ldots\ t' = 9°{,}65$$

Corr. wegen Ungleichheit der Winkel $= -\tfrac{1}{2}(0.09^2 + 0^2{,}01^2)\,1'{,}92$
$= -\,0'.01.$

	Ablenkungen.	Declinations-Scala.	Intensitäts-Scala	Temperatur t'
	$v_1 = 344°$ 26′ 18″	$n_1 = 77{,}9$	$n'_1 = 1{,}9$	
φ'	$v_2 = 344$ 13 2	$n_2 = 77{,}8$	$n'_2 = 1{,}8$	$+ 9°{,}65$
	$v_3 = 311$ 17 18	$n_3 = 77{,}9$	$n'_3 = 1{,}8$	
	$v_3 = 310$ 54 30	$n_4 = 77{,}9$	$n'_4 = 2{,}2$	

$$\varphi' = \tfrac{1}{4}(v_1 + v_2 - v_3 - v_4) - \tfrac{1}{4}(n_1 + n_2 - n_3 - n_4)\,\varepsilon = 16°\ 36{,}'88 + 0{,}025\,\varepsilon = 16°\ 36{,}'89$$

$$n = \tfrac{1}{4}(n'_1 + n'_2 + n'_3 + n'_4) = +\,1{,}92\ \ldots\ t' = 9°{,}65$$

Corr. wegen Ungleichheit der Winkel $= -\tfrac{1}{2}(0°.22^2 + 0°.38^2)\,0'.61$
$= -\,0'.\,06.$

	Ablenkungen.	Declinations-Scala.	Intensitäts-Scala	Temperatur t'
	$v_1 = 330°$ 12′ 30″	$n_1 = 76{,}7$	$n'_1 = 4{,}7$	
ψ'	$v_2 = 330$ 11 44	$n_2 = 76{,}7$	$n'_2 = 4{,}6$	$+ 9°{,}8$
	$v_3 = 325$ 13 46	$n_3 = 77{,}0$	$n'_3 = 4{,}2$	
	$v_4 = 325$ 11 54	$n_4 = 77{,}0$	$n'_4 = 4{,}2$	

$$\psi' = \tfrac{1}{4}(v_1 + v_2 - v_3 - v_4) - \tfrac{1}{4}(n_1 + n_2 - n_3 - n_4)\,\varepsilon = 2°\ 29{,}'64 + 0{,}15\,\varepsilon = 2°\ 29{,}'71$$

$$n' = \tfrac{1}{4}(n'_1 + n'_2 + n'_3 + n'_4) = +\,4{,}42\ \ldots\ t' = +\,9°{,}8.$$

Corr. wegen Ungleichheit der Winkel $= -\tfrac{1}{2}(0°.01^2 + 0°.\,03^2)\,2'.\,5$
$= -\,0'.00.$

Zur Reduction auf eine Normal-Temperatur und Intensität hat man folgende Formeln :

$$\log \sin \varphi + 0.0001389\,(t - t_0) + 0.0000521\,(n' - N')$$
$$\log \sin \psi + 0.0001389\,(t - t_0) + 0.0000521\,(n' - N')$$
$$\log \sin \varphi' + 0.0001389\,(t - t_0) + 0.0000521\,(n' - N')$$
$$\log \sin \psi' + 0.0001389\,(t - t_0) + 0.0000521\,(n' - N'),\ \text{oder}$$

$$\varphi + 1{,}'206\,(t - t_0) + 0{,}'452\,(n - N)$$
$$\psi + 0{,}103\,(t - t_0) + 0{,}039\,(n - N)$$

$$\varphi' + 0{,}328\,(t - t_0) + 0{,}123\,(n - N)$$
$$\psi' + 0{,}048\,(t - t_0) + 0{,}018\,(n - N),$$

folglich für die Normal-Temperatur $= 10^\circ{,}0$ und Normal-Intensität $= 5{,}0$ folgende Werthe (wobei die Correction wegen Ungleichheit der Ablenkungswinkel eingerechnet ist):

9.86853 — 0.00004 + 0.00001 = 9 86850
8.96967 — 0.00005 — 0.00004 = 9.96958
9.45627 — 0.00005 — 0.00016 = 8.45606
8.63884 — 0.00003 — 0.00003 = 8.63878, oder
47° 37',08 — 0',36 + 0',01 = 47° 36,73
5 21,05 — 0,04 — 0,03 = 5 20,98
16 36,83 — 0,11 — 0,47 = 16 36,25
2 20,71 0,01 0,01 = 2 20,60

129. Bei Ablenkungen, wo der Ablenkungs-Magnet senkrecht auf dem magnetischen Meridian ist, gelten die Gleichungen (§. 22) und man erhält demnach, wenn man den Einfluss der Temperatur und Intensitäts-Aenderungen berücksichtiget, Formeln, die ganz den vorhergehenden ähnlich sind, und blos dadurch sich unterscheiden, dass die Tangente des Ablenkungswinkels an die Stelle des Sinus kommt; man hat daher:

$$\log \operatorname{tg} \text{Ablenkungs-Winkel} = \log \operatorname{tg} \varphi + 0{,}4343\, \alpha\, (t - t_0) + 0{,}4343\, \varepsilon' \,(n' - N').$$

Will man den Ablenkungswinkel selbst corrigiren, so muss man $+ \alpha\,(t - t_0) \cos^2 \varphi + (n' - N')\, \varepsilon \cos^2 \varphi$ (in Bogen) hinzufügen.

130. Auch auf die Schwingungszeit eines Magnets haben Aenderungen der Temperatur und Intensität Einfluss; es ist jedoch im Allgemeinen sehr schwierig, anzugeben, welche Temperatur und Intensität der Schwingungsdauer entsprechen. Einige Beobachter zeichnen, während der Magnet schwingt, in gleichen Intervallen, etwa von 10 zu 10, oder von 5 zu 5 Minuten, Temperatur und Intensität auf, und nehmen daraus die arithmethischen Mittel; andere lassen das Mittel aus den am Anfange und Ende aufgezeichneten Ständen für das ganze Intervall gelten. Es ist wohl am geeignetsten zur Bestimmung der Schwingungsdauer nur kurze Intervalle zu nehmen, und die Temperatur und Intensität nach der letztern Methode zu bestimmen *).

Das Verhältniss der Schwingungszeit wird ausgedrückt durch die Gleichung (2) §. 39. Setzen wir $M_0\,[1-\alpha\,(t-t_0)]$, $X_0\,[1+(n'-N')\,\varepsilon']$ und $K_0\,[1+2\beta'\,(t-t_0)]$ für M, X und K, so haben wir:

$$M_0\,X_0 = \frac{\pi^2 K_0\,[1+2\beta(t-t_0)]}{T^2\,[1+(n'-N')\varepsilon'][1-\alpha(t-t_0)]} = \frac{\pi_2\,K_0}{[T[1+\frac{1}{2}(n'-N')\varepsilon'][1-(\frac{1}{2}+\beta)(t-t_0)]]^2}$$

Die Schwingungszeit also, welche der Normal-Temperatur und Intensität entspricht, ist:

$$T\,[1+\tfrac{1}{2}\,(n'-N')\,\varepsilon]\,[1-(\tfrac{1}{2}\,\alpha+\beta')\,(t-t_0)]$$

oder da man immer nur den Logarithmus der Schwingungszeit braucht:

$$\log \text{Schwingungszeit} = \log T + 0{,}2171\,\varepsilon(n'-N') - 0{,}4343\,(\tfrac{1}{2}\alpha+\beta t, - t_0).$$

Was die Schwingungen mit belastetem Magnete betrifft, so ist es zweckmässig, die Temperatur und Intensität, bei welcher sie angestellt sind, als Normal-Temperatur und Intensität zu betrachten, und auf diese die einfachen Schwingungen, die damit combinirt werden sollen, zu reduciren. (§. 186.)

Das oben §. 53 gegebene Beispiel kann zur Erläuterung dienen. Das arithmetische Mittel beider Bestimmungen ist $\log T = 0{,}64184$, Intensit. $n = -33{,}85$, Temperat. $t = +\,7{,}7^{\circ}$. Um diese Bestimmung auf eine Normal-Temperatur und Intensität zu reduciren, hat man, wie oben $\varepsilon = 0{,}00012$, $\alpha = 0{,}000255$, dann $\beta' = 0{,}0000135$, mithin die Corrections-Formel $+\,0{,}0000260\,(n'-N')$ $-\,0.0000612\,(t-t_0)$. Setzen wir also die Normal-Intensität N

---

*) Einige Beobachter haben die Magnete eine ganze Stunde oder noch länger schwingen lassen, und höchstens ein paar Mal die Temperatur und Intensität bemerkt. Es ist offenbar, dass auf solche Weise keine genaue Bestimmung zu erhalten ist. Ich selbst habe nie grössere Intervalle genommen, als 5 bis 7 Minuten, und am Anfang und Ende die Intensität, die Temperatur aber gewöhnlich nur am Ende abgelesen.

$= -36{,}0$, die Normal-Temperatur $t_0 = 7{,}^\circ 8$, so haben wir den Logarithmus der Schwingungszeit $0.64184 + 0.000056 - 0.000006 = 0.64189$.

X. Abschnitt.

Allgemeine Bestimmungen, bezüglich auf Magnete und magnetische Instrumente.

---

1. Grösse und Form der Magnete.

131. Es ist zwar kaum in Zweifel zu ziehen, dass künftige Erfahrung auf vielerlei Verhältnisse führen wird, hinsichtlich der Dimensionen der Magnete und des Maasses von Kraft, welches sie aufnehmen und zu bewahren vermögen; für jetzt hat noch Niemand diese Verhältnisse zum Gegenstande spezieller Versuche gemacht, und es lassen sich nur einige allgemeine Bestimmungen festsetzen.

Was zuvörderst die Grösse eines Magnets überhaupt betrifft, so hängt sie ganz von dem Zwecke ab, wozu man ihn verwenden will, oder von Bedingungen, bezüglich auf Localität und Aufstellung. Ein kleiner Magnet hat ganz dieselben Eigenthümlichkeiten, wie ein grosser; sie unterscheiden sich hauptsächlich nur durch das Maass der magnetischen Kraft. In einer frühern Periode scheinen einige Beobachter die unbestimmte Idee gehabt zu haben, dass bei frei hängenden Magneten die Grösse einen specifischen Unterschied bedinge, und dass ein grosser Magnet Einflüsse erkennen lasse, welche einen kleinen nicht afficiren; dass ein grosser Magnet feiner und empfindlicher, mithin für genaue Bestimmungen nothwendig sei. Diese Ansicht ist völlig grundlos. Der jedesmalige magnetische Meridian ist für einen gegebenen Punct der Erdoberfläche eine gerade Linie, und in diese Linie stellt sich, insoferne man von Hindernissen abstrahirt, die magnetische Axe eines grossen wie eines kleinen Magnets mit gleicher Schärfe ein. Aendert sich die Lage des Meridians, so fangen beide Magnete augenblicklich an, zu folgen, aber der kleinere erreicht natürlich die neue Lage viel schneller, als der grosse. Was aber die Hindernisse betrifft *), so wird eine ge-

---

*) Die Hindernisse liegen in der Suspension und in dem Widerstande der Luft, die zu beseitigen ist. Das Verhältniss der Suspension ist bei kleinen Magneten weit günstiger (§ 83), desgleichen auch das Verhältniss der Kraft zu der zu entfernenden Luftmasse. Wie genau kleine Magnete sich in die magnetische Richtung stellen, zeigt folgendes Beispiel: Ein Magnet von 7^{mm} Länge wird auf die Mitte eines magnetischen Theodoliten in einem Gehäuse aufgehängt, und es werden wiederholte Einstellungen gemacht, so zwar, dass nach jeder Einstellung der Magnet in grosse Oscillation versetzt, auch das Theodoliten-Fernrohr mit der Alhidade verstellt wird. In folgender Tabelle finden sich die Ablesungen des Theodoliten (die Winkel von Nord über Ost gezählt) in der Spalte *A*; die Spalte *B* enthält die gleichzeitigen Declinations-Variationen (1 Th. = 0',525) westlich zunehmend; die Spalte *C* die auf 18,85 reducirten Ablesungen, und die letzte Spalte die Abweichungen vom Mittel:

A	*B*	*C*	Differ. vom Mittel
21° 8',43	18,95	21° 8',48	— 0',10
8,40	19,0	8,48	— 0,10
8,27	19,05	8,37	+ 0,01
8,17	19,25	8,38	0,00
8,07	19,45	8,38	0,00
7,83	19,8	8,33	+ 0,05
7,90	19,75	8,37	+ 0,01
7,90	19,75	8,37	+ 0,01
7,80	20,0	8,40	— 0,02
7,47	20,46	8,41	— 0,03

Eine grössere Uebereinstimmung magnetischer Instrumente ist überhaupt nicht zu erzielen. — Der zu obigen Beobachtungen gebrauchte Magnet trägt einen runden Spiegel von 6 Pariser Linien Durchmesser. Es ist leicht zu begreifen, dass man die Magnete nicht um gar vieles kleiner machen dürfe, weil das Trägheitsmoment des Spiegels gegen die Kraft des Magnets zu gross würde.

nauere Untersuchung zeigen, dass sie bei kleinen Magneten geringer und leichter practisch zu beseitigen sind, als bei grossen. Es ist vielleicht nicht überflüssig noch zu erwähnen, dass die hier aufgestellte Ansicht mit allen neuern Erfahrungen übereinstimmt: unter diesen Erfahrungen kann ich insbesondere meine eigenen anführen: ich habe Magnete gebraucht von allen Grössen, von 12 Kilogrammen bis herunter auf 1 Gramm, und von 1200 Millimeter bis 7 Millimeter in der Länge.

132. Den Magneten giebt man gewöhnlich die Form eines Parallelepipedums: will man ihre Schwingungen mit freiem Auge beobachten, so ist es zweckmässig, sie an den Enden spitzig zu machen. Derselben Masse kann man sehr verschiedene Verhältnisse der Länge, Breite und Dicke geben, ohne dass sich nach unsern bisherigen Erfahrungen bestimmte Regeln über die vortheilhaftesten Verhältnisse festsetzen liessen. Es dürfte jedoch als allgemeine Vorschrift gelten, dass die Länge so gross als möglich gemacht werden soll, jedoch so, dass der Magnet noch hinreichende Steifheit besitze. Die Breite mag ungefähr $\frac{1}{12}$ der Länge betragen. Die Dicke kann für kleinere Magnete $\frac{1}{8}$, für grössere etwa $\frac{1}{5}$ der Breite haben.

Es sind hie und da runde Magnete angewendet worden; ich halte diese Form jedoch für durchaus unzweckmässig. Man kann sie nicht hinreichend hart machen *) (wo es auf Härte ankommt), noch hinreichend stark magnetisiren. Der einzige Vortheil, den sie haben möchten, ist, dass man die runde Form sehr genau mechanisch ausführen kann, mithin das Trägheitsmoment aus dem Gewichte und den Dimensionen sich bestimmen lässt.

2. Stahl zu Magneten; Grad der Härte.

133. Ich habe verschiedene Stahlarten zu Magneten gebraucht, und keinen wesentlichen Unterschied gefunden. Nur auf

*) Es ist kaum nöthig zu erinnern, dass man die Härte nicht blos nach der Oberfläche beurtheilen dürfe.

eine Bedingung ist sorgfältig zu sehen, dass nämlich der Stahl homogen sei. Am besten erkennt man dies nach dem Härten. Sind einige Theile härter als andere, oder sind gar einige kleine Stellen ganz weich, während die übrigen ganz hart sind, so nimmt der Magnet verhältnissmässig wenig Magnetismus auf. Der letztere Erfolg trifft immer ein, wenn man den Stahl überhitzt (beim Härten), oder verbrennt.

Wichtig für magnetische Beobachtungen ist der russische Bulatstahl aus den Stahlfabriken des Ural: er besitzt die Eigenthümlicheit, dass die Temperatur seinem Magnetismus wenig oder gar nicht afficirt. Die Behandlung dieses Stahls scheint indessen Regeln zu erfordern, die man nur da kennt, wo er erzeugt wird; wenigstens hat ein Stab, den Sabine vom General Tschekin erhalten hatte, und der den vorgenommenen Messungen zufolge die oben erwähnte Eigenthümlichkeit besass, als er in London ausgeschmiedet wurde, Magnete gegeben, die sich eben so gegen die Wärme verhielten, wie der gewöhnliche Stahl.

Der Bulatstahl besteht aus sehr dünnen parallelen Lagen von Stahl und weichem Eisen; da der Stahl an Magnetismus nachlässt beim Steigen der Temperatur, das Eisen aber gewinnt, so erklärt sich dadurch hinreichend das oben bemerkte Verhalten des Bulatstahls. Ob übrigens der Bulatstahl so viel Magnetismus aufnimmt, wie homogener Stahl, möchte ich bezweifeln.

134. Der Grad der Härte ist bei Magneten von grosser Wichtigkeit; davon hängt ab:

1) die Quantität Magnetismus, die ein Magnet aufnimmt;
2) die Grösse der Ab- und Zunahme des magnetischen Moments bei Temperatur-Aenderungen.

Je härter ein Magnet ist, desto weniger Magnetismus nimmt er auf, und desto weniger wird sein Magnetismus durch die Wärme geändert. Hieraus folgt die Regel, dass alle frei hängenden Magnete, in so ferne sie blos die Richtung anzeigen sollen, blau anzulassen sind, während die Magnete, bei welchen zunächst die Kraft in Betracht kommt, die vollkommenste Härte behalten sollen, damit die Messungen weniger durch die (nie gänzlich zu beseitigenden) Einflüsse wechselnder Temperatur gestört werden *).

Für kleinere Nadeln (von 3 bis 10 Zoll), die blos die Richtung geben sollen, thut man am allerbesten daran, Abschnitte von starken Uhrfedern zu gebrauchen. Sie sind sehr homogen, haben gerade den erforderlichen Grad von Härte, und nehmen im Verhältnisse zu ihrem Gewichte sehr viel Magnetismus auf. Auch ganz ungehärteter, aber stark gehämmerter Stahl lässt sich hiezu gebrauchen.

Bezüglich auf das Härten muss bemerkt werden, dass nur die äusserste Rinde vollkommene Härte erlangt, weil diese plötzlich abgekühlt wird: die unter der Oberfläche liegenden Theile werden minder schnell abgekühlt, und der Grad der Härte bleibt geringer **); aus diesem Grunde ist es unmöglich, dickere Magnete

*) Um die Empfindlichkeit der Magnete für die schnell wechselnden, wenn auch geringen Temperatur-Aenderungen recht anschaulich zu machen, nehme man einen blau angelassenen (nicht gar dünnen) Magnet, und stelle ihn auf der Schiene eines magnetischen Theodoliten so hin, dass er eine Ablenkung von 60° bis 70° hervorbringt. Man bringe dann Faden und Fadenbild zur Coincidenz, und sehe längere Zeit hinein, so wird man finden, dass die Nadel in unaufhörlicher Bewegung bleibt, bald grössere, bald geringere Excursionen macht. Haucht man darauf hin von einer Entfernung von 3 bis 4 Fuss, so bringt dies eine gewaltige Oscillation hervor. Am besten beobachtet man diesen Erfolg im Winter bei niedriger Temperatur. Aehnliches beobachtet man im Winter bei grosser Kälte an dem Intensitäts-Instrumente, selbst wenn compensirte Magnete gebraucht werden, jedoch sind die Excursionen sehr klein, und es sieht aus, als wenn die Nadel zittere. — Es ist vielleicht nicht überflüssig, hier zu bemerken, dass die Meinung, als verliere ein ganz harter Magnet im Verlaufe der Zeit weniger von seinem Magnetismus, als ein blau angelassener Magnet, unbegründet ist: ich glaube im Gegentheile, dass bei ganz harten Magneten ein bedeutend grösserer Verlust stattfindet.

**) Diess kann man auch dadurch nachweisen, dass man zwei Magnete mit Eisendrath zusammenbindet, und mit einander härtet: die zwei Flächen, die an einander anliegen, zeigen eine vollkommene Härte. Ebenso ist es unmöglich, eine ganz dünne Nadel vollkommen hart zu machen, wenn man sie (damit sie gerade bleibt) an ein Stück Eisen mit Drath anbindet.

vollkommen hart zu machen, und der Einfluss der Temperatur ist bei dickeren Magneten immer viel grösser, als bei dünnen.

3. Magnetisirung; allmäliger Kraftverlust.

135. Die Magnetisirung kleiner Nadeln und Stäbe geschieht am besten durch den Doppelstrich: jeder Beobachter kommt in den Fall, diese Operation ausführen zu müssen, und soll hiezu die nöthigen Hülfsmittel und Einrichtungen besitzen.

Die Hülfsmittel sind zwei gleiche Magnetstäbe von etwa 12 bis 15 Zoll Länge, 1 Zoll Breite, und $\frac{1}{4}$ Zoll Dicke, die mit Ankern von weichem Eisen versehen, in einem hölzernen Behälter aufbewahrt werden *). Es ist zweckmässig, die Anker gegen die Enden der Magnete durch die Klemmschrauben anzudrücken. Das wirksamste Verfahren beim Magnetisiren ist folgendes:

Auf die Mitte der zu magnetisirenden Nadel *A B* (Fig. 71), (welche, wo möglich, auf einer Unterlage festgemacht, oder wenigstens durch Widerlager so gehalten werden soll, dass sie während des Magnetisirens nicht hin- und hergleiten kann), legt man ein hölzernes Klötzchen *c*, setzt die zwei Stäbe *m m*, *m' m'* an, wie die Figur zeigt, und fährt öfters auf der ganzen Länge der Nadel hin und her: zuletzt bleibt man in der Mitte stehen, so dass das Klötzchen dieselbe Stellung hat, wie am Anfange, und fährt mit den Stäben bis zu den Enden der Nadel hinaus, d. h. mit der Kante *a* bis *A*, und mit der Kante *b* bis *B*. Hier werden die Stäbe abgehoben: es ist aber dabei nöthig, dass die Berührungspuncte möglichst wenige seien; daher sollte man vor dem Abheben die Stäbe so stellen, dass die Nadel nur von den Eckpuncten berührt werde (Fig. 72). Es ist zur Verstärkung der magnetischen Kraft zweckmässig, alle Seiten der Nadel zu magnetisiren.

---

*) Gewöhnlich glaubt man, dass, wenn die Magnetstäbe so aufbewahrt werden, ihre Kraft zunehme. Airy bemerkt, dass nach seiner Erfahrung der eine Stab immer bedeutend stärker werde, als der andere.

Man hat viele Untersuchungen angestellt über die besten Methoden zum Magnetisiren, dabei aber nur immer auf die Kraft Rücksicht genommen, welche die Nadel unmittelbar nach dem Bestreichen zeigt, nicht auf die Kraft, welche übrig bleibt, wenn die Nadel zu einem constanten Stande gelangt ist; denn keine Nadel behält die ganze Kraft, die sie Anfangs aufgenommen hat. Theils aus dem hier angedeuteten Grunde: theils weil es für den Erfolg der Beobachtungen gleichgültig ist, ob die Nadeln etwas mehr oder weniger Kraft haben, unterlassen wir hier die verschiedenen Magnetisirungs-Methoden weitläufiger auseinander zu setzen.

Was die Magnetisirung grosser Stäbe betrifft, so erfordert sie Magnete von sehr grosser Stärke zweckmässig aufgestellt, damit man die nöthigen Bewegungen ohne zu grossen Kraftaufwand vornehmen könne. Man muss auch nie einen grossen Magnetstab allein, sondern entweder zwei, beiderseits mit eisernen Ankern $a\,b$, $a'\,b'$ versehen (Fig. 73), oder noch besser vier nach Fig. 74 geordnet, magnetisiren. Die zu magnetisirenden Stäbe müssen vor der Operation handwarm gemacht werden; die Operation selbst wird auf folgende Weise ausgeführt:

Man setzt den Pol eines sehr kräftigen Magnets in α (Mitte eines Stabs) an, und fährt auf dem Rectangel eine beliebige Anzahl Male herum, kommt zuletzt auf den Punct α zurück, und gleitet dann seitwärts mit dem Magnete ab. Einen sehr kräftigen Magnet zum Magnetisiren erhält man, wenn man an einen 25pfündigen Stab (Fig. 75) beiderseits ein paar etwas kürzere Stäbe mit messingnen Bändern befestiget: es ist dabei besser, wenn zwischen den Magneten überall messingne Plättchen eingelegt werden, um die unmittelbare Berührung zu vermeiden. Man befestiget am obern Ende des Magnets einen Strick, der über zwei an der Zimmerdecke festgemachte Rollen geht, und am Ende ein Gegengewicht trägt, um den Magnet zu balanciren. Noch weit zweckmässiger ist es, einen Electromagnet zum Bestreichen anzuwenden, theils weil er leichter zu handhaben ist, theils weil man ihm ohne Schwierigkeit eine sehr grosse Kraft geben kann. Man sieht übrigens, dass die Magnetisirung grosser Stäbe eine sehr umständliche Sache ist, und ziemlich kostspielige Vorrichtungen erfordert: zugleich ist es ein schwieriges Geschäft, die Stäbe selbst so herzustellen, dass sie eine gleichmässige Härte haben. Man thut deshalb am besten, sich solche Stäbe von denjenigen Künstlern kommen zu lassen, die mit der Verfertigung genau vertraut sind, z. B. von **Meyerstein** in Göttingen.

136. Es ist bereits oben bemerkt worden, dass die Kraft, welche ein Stab beim Magnetisiren aufnimmt, nicht verbleibt, sondern nach und nach einen bedeutenden Verlust erleidet. Dieser Verlust ist gewissermassen zu vergleichen mit dem Ausströmen der Wärme aus einem Körper, der mehr Wärme aufgenommen hat, als er vermöge der Umstände, unter denen er sich befindet, zu behalten im Stande ist. Je grösser der Unterschied ist zwischen der vorhandenen Temperatur und derjenigen, wozu er zuletzt gelangt, desto schneller fliesst sie ab, und die in jedem Augenblicke ausströmende Wärmemenge ist in geradem Verhältnisse zu dem *vorhandenen Ueberschusse*: gerade so ist es bei Magneten. Es giebt eine gewisse Quantität Magnetismus, die ein Stab permanent behalten kann, was darüber geht, strömt aus nach demselben Verhältnisse wie bei der Wärme. Es sei x der Magnetismus eines Stabes zur Zeit t, und C der Magnetismus, der zuletzt permanent übrig bleibt. Die Geschwindigkeit, womit sich der Magnetismus x vermindert, wird $= -\frac{dx}{dt}$ sein, und diese Grösse ist dem Obigen zufolge in geradem Verhältnisse zu dem Ueberschusse $x - C$, also:

$$-\frac{dx}{dt} = q\,(x - C),$$

wo q eine Constante ist. Die Integration giebt:

$$\log\,(x - C) = -q\,t + \text{Const.}$$

Es sei am Anfange, d. h. wenn $t = o$ ist, der Magnetismus des Stabs $= B$, so hat man die Const. $=$ log. $(B - C)$, und folglich:

$$x = C + (B - C)\, e^{-qt}$$

Hansteen hat die Kraft x bei mehreren grössern und kleinern Stäben zu verschiedenen Zeiten gemessen (durch Schwingungsbeobachtungen) und die Resultate mit der Formel verglichen. Wir wollen uns begnügen, diejenigen Bestimmungen zu erwähnen, die bei erdmagnetischen Messungen von besonderem Interesse sind: nämlich, wie lange geht es her, bis ein Magnet zu einem constanten Stande gelangt, und wie viel verliert er im Ganzen von seiner ursprünglichen Kraft? — Der ersten Frage müssen wir noch eine Modification beifügen: es ist nämlich aus der obigen Formel leicht ersichtlich, dass x erst dann $= C$ wird, wenn man $t = \infty$ macht; für die Praxis aber kann ein Magnet schon als constant angesehen werden, wenn er nur mehr sehr wenig (nach Hansteens Annahme $\frac{1}{100000}$) von dem constanten Stande noch entfernt ist. Unter dieser Voraussetzung giebt die zweite Columne der folgenden Tabelle die Zeit an, nach welcher die von Hansteen untersuchten neun Magnete (die sämmtlich cylindrisch waren) als constant betrachtet werden konnten. Die zweite Columne giebt an, den wievielsten Theil der ursprünglichen Kraft die Magnete verloren haben. In der dritten und vierten Columne findet man die Länge und das Gewicht der einzelnen Magnete:

Nro.	Dauer der Abnahme.	Verlust.	Dimensionen.		Gewicht.
			Länge.	Dicke.	
	Tage		Millim.	Millim.	Milligr.
1	5351	0.10641	97,2	2,5	3800
2	2070	0.07823	97,2	2,5	3800
3	416	0.07905	78,9	2,5	2950
4	464	0.09539	78,9	2,5	2950
5	1461	0.14318	78,9	2,5	2950
6	828	0.10477	78,9	2,5	2950
7	644	0.06406	76,8	2,35	2607,85
8	1123	0.04884	76,8	2,35	2628,4
3	200	0.02578	99,05	10,97	74014,8

Hansteen hat den Kraftverlust der Magnete als Function der Zeit allein betrachtet; es ist indessen von mir nachgewiesen worden, dass auch die Temperatur von grossem Einflusse ist, und dass die Magnete schneller an Kraft abnehmen in höherer als in tieferer Temperatur. Eine Maassbestimmung habe ich übrigens nicht festgesetzt.

137. Für practische Anwendung folgt zunächst aus dem Vorhergehenden die Regel, dass man bei magnetischen Bestimmungen nie einen frisch magnetisirten Stab gebrauchen solle. Zwar möchte man meinen, dass da, wo es sich nur um die Richtung handelt, die Kraft des Stabs ausser Acht gelassen werden könne: es ist jedoch zu bedenken, dass kaum ein Fall vorhanden ist, wo die Kraft ganz gleichgültig wäre; auch ist es noch nicht mit Sicherheit entschieden, ob nicht bei der Aenderung der Kraft die magnetische Axe ebenfalls sich ändern könne.

Um die Magnete auf einen constanten Stand zu bringen, muss man sie längere Zeit in warmem Wasser (von etwa 30° R) liegen lassen; oder noch besser, man taucht sie abwechselnd in warmes und kaltes Wasser, und wiederholt diese Operation etwa ein Dutzend Mal unmittelbar nacheinander. Man bestimmt alsdann das magnetische Moment (eine Ablenkungs-Beobachtung oder eine Schwingungs-Beobachtung reicht aus), und untersucht nach einem halben Monat, ob eine Aenderung des Moments stattgefunden hat. Ist Letzteres der Fall, so muss eine wiederholte Schwächung durch Eintauchen in warmes und kaltes Wasser vorgenommen werden.

Genauere Bestimmungen lassen sich in dieser Hinsicht nicht festsetzen, weil, wie schon aus Hansteen's Versuchen ersichtlich ist, eine grosse Verschiedenheit bei den Magneten selbst besteht.

4. Magnetkästen, Magnetgehäuse, Beruhigung durch Kupfer.

138. Hängt man einen Magnet frei in einem Zimmer auf, so sucht er zwar in die Richtung des magnetischen Meridians sich zu stellen, kommt aber nie zur Ruhe, sondern oscillirt bald in grössern, bald in kleinern Bogen um den Meridian hin und her. Diese Bewegung wird durch die Luft hervorgebracht. Eine grössere Luftmasse ist nämlich niemals in Ruhe: es erzeugen sich Wellen, die über die ganze Luftmasse sich ausdehnen, und da die magnetische Kraft sehr klein ist, so reicht die geringste Luftbewegung hin, dem Magnet eine Bewegung mitzutheilen. Die Luftbewegungen sind aber von zweierlei Art: nämlich Vibrationen oder Erzitterungen und progressive Bewegung. In geschlossenen Räumen werden die erstern erzeugt durch jeden Schlag oder Stoss: die Wellen pflanzen sich durch den ganzen Raum fort, stossen sich an den Wänden ab, und hören bald wieder auf. Die progressive Bewegung in geschlossenen Räumen wird durch allmälige Temperatur-Aenderung hervorgebracht. Der Stand der Temperatur ändert sich nie in allen Theilen eines verschlossenen Raumes gleichzeitig, sondern die Aenderung pflanzt sich von einem Puncte zum andern fort. Setzen wir, dass in dem geschlossenen Raume P Q (Fig. 76) eine Temperatur-Erhöhung von der Seite A gegen B sich fortpflanze, so wird die Luft an der Wand A wärmer werden, und in die Höhe steigen; dadurch wird die obere Luft vorgedrängt, die untere nachgezogen, so dass eine Strömung sich herstellt, in der durch die Pfeile angezeigten Richtung. Ist eine Strömung einmal eingetreten, so dauert sie lange fort, auch wenn die Ursache, wodurch sie hervorgerufen wurde, gar nicht oder in geringerem Grade mehr wirksam ist. Von der Richtigkeit des hier beschriebenen Erfolgs überzeugt man sich sehr leicht, wenn man ein Glasgefäss mit Flüssigkeit, etwa mit Wasser oder Weingeist füllt, worin Staub sich befindet. Nähert man, nachdem die Flüssigkeit nahe zur

Ruhe gekommen ist, der einen Seite eine Wärmequelle, etwa eine brennende Kerze, so sieht man, wie sich nach und nach eine regelmässige und andauernde Strömung einrichtet.

139. Dass die Unruhe der Luft überhaupt einen frei beweglichen Magnet störe, hat gleich die früheste Erfahrung gelehrt, und man hat deshalb die Magnete immer in Kästen oder Gehäusen sorgfältig einzuschliessen gesucht. Es ist leicht begreiflich, dass, je mehr man die Bewegung eines Magnets optisch vergrössert, Behufs einer genauen Beobachtung, desto mehr die Abhaltung auch der leisesten Luftbewegung nothwendig wird. Diesem Umstande hat Gauss, als er die Beobachtung auf die höchste Stufe der Vollkommenheit zu bringen sich vorgenommen hatte, seine Aufmerksamkeit besonders zugewendet, und ein Mittel erdacht, um die Luftvibrationen unschädlich zu machen. Das Mittel besteht darin, schwere Stäbe anstatt der früher gewöhnlichen leichten Nadeln zu brauchen. Es unterliegt keinem Zweifel, dass die von einer Luftvibration hervorgebrachte Bewegung um so geringer sein wird, je mehr Masse sie zu bewegen hat, und dass demnach in dieser Beziehung der Gebrauch grosser Stäbe Vortheil gewährt.

Nachdem unterdessen die von mir angestellten Versuche die Strömung der Luft in Magnetkästen, als Folge langsamer Temperatur-Aenderungen, nachgewiesen hatten, wodurch weit mehr als durch Luftvibrationen der Genauigkeit magnetischer Beobachtungen Eintrag gemacht wird, stellte sich die Frage über das Gewicht, welches man den Magnetstäben geben soll, ganz anders dar.

Man sieht leicht ein, dass ein Luftstrom um so grössere Kraft ausübt, je mehr Fläche ihm dargeboten wird; dass mithin der Einfluss des Stromes mit den Dimensionen zunimmt. Da man nun grossen Stäben niemals verhältnissmässig so viel Magnetismus geben kann, wie kleinen Nadeln, so wird das Verhältniss um so ungünstiger, je grösser man die Stäbe macht.

140. Nach dem gegenwärtigen Stande unserer Kenntnisse, hinsichtlich der Einwirkung der Luft, hat man folgende Puncte zu berücksichtigen.

Die Vibrationen der Luft haben zur Folge, dass ein frei hängender Magnet, anstatt sich in die Richtung der magnetischen Kraft zu stellen, um diese Richtung hin- und herschwingt. Erhielte der Magnet einen einzigen Impuls, so würde er gleich weit von der Mittelrichtung beiderseits ausweichen, und man könnte ohne Mühe (§. 80) die Mittelrichtung bestimmen: erhält er dagegen wiederholte Impulse, wie dies bei der Luft der Fall ist, so werden die Schwingungen unregelmässig, und es ist unmöglich die wahre Mittelrichtung genau zu bestimmen. Aus diesem Grunde ist es unbedingt nothwendig die Magnetkästen oder Gehäuse so einzurichten, dass die Luftvibrationen vollständig abgehalten werden. Luftdicht brauchen übrigens die Kästen gerade nicht zu schliessen, es reicht eine nahe luftdichte Zusammenfügung aus *).

Was die Strömung der Luft betrifft, so wird sie um so stärker sein, je grösser überhaupt und insbesondere je höher der Raum ist, in dem sich die Luft bewegen kann. Um also den Einfluss der Strömung möglichst zu vermindern, ist es nothwendig, die Magnetkästen oder Gehäuse so enge zu machen, dass dem Magnet nur der nöthige Raum zu seiner Bewegung übrig bleibt.

Werden die beiden eben bezeichneten wesentlichen Bedingungen berücksichtiget, so kann man übrigens den Kästen oder

---

*) Die meisten von mir gebrauchten Instrumente waren luftdicht eingeschlossen: ich habe nämlich die Fugen der Gehäuse mit Klebwachs bestrichen. Ich wollte dadurch zugleich die Feuchtigkeit abhalten, und ihrem Einfluss auf die Suspension vorbeugen. Ich habe versucht, die Luftvibrationen durch Quecksilber abzuhalten: die Nadel befand sich unter einer Glasglocke, die auf einem flachen, mit Quecksilber gefüllten Teller stand, so dass das Quecksilber die Oeffnung der Glocke verschloss. Dieses Mittel hat nicht entsprochen; die äussern Luftvibrationen theilten sich durch das Quecksilber der innern Luft mit.

Gehäusen jede beliebige Form geben. Es sind auch vielerlei Formen in Gebrauch. (Siehe Fig. 45, 47, 51, 56, 69, 85, 98, 99, 100.)

Was das Material betrifft, woraus die Kästen gemacht werden können, so versteht es sich wohl von selbst, dass alle magnetischen Substanzen auszuschliessen sind: Glas und Holz möchten als die vorzüglichsten und geeignetsten Materialien anzuführen sein. Wo es sich um absolute Bestimmungen der Richtung eines Magnets handelt, sollte man, wie ich glaube, kein anderes Material gebrauchen. Wo blos Variationen zu beobachten sind, und geringe Einflüsse keine nachtheiligen Folgen haben, wenn sie nur constant bleiben, ist die Wahl des Materials minderer Beschränkung unterworfen: insbesondere kann man in diesem Falle Messing und Kupfer anwenden.

141. Indem wir von Magnetkästen und Gehäusen handeln, dürfen wir diejenigen Einrichtungen nicht unerwähnt lassen, welche den Zweck haben, die Schwingungen der Magnete zu dämpfen oder zu beruhigen. Seebeck und später mehrere Physiker haben die schnelle Verminderung der Oscillationen erkannt und untersucht, welche eintritt, wenn eine Magnetnadel über einer Kupferplatte schwingt *).

Diese Thatsache hat Gauss sehr zweckmässig benutzt, um die für die Beobachtung hinderlichen Schwingungen der Magnete zu vermindern, und aufzuheben. Es ist hiezu blos nöthig, über oder unter den Enden des Stabes, und zwar in geringer Entfernung von demselben, Kupferplatten festzumachen. Die Kupferplatten bringen am meisten Wirkung hervor, wenn sie unter demjenigen Theile des Magnets sind, wo die magnetische Kraft am meisten concentrirt ist. Je dicker die Platten sind, und je geringer die Entfernung vom Stabe, desto stärker wirken sie. Es

---

*) Diese und andere ähnliche Erscheinungen hat man unter dem Namen Rotations-Magnetismus begriffen.

ist zweckmässig, die Kupferplatten *A B*, *C D* (Fig. 46), denen man etwa zwei bis drei Linien Dicke geben kann, so einzurichten, dass sie durch Schrauben dem Magnet genähert, und davon entfernt werden können: auf solche Weise kann man die Distanz so reguliren, dass sie die gewünschte Wirkung hervorbringen. Eine zu grosse Annäherung ist zu vermeiden, weil es leicht möglich ist, dass feine Fasern dazwischen kommen, wodurch die Bewegung der Magnete gestört wird *).

5. Magnetische Observatorien, Aufstellung der Instrumente, Miren.

142. Um genaue magnetische Beobachtungen zu machen, muss man eigene Observatorien haben, die von allen die Beobachtung störenden Einflüssen frei sind. Zu diesem Zwecke sollen sie auf freiem Platze stehen, entfernt von eisenhaltigen Gebäuden: auch ist darauf Rücksicht zu nehmen, dass man von dem Observatorium aus irgend einen entfernten Gegenstand sehen könne, dessen Azimuth bestimmt ist, oder bestimmt werden kann.

Zum Baue magnetischer Observatorien sollte man blos Holz gebrauchen; die Zusammenfügung geschieht, wo nöthig, mit kupfernen Nägeln. Das Dach kann blos aus Holz bestehen, mit Theer bestrichen, man kann auch das Dach mit grober Leinwand überziehen, und sie zuerst mit Oelfarbe, dann mit Theer überstreichen. Will man ein Metalldach brauchen, so ist Zink vorzugs-

*) Wiederholte Erfahrungen veranlassen mich, diesen Umstand der Aufmerksamkeit der Beobachter angelegentlichst zu empfehlen: man kann das Vorhandensein solcher Hindernisse dadurch erkennen, dass man mit einem andern Magnet die Nadel in Schwingungen bringt, und dann beobachtet, ob die Schwingungsbögen regelmässig abnehmen. Denselben Zweck erreicht man auch, wenn man die Nadel abwechselnd nach der einen und andern Seite um einige Theilstriche ablenkt, dann langsam zurückkommen lässt. Ist ein Hinderniss obiger Art vorhanden, so kommt sie nicht jedesmal in dieselbe Mittelrichtung zurück.

weise zu empfehlen. Es ist zweckmässig, ein Observatorium nicht durch gewöhnliche Seitenfenster, sondern durch Dachfenster zu beleuchten: man erhält weit mehr Licht, und das Seitenlicht blendet nicht beim Beobachten.

Wo es thunlich ist, sollte man magnetische Observatorien unterirdisch anlegen, um die vielen schädlichen Einflüsse wechselnder Temperatur zu vermeiden.

Was die Grösse der Observatorien betrifft, so muss man sich nach den Instrumenten richten. Die in einem Observatorium aufgestellten Magnete dürfen keinen zu grossen Einfluss auf einander ausüben, weil sonst die Bestimmung der Correctionen umständlich und minder sicher wird: auch sollen die Instrumente dem Beobachter nicht zu nahe sein. Wenn die Distanz der Instrumente vom Beobachter 6 bis 8 Fuss beträgt, so reicht dies zu allen Zwecken vollkommen aus, und wenn man leichte Nadeln braucht von etwa 3 Zoll Länge und 2 Grammes Gewicht, so ist es nicht nöthig, sie weiter als 6 bis 8 Fuss von einander zu entfernen. Man sieht, dass zur Aufstellung dreier Variations-Instrumente mit Magneten von solcher Grösse ein Raum von 12 Fuss Quadrat sehr wohl ausreicht. Will man ausserdem in demselben Observatorium absolute Werthe messen, so muss man eine Säule zur Aufstellung des magnetischen Theodoliten und Inclinatoriums haben, und deshalb dem Baue eine etwas grössere Länge geben.

Fig. 78 stellt den Plan eines magnetischen Observatoriums, mit Berücksichtigung der eben erwähnten Erfordernisse, dar: das Declinations-Instrument kommt auf die Säule *A*; das Intensitäts-Instrument auf die Säule *B*; das Inclinations-Instrument auf die Säule *C*. Die Fernröhre sind auf der Säule *D* aufgestellt nach der (Fig. 82) angegebenen Weise. In die Wand wird eine Oeffnung gemacht, damit man mit dem Versicherungs-Fernrohre *FF* auf die Mire sehen kann. Der Theodolit wird auf die Säule *E*, die füglich von Holz sein kann, aufgestellt; auch für das Theodoliten-Fernrohr muss eine Oeffnung in die Wand gemacht werden, wodurch man auf eine Mire sehen kann. Das Observatorium hat nur ein Fenster, und zwar im Dache genau über der Säule *E*, so dass das Licht vertical auf den Theodoliten einfällt. Auch die Schwingungen kann man auf der Säule *E* beobachten; es ist aber bequem, einen eigenen Schwingungskasten auf einen niedrigen Pfeiler *F* aufzustellen, so dass man die Beobachtungen im Sitzen vornehmen kann.

Wo die grösste Genauigkeit der Beobachtungen zum Zweck gemacht wird, ist es nöthig, die Variations-Instrumente zur Controle doppelt aufzustellen nach Fig. 79, so dass das zweite Declinations-Instrument auf die Säule *A'*, das zweite Intensitäts-Instrument auf die Säule *B'*, das zweite Inclinations-Instrument auf die Säule *C'* kommt, und die dazu gehörigen Fernröhre auf der Säule *D'* festgemacht werden. Der ganze Bau kann durch ein einziges Dachfenster, das genau über der Säule *E* angebracht werden muss, beleuchtet werden.

Zur Aufstellung grösserer Magnetometer muss man ein verhältnissmässig grosses Gebäude haben, wobei die der Construction der Instrumente angemessenen Einrichtungen getroffen sein müssen. Zugleich ist zu bemerken, dass genaue Variations-Beobachtungen nur dann zu erzielen sind, wenn man die Instrumente immerfort unberührt stehen lässt; daher es nöthig ist, andere Instrumente zur Bestimmung der absoluten Declination und Intensität zu haben. Da nun ein einziges Gebäude sehr gross sein müsste, wenn es Raum gewähren soll, die Variationen und die absoluten Werthe mit zweierlei Instrumenten von grossen Dimensionen zu beobachten, so hat man gewöhnlich zwei Observatorien in einiger Entfernung von einander aufgeführt, und in dem einen die Variations-Beobachtungen, in dem andern die absoluten Messungen vorgenommen.

Fig. 81 stellt den Plan vor, wornach Kuppffer die russischen Observatorien (die für Variationsbeobachtungen bestimmten

Gebäude) hat erbauen lassen: in Fig. 80 findet man den Grundriss des Observatoriums in Toronto, woraus man eine Vorstellung von der in den brittischen Observatorien getroffenen Einrichtung erhält. Folgendes dient zur Erklärung:

Das Observatorium in Toronto (Fig. 80) besteht aus einem Beobachtungszimmer *A*, 50 Fuss lang und 20 Fuss breit, einem Rechnungszimmer *B*, einem Vorzimmer *C*, und einem Pavillon *D*, welcher durch einen bedeckten Gang mit dem Beobachtungszimmer verbunden ist. Im Pavillon befindet sich ein Universal-Instrument (Transit-Theodolite) zur Bestimmung der Zeit und der Meridian-Richtung. Ein Declinations-Instrument und ein Bifilar, beide mit Stäben von 15 Zoll Länge und $\frac{3}{4}$ Pfund Gewicht, sind auf den Säulen *a* und *b* aufgestellt, die Ablesungs-Fernröhre sind in α und β, und fixe Collimatoren auf den Säulen *d* und *e* dienen als Miren. Aehnliche Instrumente mit dreizölligen Magneten befinden sich auf den Säulen *a'* und *b'*, und die dazu gehörigen Fernröhre in α' und β'. Bei den grösseren Magneten ist Collimator-Ablesung, bei den kleinen Spiegel-Ablesung angebracht. Auf der Säule *c* steht eine magnetische Waage nach L l o y d: *i* ist ein Variations-Instrument für Inclination mit weichen Eisenstäben; das dazu gehörige Fernrohr ist in *i'*.

In einiger Entfernung von dem Observatorium ist ein kleiner Bau aufgeführt, um die absoluten Messungen, (mit einem magnetischen Theodoliten, Theodolite Magnetometer) die Bestimmung der Temperatur-Coëfficienten u. s. w. vorzunehmen.

Die russischen Observatorien sind grösstentheils nach dem Plane (Fig. 81) gebaut, und bilden ein Viereck von 31 Fuss Seite. Das Magnetometer ist in *e*, das Bifiliar in *g*, beide mit 4pfündigen Stäben. Die Ablesungs-Fernrohre und die Scalen sind neben einander auf der Säule *A* festgemacht: die Miren sind auf den Säulen *d* und *m*. Auf der Säule *f* steht eine magnetische Wage nach L l o y d. Die Winkel *A e f* und *A e g* sind gleich und betragen 35° 16', (§. 31).

Für die absoluten Beobachtungen ist ein getrennter Bau beigefügt.

143. Zur Aufstellung der Instrumente muss man isolirte aus dem Boden hervorgehende Pfeiler oder Postamente haben, die entweder aus Steinen mit hydraulischem Kalk gemauert, oder aus einem einzigen grossen Steine bestehen können. Auf solche Weise verwahrt man die Instrumente vor Erschütterungen und Veränderungen. Ohne feste isolirte Postamente hat insbesondere die Beobachtung der täglichen Variationen keinen Werth. In manchen Fällen können hölzerne Postamente oder Säulen gebraucht werden, besonders zu absoluten Messungen, die nur kurze Zeit dauern.

144. Zur Versicherung des unveränderten Standes der Instrumente ist ausser der Festigkeit der Säulen noch ein zweites Mittel nöthig: man muss für jedes Fernrohr eine Mire aufstellen. Die einfachste Einrichtung besteht darin, das Fernrohr um eine horizontale Axe (nach Art eines astronomischen Mittagsfernrohrs) drehbar zu machen *) (Fig. 47 u. 85), und rückwärts vom Instrumente eine isolirte Säule mit einer kleinen Scala M anzubringen, auf welche das Fernrohr gerichtet werden kann. Die Distanz der Mire vom Objectiv des Fernrohrs muss dem Wege gleich sein, den das Licht von der Scala SS zu machen hat, um zum Objective des Fernrohrs zu gelangen: unter diesen Bedingungen werden Mire und Scala ohne Aenderung des Oculars gleich deutlich gesehen.

---

*) Man ist gewohnt, den Axen der Fernrohre einigen Spielraum zu lassen, so dass sie sich nach ihrer Länge etwas Weniges verschieben können. Dies ist auch ganz gleichgültig für Messung sehr entfernter Gegenstände: ist aber das Fernrohr zur Beobachtung naher Puncte bestimmt, so ändert sich die Einstellung durch die Verschiebung der Axe, und es muss deshalb der Axe eine feste Stellung gegeben werden. Dies geschieht am besten dadurch, dass man am einen Ende ein Widerlager, am andern eine Feder anbringt, wodurch die Axe gegen das Widerlager gedrückt wird.

Minder zweckmässig ist es, anstatt einer eigenen Säule die Mire an der Wand des Observatoriums zu befestigen. Insbesondere gewährt eine solche Mire gar keine Sicherheit, wenn das Observatorium von Holz ist.

Ist das Postament, worauf der Kasten steht, vollkommen zuverlässig, so kann man eine Spiegelmire anbringen, d. h. einen Spiegel an dem Postamente, unmittelbar unter dem Spiegel des Stabs so befestigen, dass er die Scala *S S* ins Fernrohr reflectirt. Hat man die Fernröhre für mehrere Instrumente an demselben metallenen Gestelle unveränderlich befestiget, so reicht es hin, sich von der Unveränderlichkeit des Gestelles zu versichern: zu diesem Zwecke bringt man ein eigenes Mirenfernrohr oder Versicherungsfernrohr an, das auf einen sehr entfernten Gegenstand gerichtet wird, und die etwa vorkommenden Aenderungen des Gestelles anzeigt. Ich habe insbesondere die Fig. 82 dargestellte Einrichtung bequem und sicher gefunden. Die Fernröhre *A*, *B*, *C* dienen zur Beobachtung der Declination, Intensität und Inclination, und sind durch Messingstücke von der Form (Fig. 83) an die Säule *N N* geklemmt. Das Mirenfernrohr *F F* geht durch die Säule, und ist festgelöthet, so dass es jede Aenderung der Säule anzeigt. Die Säule *N N* hat unten eine runde Platte *a b*, die auf der steinernen Säule aufliegt und festgehalten wird durch die unten angeschraubte Mutter *q*.

145. Gebraucht man Collimatoren an den Magnetstäben, so muss man auch, anstatt der Miren, Collimatoren gebrauchen, die an Säulen (in beliebiger Entfernung) festgemacht sind. Zweckmässig ist es zur Beobachtung der mit Collimator-Ablesung versehenen Magnete nicht einfache Fernrohre, sondern Theodoliten zu haben; das Theodoliten-Fernrohr stellt man von Zeit zu Zeit auf eine sehr weit entfernte Mire (einen Kirchthurm, eine scharfe Ecke einer Mauer, oder dergleichen) ein und liest die Verniers ab: wenn das Instrument unverändert ist, so wird der Mire immer derselben Ablesung entsprechen. Ist die Localität dazu geeignet, so kann man auch zur Beobachtung ein Universal-Instrument anwenden, womit zugleich Durchgänge der Sterne genommen werden können. Auf solche Weise erhält man das Azimuth immer mit grösster Sicherheit.

146. Es ist zweckmässig, hier ein paar Puncte hervorzuheben, die von practischer Wichtigkeit sind. Manche Beobachter haben geglaubt, Alles erreicht zu haben bei Anstellung täglicher Variationsbeobachtungen, wenn sie durch eine zweckmässige Mire sich von der unveränderten Stellung des Fernrohrs versichert hatten. Es ist indessen hiemit nur eine, und zwar eine von den unbedeutendsten Fehlerquellen beseitiget; denn die Erfahrung hat gelehrt (was auch a priori als wahrscheinlich zu erwarten ist), dass, wenn ein Fernrohr auf einem isolirten Postamente zweckmässig befestiget ist, kaum jemals eine Aenderung vorkommt. Die Hauptfehlerquellen sind die Veränderungen der Torsion, der allmälige Kraftverlust der Magnete (bei Intensitäts-Instrumenten), die allmälige Zunahme des permanenten Magnetismus weicher Eisenstäbe (beim Inclinations-Instrumente). Die hieraus hervorgehenden Aenderungen zeigt keine Mire an, und man hat kein anderes Mittel, zur Kenntniss derselben zu gelangen, als von Zeit zu Zeit absolute Messungen mit eigenen Instrumenten vorzunehmen: diese Messungen geben die Gesammt-Aenderung der Variations-Instruments an, und schliessen die Aenderungen der Fernröhre ein, so dass streng genommen da, wo die sonstigen Einrichtungen zweckmässig getroffen sind, Miren gänzlich entbehrt werden könnten.

XI. Abschnitt.

Magnetische Beobachtungen, dazu erforderliche Hülfsmittel.

1. Beruhigung durch einen Hülfsmagnet.

147. Jede Aenderung der Lage und jede Erschütterung einer frei hängenden Nadel bringt sie in Schwingungen, die zwar allmählig kleiner werden, und zuletzt von selbst aufhören; aber dazu immer längere Zeit (nach Umständen 10 bis 20 Minuten) nöthig haben. Hiedurch würden insbesondere die absoluten magnetischen Messungen ungemein umständlich und zeitraubend werden, wenn man nicht ein Mittel besässe, einen schwingenden Magnet zur Ruhe zu bringen.

Da dieses Mittel bei magnetischen Messungen sehr häufig in Anwendung kommt, so halte ich es für zweckmässig, das Beruhigungsverfahren hier auseinander zu setzen.

Wir haben oben gesehen, dass eine Nadel $n s$ (Fig. 84) durch einen seitwärts befindlichen Magnet NS aus seiner eigentlichen Richtung $a b$ um den Winkel $a c a' = \varphi$ abgelenkt wird: denken wir uns nun, dass $n s$ mit dem Schwingungsbogen φ, d. h. von n bis n'' oscillirt, so ist es offenbar, dass, wenn man den Magnet NS hinlegt, in dem Augenblicke, wo die Nadel $n s$ ihre grösste Elongation $a c a'$ erreicht, die Nadel stehen bleiben wird. Wollte man aber bewirken, dass die Nadel nicht in der Richtung $a' b'$, sondern in der Richtung $a b$ zur Ruhe käme, so hätte man den Magnet $n s$ so weit zu entfernen, dass er nur mehr eine Ablenkung $= \frac{1}{2} \varphi$ hervorzubringen im Stande wäre; alsdann würde $a'' b''$ die Mittelrichtung, und von der äussersten Elongation $a' b'$ käme der Magnet nach einer Schwingung in die entgegengesetzte äusserste Elongation $a b$: in diesem Augenblicke müsste man den Magnet NS gänzlich entfernen, so würde die Nadel in der Richtung $a b$ in Ruhe verbleiben.

Anstatt den Beruhigungsmagnet senkrecht gegen den Meridian Ost oder West ($NS, N'S'$) zu stellen, kann man ihm auch in Norden oder Süden stellen ($N'' S''$). Es ist nicht zweckmässig, andere Stellungen dem Beruhigungs-Magnet zu geben, obwohl diess übrigens möglich wäre.

Wir haben bisher die Beruhigung so erklärt, als wenn sie mit einem Male bewerkstelliget werden könnte. Practisch ist dies aber selten möglich, weil dabei erfordert würde, dass man den Beruhigungsmagnet in einer genau bestimmten Distanz hinhalte *). Man begnügt sich deshalb immer damit, die Schwingungen allmälig zu vermindern. Schwingt nämlich die Nadel von n bis n'', und man hält einen Magnet NS hin, der im Stande wäre, die Nadel von n' nach α abzulenken, so wird die Nadel bis β kommen, so dass $\alpha\beta = \alpha n$, und die Schwingung wird vermindert um $\beta n' = 2\,\alpha n'$, d. h. um die doppelte Ablenkung. Kehrt man den Magnet NS um, in dem Augenblicke, wenn die Nadel nach β kommt, so wird die Schwingung abermals um $2\,\alpha n'$ vermindert, und so fährt man so lange fort, bis die Nadel vollkommen beruhigt ist; dabei ist es aber zweckmässig, dass man den Schwingungsbogen, wenn er klein wird, auch weniger schnell abnehmen lasse: dies wird erzielt auf zweifache Weise, indem man den Magnet entweder weiter entfernt, oder indem man ihn gegen den Horizont geneigt hält.

---

*) Ein Fall, wo man mit einem Male vollständig beruhigen kann, kommt bei den Ablenkungsversuchen mit dem Magnetometer vor. Will man den Ablenkungsstab NS (Fig. 100 b) nach $N'S'$ verlegen, und hebt ihn zu diesem Zwecke ab, so schwingt der freie Stab von n bis n'. Man bringt nun den Ablenkungsstab nahe an die Stelle, die er erhalten soll, und hält ihn in der Hand senkrecht, bis der freie Magnet einmal nach n zurückkommt; in diesem Augenblicke wird der Ablenkungsstab hingelegt, und der freie Stab bleibt in Ruhe. Will man den Ablenkungsstab an derselben Stelle blos umkehren, so hebt man ihn ab, und hält ihn senkrecht, bis der freie Stab nach n' kommt: in diesem Augenblicke wird der Stab hingelegt. Auch bei Aenderung der Distanz kann man auf solche Weise die Beruhigung bewerkstelligen, jedoch minder einfach.

So lange die Beruhigung vor sich geht, muss man dem Gesagten zufolge jedesmal den Beruhigungsmagnet augenblicklich umkehren, so oft die Nadel zum Stillstande kommt, d. h. die grösste Elongation erreicht. Ist die Beruhigung bewerkstelligt, so bringt man sogleich den Magnet in die senkrechte Lage (nach §. 27), damit er keinen Einfluss auf die Nadel mehr habe.

Es wird übrigens wenige Fälle geben, wo es nöthig oder zweckmässig wäre, einen Magnet vollständig zur Ruhe zu bringen. Vielmehr wird man sich fast immer damit begnügen, den Schwingungsbogen so klein zu machen, als eben die Umstände es erfordern. Bei der Beobachtungsweise des Magnetometers bleibt der Schwingungsbogen an und für sich ganz gleichgültig, wenn nur die Bewegung nicht so schnell ist, dass sie das deutliche Sehen der Theilstriche verhindert; und was die Einstellungsweise des magnetischen Theodoliten betrifft, so ist zwar ein grösserer Schwingungsbogen allerdings nachtheilig: aber auch hier wird ein geübter Beobachter sich niemals die Mühe geben, eine vollständige Beruhigung zu bewerkstelligen, sondern wird den Bogen bis auf etwa 10 oder 15 Minuten herunterbringen und den Faden so stellen, dass das Fadenbild beiderseits gleichweit sich davon entfernt. Man gewinnt so an Zeit, und erreicht alle erforderliche Genauigkeit.

2. Genauigkeit der Beobachtungen.

148. Ehe wir mit den Instrumenten uns beschäftigen, ist es zweckmässig, einige Worte über die Genauigkeit der Beobachtungen vorauszuschicken. Es bieten sich hier zwei Fragen dar: 1) welche Genauigkeit ist bei magnetischen Beobachtungen nöthig? 2) welche Genauigkeit ist practisch zu erreichen?

Ich will diese Fragen zuerst unter Hinweisung auf die Verhältnisse der Meteorologie zu erläutern suchen:

Es hat keine besondere Schwierigkeit, wenn man ein Thermometer mit Microscopen versieht, die Temperatur der Luft bis auf $\frac{1}{1000}$ Grad abzulesen: eben so leicht könnte man die Barometer so einrichten, dass noch die Tausendstel von Pariser Linien abzulesen wären. Was wäre aber der Erfolg, wenn man zwei Thermometer dieser Art, oder zwei Barometer in einer kleinen Entfernung von einander aufstellen und gleichzeitig ablesen würde? — Anstatt einer Uebereinstimmung bis auf tausendstel Grade und tausendstel Linien würde man nicht selten Unterschiede finden, die auf zwei bis drei Zehntel eines Grades und bis auf eine Zehntel-Linie sich erheben würden. Die Ursachen sind nicht schwer nachzuweisen: sie liegen theils in der Natur der zu messenden Grössen, theils in der Natur der Instrumente.

Die Luft, deren Temperatur und Druck zu bestimmen sind, bildet keine Masse von durchaus gleichen oder gleichbleibender Beschaffenheit: wärmere und kältere Theile bewegen sich beständig bald schneller, bald langsamer durcheinander, und zwei Instrumente, die nicht absolut an demselben Puncte sich befinden, müssen im Allgemeinen verschiedene Ablesungen geben, selbst wenn sie augenblicklich auch den kleinsten in der Luft vorgehenden Aenderungen folgten. Letzteres ist aber nicht der Fall. Jede Temperatur-Aenderung wird erst nach einiger Zeit an den Instrumenten bemerklich: jede Aenderung des Luftdruckes muss eine gewisse Grösse erreichen, bis sie mit dem Barometer messbar wird; ebenso wie an einer Waage ein Gewichts-Unterschied erst, wenn er einen bestimmten Betrag übersteigt, einen wahrnehmbaren Ausschlag giebt. Gesetzt aber auch, wir hätten die Mittel, den Zustand der Atmosphäre mit äusserster Schärfe aufzuzeichnen, so würde dies für die Theorie nutzlos sein, weil unendlich viele zufällige Ursachen jeden einzelnen Stand bedingen und nur Mittelwerthe den Gegenstand theoretischer Untersuchung bilden können. Bei Mittelwerthen ist es aber gleichgültig, ob die einzelne Beobachtung mit einer gröber oder feiner eingetheilten Scala abgelesen worden ist. In Folge der hier dargelegten Verhältnisse haben sich die gründlichsten Meteorologen bisher begnügt, die Temperatur bis auf Zehntelgrade, und den Luftdruck höchstens bis auf Hundertel-Linien aufzuzeichnen.

Aehnliche Betrachtungen leiten uns bezüglich auf die magnetischen Beobachtungen zu analogen Schlüssen. Aus dem durch zufällige Ursachen unendlich modificirten Gange der magnetischen Kraft soll das Gesetzmässige durch Mittelwerthe herausgezogen werden, wie es bei der Meteorologie der Fall ist: die Grösse und Zahl der zufälligen Abweichungen sind in dem einen Falle nicht geringer, als im andern *). Was die Instrumente betrifft, so hängen die Nadeln an Fäden, die der Bewegung eine merkliche Kraft entgegenstellen, und erst, wenn die Kraft eine gewisse Grösse erreicht, findet eine Bewegung statt. Ferner haben die Nadeln den Widerstand der Luft zu überwinden, der ebenfalls im Verhältnisse zu der magnetischen Kraft nicht zu vernachlässigen ist. Um einen Begriff von der practisch erreichbaren Genauigkeit zu geben, führe ich folgende Beobachtungs-Resultate an.

149. Ich habe mehrere Reihen von streng gleichzeitigen Beobachtungen, die von 15 zu 15 Secunden mit zwei Declinations-Instrumenten angestellt sind, bekannt gemacht **), woraus man ersieht, dass unter 162 Beobachtungen (insoferne man blos Beob-

---

*) Was die Aenderungen des Erdmagnetismus selbst betrifft, so ist es wahrscheinlich, dass sie an ganz nahe gelegenen Puncten, etwa in verschiedenen Theilen derselben Stadt, vollkommen gleich, oder wenigstens nicht wahrnehmbar verschieden sind. Es ist ferner anzunehmen, dass sich die Aenderungen über den ganzen Umkreis der Erde in unmessbarer Zeit verbreiten, aber modificirt nach Gesetzen, die wir noch nicht kennen. Insoferne man also einzelne Bewegungen dieser Art zum Gegenstande der Untersuchung machen wollte, wäre es nöthig, bei der einzelnen Beobachtung die grösst möglichste Schärfe zu suchen: indessen tritt hier gleich der Umstand hinzu, dass man eine einzelne Bewegung nicht beobachten kann: was wir wahrnehmen, ist die Summe vieler gleichzeitiger, von verschiedenen Quellen ausgehender Bewegungen, und um eine einzelne herauszuheben, müssen wir auch wieder zu Mittelwerthen unsere Zuflucht nehmen.

**) Ueber das magnetische Observatorium in München, S. 27.

achtungen, die nicht über ¼ Stunde von einander entfernt sind, vergleicht), folgende Differenzen vorkommen:

0",0 ... 54	Mal, also Verhältnisszahl	0,333
1,5 ... 69	- - -	0,426
3,0 ... 31	- - -	0,191
4,5 ... 5	- - -	0,031
6,0 ... 3	- - -	0,018.

Bei den Beobachtungs-Zeichen, die einen ganzen Tag umfassen, kommen grössere Unterschiede zum Vorschein. Aus den Münchner Beobachtungen, wo jede Stunde von 7 Uhr Morgens bis 6 Uhr Abends nach zweierlei Instrumenten aufgezeichnet wird, hebe ich Folgendes heraus, wobei ich blos bemerke, dass die Aufzeichnungen nicht streng gleichzeitig, sondern nach einander, jedenfalls innerhalb der Dauer einer Minute, geschehen.

1) Declination. Während eines Zeitraums von 13 Tagen (156 Beob.) sind die Abweichungen nach folgendem Verhältnisse vertheilt:

0"	... 0,22
6	... 0,35
12	... 0,24
18	... 0,14
24	... 0,03
30	... 0,03

2) Horizontal-Intensität. Während eines Zeitraums von 6 Tagen (72 Beob.) sind die Abweichungen nach folgendem Verhältnisse vertheilt:

0.00000	... 0,12
0.00002	... 0,14
0.00004	... 0,19
0.00006	... 0,15
0.00008	... 0,12
0.00010	... 0,15
0.00012	... 0,03

0.00014 . . . 0,03

0.00016 . . . 0,04

3) Inclination. Für einen Zeitraum von 13 Tagen (156 Beob.) findet man die Abweichungen in folgender Weise vertheilt:

0″ bis 12″ . . . 0,58

12 - 24 . . . 0,16

24 - 36 . . . 0,19

darüber bis 54 . . . 0,07

Was die absoluten Beobachtungen betrifft, so sind die Gränzen der Abweichungen weit grösser, als bei den Variations-Beobachtungen eines Tages, mit Ausnahme der Declination, wo wiederholte Bestimmungen in einem Observatorium nie um $\frac{1}{2}$ Minute vom Mittel abweichen werden. (Beispiele findet man oben §. 126. und in meiner Schrift über das magnetische Observatorium in München, S. 34.)

Einzelne absolute Intensitäts-Messungen mit dem magnetischen Theodoliten werden immer mit einander übereinstimmen, in so weit, dass eine Abweichung vom Mittel nicht vorkommen wird, die über 0.0010 (absolute Einheiten) geht. Hansteen hat 8 absolute Intensitäts-Beobachtungen mit einem Gauss'schen Magnetometer im Observatorium zu Christiania gemacht, und folgende Abweichungen gefunden:

+ 0.0053

+ 0.0047

+ 0.0038

+ 0.0011

— 0.0068

— 0.0062

+ 0.0001

— 0.0021

Bei absoluten Inclinations-Beobachtungen können beim Gebrauche der bisherigen Hülfsmittel sehr leicht Fehler von mehreren Minuten vorkommen.

150. Nach dem bisher Gesagten glaube ich folgende Gränzbestimmungen annehmen zu können:

1) Die Scala der Declinations-Variationen kann in Minuten getheilt sein; bei der Ablesung werden die Zehntel-Minuten geschätzt.

2) Die Scala der Intensitäts-Variationen kann Theilstriche haben, die zwischen $\frac{1}{10000}$ und $\frac{2}{10000}$ der Kraft betragen, und die Zehntel werden geschätzt.

3) Nach dem Verhältnisse zu den Declinations-Variationen ist es zweckmässig, die Inclinations-Scalen so einzurichten, dass sie halbe Minuten geben, und dabei eine Grösse haben, dass man mit Sicherheit die Zehntel schätzen könne.

4) Die Kreise, womit die absolute Declination beobachtet wird, müssen durch Verniers von 10″ zu 10″ geben: noch bequemer ist es, Microscope zu gebrauchen, und sie so einzurichten, dass man Zehntel-Minuten erhält.

5) Es reicht hin, die absolute Intensität mit 4 Decimalstellen anzugeben.

6) Bei gewöhnlichen Inclinatorien ist eine Ablesung bis auf Minuten ausreichend.

Es ist zweckmässig, noch zu bemerken, dass diese Bestimmungen nur für Mittel-Europa gelten. Gegen den Aequator nimmt die Grösse der zufälligen Bewegungen ab, und lässt eine weit grössere Genauigkeit der einzelnen Beobachtungen zu: gegen die Pole wächst der Einfluss der Störungen. Eben so wird durch die Inclination ein Unterschied bedingt.

3. Messung der Declinations-Variationen.

151. Die Messung der Declinations-Variationen ist eine sehr einfache Aufgabe: im Grunde bedarf es nur eines im Meridian frei aufgehängten Magnets, dessen Richtung abgelesen wird.

Die Grösse des Magnets ist gleichgültig; aber bei kleinen, wie bei grossen Magneten ist es unerlässliche Bedingung, durch ein zweckmässig eingerichtetes Gehäuse die Luftvibrationen abzuhalten, und die Strömung der mit dem Magnet eingeschlossenen Luft zu verhindern. Das Verhältniss der Torsionskraft des Fadens zum magnetischen Momente der Nadel soll möglichst klein sein.

Die Torsion sollte nahe gehoben, also der Magnet im Meridian sein. Wenn die Torsion gross ist, hat man Aenderungen mehr zu fürchten, als wenn sie nur einen geringen Betrag hat. Wird der Magnet durch die Torsion des Fadens um den Winkel φ aus dem Meridian abgelenkt gehalten, so erfordern die Beobachtungen eine Correction von

$$\delta\varphi = -\varphi \frac{\delta X}{X}.$$

Bei Störungen kann die Variation der Horizontal-Intensität $\frac{1}{100}$ betragen; nimmt man also $\varphi = 1^{\circ}$, so wird $\delta\varphi = 0{,}'6$. Die tägliche Variation der Intensität geht nicht über $\frac{2}{1000}$, so dass für $\varphi = 1^{\circ}$ die Correction $\delta\varphi = 0{,}'12$ wird.

152. Die Ablesung ist verschieden; man kann (nach Abschnitt V.) Microscopen-Ablesung, Spiegel-Ablesung, Collimator-Ablesung brauchen: nach der Ablesung, die man gebrauchen will, muss die Construction der Instrumente eingerichtet sein. Die wesentlichen dabei zu beachtenden Bedingungen sind bereits im Vorhergehenden angegeben. Eine besondere Darstellung der vielen angewendeten oder zur Anwendung geeigneten Constructionen würde unnöthig sein, und ich begnüge mich beispielsweise von zwei Einrichtungen hier eine kurze Beschreibung folgen zu lassen: die erstere wird eine deutlichere Vorstellung geben von den Mitteln, die anzuwenden sind, wenn man grosse Stäbe aufstellt; die letztere bezieht sich auf eine Nadel von kleinen Dimensionen.

153. Fig. 47. stellt ein Gauss'sches Magnetometer dar.

Der Magnet, der in dem Kasten *A B* sich befindet, ist ungefähr 640 Millimeter lang, und wiegt 4 Pfund. Der Magnet (durch Fig. 46. in grösserm Maasstabe dargestellt) ist durch eine Hülse *H H* gesteckt, und mit zwei Schrauben, α, β, geklemmt. Die Hülse trägt den Torsionskreis, und vom Torsionskreise aus geht der Suspensions-Faden, der an der Decke des Zimmers befestigt ist. Am Ende *M* ist eine messingene Hülse angesteckt und mit Klemmschrauben festgemacht; die Hülse hält den Spiegel, der durch die drei Schrauben *a*, *b*, *c* gegen die rückwärts befindlichen Federn angedrückt wird. Durch diese drei Schrauben kann man den Spiegel senkrecht auf die Axe des Magnets stellen. Der Kasten *A B* (Fig. 47.) hat etwa $\frac{3}{4}$ Meter im Durchmesser und 150 Millimeter in der Höhe. Er ist oben mit einem aus zwei Hälften bestehenden Deckel verschlossen; durch eine kleine Oeffnung *a* geht der Suspensions-Faden. Vor dem Spiegel ist eine Oeffnung in den Kasten gemacht, so dass man mit dem Fernrohre *F* auf den Spiegel hineinsehen kann: der Spiegel muss die Scala *S S* in's Fernrohr reflectiren.

Zum Dämpfen der Schwingungen sind Kupferplatten unter den Magnet gelegt; auch ist häufig ein Multiplicator als Dämpfer gebraucht worden.

Die unveränderte Stellung des Fernrohrs wird controllirt durch die Mire *M*, auf welche das Fernrohr gerichtet werden kann. Von einem Einschnitte in der Objectivfassung des Fernrohrs geht ein feiner mit einem Gewichte *g* beschwerter Draht herunter, und trifft immer auf denselben Theil der Scala, wenn letztere gegen das Fernrohr eine unveränderte Lage hat.

Von Zeit zu Zeit legt man den Stab um, und bestimmt die Collimation des Spiegels: man erkennt dabei etwaige Aenderungen, die in der Lage des Spiegels vorgehen könnten. Auch muss von Zeit zu Zeit der Stab herausgenommen und der Torsionsstab eingehängt werden, um Aenderungen der Torsion bestimmen und in Rechnung bringen zu können. So sind alle Theile des Instruments, bei denen eine Aenderung möglich wäre, einer genauen Controlle unterworfen *).

154. Fig. 85. giebt eine Vorstellung von den im Münchner Observatorium im Jahre 1841 getroffenen Einrichtungen. Die Nadel, aus einer Uhrfeder gemacht, ungefähr 3 Zoll lang und ¼ Zoll breit, ist in dem Gehäuse *A B* aufgehängt. Der Spiegel befindet sich in dem viereckigen Theile *a b*; vor dem Spiegel ist ein Planglas, rückwärts ein gewöhnliches Glas, damit man durchsehen kann. Die Scheibe *A B* ist massiv von Messing gegossen. Es wird eine schmale längliche Oeffnung ausgefeilt, und oben und unten mit Glas verschlossen; in dieser Oeffnung bewegt sich die Nadel.

Das Beobachtungs-Fernrohr (wozu man ein Fernrohr von 7 bis 10 Linien Oeffnung mit stark vergrösserndem Ocular verwenden kann), auf eine isolirte Säule aufgestellt, hat eine Vertical-Bewegung, damit man es etwas abwärts richten kann, um, unter dem Gehäuse hin, auf die Mire *M* zu sehen. Die Scala *S S*, von Glas, ist in dem Gestelle des Fernrohrs fest geklemmt. Rückwärts von der Scala ist der Beleuchtungs-Spiegel *P*. Bei der Nacht wird dieser Spiegel herausgenommen, und an seine Stelle ein Concav-Spiegel *P'* gesetzt, der das Kerzenlicht *l* durch die Scala gegen den Magnet-Spiegel reflectirt. Die Kerzenflamme muss nahe zu im Focus des Spiegels sein.

Aenderungen in der Lage des Fernrohrs erkennt man an der Mire; Aenderungen der Scala an dem Gestelle des Fernrohrs. Sonst mögliche Aenderungen werden durch absolute Beobachtungen (mit dem magnetischen Theodoliten) bestimmt. (§. 146.)

Die Declinations-Variationen werden in Scalatheilen auf-

---

*) Diese Beschreibung soll ungefähr eine Vorstellung von den im Jahre 1836 von Gauss eingeführten Einrichtungen geben. Es braucht kaum hinzugefügt zu werden, dass, um genaue Beobachtungen zu erhalten, der Stab enger eingeschlossen werden müsse, wie dies bei den Instrumenten der Brittischen Observatorien durch ein zweites, im Kasten angebrachtes, enges Gehäuse geschehen ist.

gezeichnet: die Resultate müssen in Winkelmaass verwandelt werden, indem man sie mit dem Werthe eines Scalatheils multiplicirt. Bei Bestimmung des Werthes eines Scalatheils hat man den Einfluss der im Observatorium befindlichen Magnete (§. 29.), den Einfluss der Plangläser, durch welche das Licht von der Scala kommt (§§. 67—71.), und die Torsion des Fadens (§. 88.) einzurechnen.

4. Messungen der Intensitäts-Variationen.

155. Die Intensität hat keinen Einfluss auf die Richtung einer horizontalen Nadel, so lange diese im Meridian sich befindet: bringt man aber durch irgend eine Kraft die Nadel aus dem Meridian, so tritt sogleich die Intensität in Wirkung; die Schnelligkeit der Schwingungen und die Grösse der Ablenkungen hängen davon ab.

Das einfachste und älteste Mittel zur Bestimmung der Intensitäts-Variationen ist eine Nadel, die man schwingen lässt. Ist die Schwingungsdauer $= T$, so hat man:

$$M X (1 - \alpha t) = \frac{\pi^2 K (1 + 2 \beta' t)}{T^2},$$

mithin die Variationen:

$$\frac{\delta X}{X_0} = -2 \frac{\delta T}{T_0} + \left(\frac{\alpha}{1 - \alpha t_0} + \frac{\beta'}{1 + 2 \beta' t_0}\right) \delta t.$$

Für X_0, T_0, t_0 wählt man am besten die Mittelwerthe dieser Grössen: δt ist die Aenderung der Temperatur und $= t - t_0$, wenn t die Temperatur der Nadel zur Zeit der Beobachtung war.

156. Variationen werden nicht mehr nach dieser Methode beobachtet, weil die Beobachtung zu viel Zeit erfordert: die jetzt allgemein befolgte Methode besteht darin, eine Nadel durch eine constante T o r s i o n s k r a f t aus dem Meridian abzulenken, und die Variationen des Ablenkungs-Winkels aufzuzeichnen. Die einfachste Torsionskraft ist die eines Metalldrahtes. Hängt man einen Magnet an einem Metalldrahte im magnetischen Meridian auf, und dreht das obere Ende um den Winkel ψ, dass der Magnet um einen Winkel φ aus dem Meridian abgelenkt wird, so hat man die Gleichung. (§. 92.)

$$\gamma(\psi - \varphi) = M X (1 - \alpha t) \sin \varphi.$$

Diese Gleichung gilt nur, so lange der magnetische Meridian sich nicht ändert. Eine Aenderung des magnetischen Meridians hat auf die Torsionskraft des Drahtes $\gamma(\psi - \varphi)$ keinen Einfluss, wohl aber auf das Drehungsmoment des Magnets. Bewegt sich die Declination um den kleinen Winkel $n\,\varepsilon$ in der Richtung von φ, so ist das Drehungsmoment des Magnets

$$= M X (1 - \alpha t) \sin(\varphi - n\,\varepsilon);$$

wir haben daher:

$$\gamma(\psi - \varphi) = M X (1 - \alpha t) \sin(\varphi - n\,\varepsilon).$$

Das logarithmische Differential giebt, wenn man $\delta t = t - t_0$ setzt:

$$\frac{\delta X}{X} = \frac{\delta \varphi}{\psi - \varphi_0} - \frac{\delta \varphi}{\operatorname{tg}(\varphi_0 - n\,\varepsilon)} + \frac{\alpha(t - t_0)}{1 - \alpha t_0}.$$

Es ist vortheilhaft φ_0 sehr nahe $= 90^\circ$ zu machen, wir wollen deshalb $\varphi_0 = 90^\circ + x$ setzen, und zugleich annehmen, dass man die Aenderungen des Ablenkungs-Winkels an einer Scala ablese, wovon ein Theilstrich dem Bogen ε_1 entspricht, so können wir $\delta \varphi = n' \varepsilon_1$ setzen, alsdann haben wir:

$$\frac{\delta X}{X} = \frac{n' \varepsilon_1}{\psi - 90^\circ - x} + n' \varepsilon_1 (x - n\,\varepsilon) + \frac{\alpha(t - t_0)}{1 - \alpha t_0}.$$

Hiebei muss $\psi - 90^\circ - x$ sowohl, als $n' \varepsilon_1$, $n\,\varepsilon$ und x in Bogen ausgedrückt werden.

Beispielsweise wollen wir ε_1 = dem Bogen von $30'' = 0.0001454$ und $\frac{\varepsilon_1}{\psi - 90^\circ} = 0.0001$, mithin $\varphi - 90^\circ = 1.4545 = 83^\circ.\ 20' = 5000'$ annehmen. Drücken wir dann x und $n\,\varepsilon$ in Minuten aus, und setzen $\varepsilon = \frac{1}{2}$ Minute so ergiebt sich:

$$\frac{\delta X}{X} = n' \, 0.0001 \, . \left(1 + \frac{x}{1605} - \frac{n}{4727}\right) + \frac{\alpha\,(t-t_0)}{1-\alpha\,t_0}.$$

Sollen die Variationen der Intensität bis auf $\frac{1}{100}$ ihres Betrages genau bestimmt werden, so darf man die Bewegung der Declination nur dann vernachlässigen, wenn sie kleiner ist als 24′.

Die tägliche Bewegung der Declination kann demnach wenigstens in unsern Gegenden, wenn man φ vom mittlern magnetischen Meridian rechnet, immerhin unberücksichtigt bleiben; dagegen muss man x innerhalb enger Gränzen zu erhalten bedacht sein. Wie man dies erreichen könne, wollen wir bei der Bifilar-Suspension, wo derselbe Fall eintritt, erklären.

157. Will man durch die Torsionskraft zweier paralleler Fäden einen Stab aus dem Meridian ablenken, um die Intensitäts-Variationen zu messen, so sind die Verhältnisse ganz denen ähnlich, die wir im vorigen §. entwickelt haben. — Es sei der Winkel, um welchen der Stab von dem wahren magnetischen Meridian abgelenkt wird $= \varphi - n\,\varepsilon$, und der Torsions-Winkel $= \psi - \varphi$ (wobei ψ und φ vom mittlern magnetischen Meridian gerechnet sein sollen), so haben wir:

$$\gamma \sin(\psi - \varphi) = M X (1 - \alpha\,t) \sin(\varphi - n\,\varepsilon).$$

Die Torsionskraft der Fäden γ ist $= \frac{1}{4}\,\lambda\,P\,\frac{a^2}{l}$, und hängt von der Temperatur ab. Setzt man für die Temperatur $= t$ die Länge der Fäden $= l\,(1 + p\,t)$, und ihre Entfernung $= a\,(1 + q\,t)$, und macht man $\frac{\alpha}{1-\alpha\,t_0} - \frac{p}{1-p\,t_0} + \frac{2\,q}{1-q\,t_0} = k$, so giebt das logarithmische Differential der obigen Gleichung:

$$\frac{\delta X}{X} = \frac{\delta\varphi}{\operatorname{tg}(\psi - \varphi)} - \frac{\delta\varphi}{\operatorname{tg}(\varphi - n\,\varepsilon)} + k\,(t - t_0).$$

Der Einfachheit der Berechnung wegen ist es zweckmässig $\varphi = 90^0$ zu machen: wir wollen wie im vorigen §. $\varphi = 90^0 + x$, $\delta\varphi = n\,\varepsilon_1$ setzen, und erhalten alsdann:

$$\frac{\delta X}{X} = - n' \varepsilon_1 \operatorname{tg} \psi \left(1 - \frac{n \varepsilon + x (2 + \operatorname{tg}^2 \psi)}{\operatorname{tg} \psi}\right) + k (t - t_0).$$

Hier ist der Werth eines Theilstriches ε_1 in Bogen, und x und $n \varepsilon$ ebenfalls in Bogen auszudrücken.

Um den Einfluss von x und $n \varepsilon$ zu zeigen, wollen wir wie oben $\varepsilon_1 = \sin 30''$, $\varepsilon_1 \, tg \, \psi = + 0.0001$, mithin $\psi = 145^{\circ}. 29', 4$, dann $\varepsilon = \frac{1}{2}$ Minute setzen, und auch x in Minuten ausdrücken, so haben wir:

$$\frac{\delta X}{X} = n' . 0.0001 \left(1 + \frac{x}{955,6} - \frac{n}{4727}\right) + k (t - t_0).$$

Hier haben die Aenderungen der Declination denselben Einfluss, wie im vorigen §., und können vernachlässigt werden; dagegen ist es nothwendig, x sehr klein zu machen. Man gelangt dazu auf folgende Weise:

158. Auf der Hülse, in welcher der Stab gehalten wird, mache man einen kleinen getheilten Kreis B (Fig. 86.) fest, so dass man mit den 2 Verniers a, b Minuten ablesen kann. Auf der Mitte der Alhidade sei ein senkrecht stehender Cylinder eingeschraubt. An dem Cylinder befinde sich die Hülse $k k$, die auf der einen Seite den Spiegel trägt, auf der andern ein Gegengewicht und zwei Klemmschrauben hat, womit sie fest gemacht werden kann. Oben sei die Rolle A angebracht, um welche der Bifilardraht herumgeht. Ehe man aber die Bifilar-Suspension einrichtet, mache man da, wo das obere Ende des Bifilardrahtes hinkommt, einen Seitenfaden fest, hebe die Torsion auf, und hänge den Magnet daran. Man drehe nun den Spiegel, bis die Scala in's Gesichtsfeld des Fernrohrs kommt, und bemerke den Theilstrich N, auf welchen der Faden des Fernrohrs trifft. Alsdann richte man die Bifilar-Suspension ein, und drehe die Alhidade um 90°, dann bringe man durch Drehung des obern Endes der Fäden nach entgegengesetzter Richtung denselben Theilstrich N der Scala auf den Faden des Fernrohrs. Auf solche Weise kann man den Stab genau senkrecht auf den Meridian stellen. Es ist kaum nöthig zu bemerken, dass hier der mittlere magnetische Meridian zu verstehen ist, und dass, wenn man nicht gerade die Zeit wählt, wo der magnetische Meridian seine mittlere Richtung hat, man aus der unmittelbar beobachteten Richtung die mittlere ableiten müsse.

159. Es giebt auch ein Mittel, die Richtung des magnetischen Meridians zu bestimmen mit der Bifilar-Suspension selbst. Man bringe nämlich den Stab nahe in den Meridian, und stelle den Spiegel so, dass ein gewisser Theil N der Scala auf den Faden des Fernrohrs trifft. Man drehe dann die Alhidade um 180^0, und stelle den Stab so, dass sein Nordpol nach Süden gerichtet ist, so wird, falls er im Meridian sich befindet, derselbe Theilstrich N auf den Faden des Fernrohrs treffen. Trifft anstatt dessen der Theilstrich N', so muss der Stab um den Winkel $\frac{1}{2}\left(\frac{\gamma}{MX} - \frac{MX}{\gamma}\right)(N - N')\,\varepsilon_1$ gedreht werden.

160. Nach dem oben (§. 158.) beschriebenen Verfahren bestimmt man zunächst die Richtung, die der Stab erhalten soll, und dreht die Fäden so lange, bis der Stab in diese Richtung kommt. Den Torsions-Winkel findet man also blos durch Versuche. Es giebt indessen ein Mittel, direct den Torsions-Winkel zu bestimmen. Man beobachtet nämlich in der gewöhnlichen und in der verkehrten Lage des Stabes die Schwingungs-Zeiten τ und τ', und hat nach §. 94., wenn $\varphi = 90^0$ gesetzt wird, $\sin(\psi - 90^0) = \frac{\tau'^2 - \tau^2}{\tau'^2 + \tau^2}$. Hat man einmal auf solche Weise ψ bestimmt, so wird die Einrichtung des Instruments keine Schwierigkeit haben; die Art und Weise, wie man dabei verfährt, wird übrigens verschieden sein, je nach der Construction des Instruments. Gesetzt es seien die untern Faden-Enden mit einem getheilten Kreise unveränderlich verbunden (wie bei dem Gauss'schen Bifilar-Magnetometer): der Kreis trage zwei unabhängige Alhidaden, die eine mit dem Stabe, die andere mit dem Spiegel fest verbunden, so muss man erst den Stab vom magnetischen Meridian aus um den Winkel ψ drehen (links oder rechts ist gleichgültig), während man die Fäden in ihrer natürlichen Richtung hält. Lässt man nun den Stab los, so geht er zurück um $\psi - 90^0$ (bis er nämlich senkrecht gegen den magnetischen Meridian steht), und führt den Spiegel mit sich; damit der Spiegel seine frühere Lage erhält, muss man ihn um $\psi - 90^0$ vorwärts drehen. Nach diesen Operationen muss wieder derselbe Theilstrich, wie Anfangs auf den Faden des Fernrohrs treffen. Trifft ein anderer Theilstrich, so ist es ein Zeichen, dass der Magnet nicht im magnetischen Meridian war. Damit man versichert sei, dass die Fäden keine eigene Drehung haben, ist es zweckmässig, ehe man mit den vorhergehenden Operationen beginnt, den Stab einmal links und einmal rechts um gleiche Winkel zu drehen, und zu untersuchen, ob in beiden Fällen der Torsions-Winkel gleich ist.

Folgendes Beispiel, von Kuppffer mitgetheilt, mag die Sache erläutern. Nachdem der Meridian gefunden war (§. 159.), traf der Theilstrich 362 auf den Faden des Fernrohrs. Die Alhidade des Stabs zeigte 228° 15′, die Alhidade des Spiegels 87° 30′. In der natürlichen Lage des Stabs (228° 15′) fand man $\tau = 20{,}''0$, in der verkehrten (48° 15′) $t = 87{,}''3$. Daraus folgt:

$$\sin(\psi - 90^0) = \frac{7621.29 - 400{,}00}{7621.29 + 400{,}00}, \text{ mithin } \psi = 154^0\ 12'.$$

Diesem gemäss wurde die Alhidade des Stabs auf 228° 15′ — 154° 12′ = 74° 3′, und die Alhidade des Spiegels auf 87° 30′ — (154° 12′ — 90°) = 23° 18′ gestellt. Die Scala-Ablesung war 359,0. Bei dem geringen Unterschiede zwischen dieser Ablesung und der obigen 362 kann man die Aufstellung als hinreichend genau betrachten.

161. Die mit dem Bifilar angestellten Beobachtungen erfordern, wie aus obigen Formeln zu ersehen ist, eine Correction wegen der Temperatur, welche $= + k(t - t_0)$ ist, wenn sie an die reducirten Beobachtungen, d. h. an den Werth von $\frac{\delta X}{X}$ angebracht werden soll. Will man die Variationen blos in Theilstrichen n' ausdrücken, und diese corrigiren, so mnss man $-\frac{k}{\varepsilon \operatorname{tg} \psi}(t - t_0)$ zu n' hinzufügen.

Was den Werth von k betrifft, so ist er, wenn man auf den Eispunkt reducirt, $= \alpha - p + 2q$. Gewöhnlich braucht man Stahldraht zur Suspension, und Messing zu den Rollen oder Schrauben, wodurch die Entfernung der zwei Drähte bestimmt wird; in diesem Falle hat man $-p + 2q = + 0.0000335$, und da bei grossen Stäben α ungefähr $= 0.0009$ ist, so hat man näherungsweise $k = + 0.0009335$. Den Werth eines Theilstriches $\varepsilon_1 \operatorname{tg} \psi = \varepsilon'$ kann man etwa $= \frac{1}{10000}$ nehmen, so dass jedenfalls die Temperatur-Correction für 1^0 R über 9 Theilstriche betragen wird. Man sieht, dass es erforderlich ist, die Temperatur sehr genau zu bestimmen, wenn die Variationen der Intensität mit der erforderlichen Schärfe gemessen werden sollen.

Wir haben oben §. 102. bemerkt, dass die Temperatur-Aenderungen im Innern eines Stabes denen der umgebenden Luft nicht gleich sind, und dass also ein Thermometer, dessen Kugel sich neben dem Stabe im Kasten befindet, nicht die Temperatur des Stabes anzeige. Daselbst ist auch die Art und Weise anzugeben, wie man diesen Uebelstand beseitigen, oder wenigstens bis auf einen geringen Betrag vermindern könne.

162. Die Temperatur-Correctionen sind von einigen Beobachtern dadurch ermittelt worden, dass sie in den einzelnen Monaten die mittlere Intensität, und mittlere Temperatur der wärmsten Tage ...i und t..., und die mittlere Intensität und mittlere Temperatur der kältesten Tage ...i' und t'... aus den Beobachtungen berechneten, und den Unterschied der Intensitäten als blos der Temperatur zugehörend, betrachteten, d. h. $k = \frac{i - i'}{t - t'}$ setzten.

Es ist bemerkenswerth, dass die Bestimmungen, die man auf solche Weise bekommt, kleiner sind, als diejenigen, welche nach der Vorschrift des §. 161. erhalten werden.

163. In den Russischen Observatorien werden Magnetstäbe von Bulatstahl (§§. 99. 133.) angewendet, und dadurch der Einfluss der Temperatur eliminirt, oder so vermindert, dass keine Unsicherheit in den Resultaten desfalls entstehen kann.

Auch durch einen compensirten Ablenkungs-Magnet, bei welchem $M - m$ für die mittlere Temperatur $= o$ oder sehr klein wäre, könnte man den Einfluss der Temperatur auf das Bifilar aufheben. Der einzige sichere Weg aber, die Temperatur-Correction (so weit sie von α abhängt) zu bestimmen, besteht darin, einen kleinen Magnet unter der Mitte des Bifilar-Stabes aufzuhängen. Es werde der kleine Magnet um den Winkel φ' abgelenkt, so hat man nach §. 26. a, da $u = 90^0$ oder 270^0 sein wird:

$$\pm e^3 \frac{X}{M} \operatorname{tg} \varphi' = 1 - \ldots$$

mithin:

$$\frac{\delta X}{X} + \alpha t + \frac{\delta \varphi'}{\frac{1}{2} \sin 2 \varphi'} = o\,.$$

Diese Gleichung, mit der Gleichung des Bifilars vereinigt, giebt:

$$\frac{\delta X}{X} = - \tfrac{1}{2} n \varepsilon \operatorname{tg} \psi - \frac{\delta \varphi'}{\sin 2 \varphi'} + 0.0000167\,.\,t\,.$$

Es ist zweckmässig hier $\varphi' = 45^0$ zu setzen, so dass $\sin. 2\varphi' = 1$ wird. Zu bemerken ist noch, dass $\delta \varphi'$ vom wahren (nicht vom mittlern) magnetischen Meridian gerechnet werden muss, und man also anstatt dieser Grösse (nach §. 156.) $n_1' \varepsilon_1' - n \varepsilon$ substituiren muss, wenn $n_1' \varepsilon_1'$ die an dem kleinen Magnet beobachtete Aenderung (in Bogen) und $n \varepsilon$ die Aenderung der Declination ausdrückt. Man wird indessen hier leicht bemerken, dass $\frac{\delta X}{X}$ mehr vom kleinen Magnet, als vom Bifilar abhängt. Dieser Uebelstand nebst einigen practischen Schwierigkeiten vermindert die theoretische Vorzüglichkeit der Einrichtung. Die Uebelstände würden nicht wesentlich vermindert, wenn man den kleinen Magnet in der Horizontal-Ebene des Bifilars östlich oder westlich aufhängen würde.

164. Die vorhergehenden Einrichtungen sind vorzugsweise nur bei grössern Stäben mit Vortheil anzuwenden; bei kleinen Nadeln ist es am zweckmässigsten, fixe Ablenkungs-Magnete zu gebrauchen. Es sei (in horizontaler Projection) $a\,b$ (Fig. 87.) der magnetische Meridian, $m\,m$ die freie Nadel, die unter einem Winkel $b\,c\,b' = \varphi$ vom Meridian abgelenkt gehalten wird durch zwei auf $a'\,b'$ senkrechte compensirte Magnete A und B. Wenn man das Moment, womit die beiden Ablenkungs-Magnete die freie Nadel zu drehen suchen, $= u$ setzt, so hat man die Gleichung

$$u = MX \sin\varphi,$$

wovon das logarithmische Differential giebt:

$$\frac{\delta X}{X} = -\frac{\delta\varphi}{\operatorname{tg}\varphi}.$$

Hier bedeutet φ die Ablenkung von dem wahren magnetischen Meridian. Rechnen wir φ wie oben vom mittlern magnetischen Meridian, und setzen die wahre Ablenkung $= \varphi - n\,\varepsilon$ und $\delta\varphi = n'\,\varepsilon$ *), so haben wir:

$$\frac{\delta X}{X} = (n - n')\,\frac{\varepsilon}{\operatorname{tg}\varphi}.\ ^{**})$$

*) Est ist immer nöthig, die Scalen so zu theilen, dass ein Theilstrich beim Declinations- und beim Intensitäts-Instrumente gleichen Angulärwerth habe.

**) Es könnte vielleicht unzweckmässig scheinen, dass die Intensitäts-Variationen nach der hier beschriebenen Einrichtung von der gleichzeitigen Ablesung zweier Instrumente abhängt. Ich glaube zwar nach vieljähriger Erfahrung sagen zu können, dass hierin kein Nachtheil liegt; will man übrigens das Intensitäts-Instrument von den Declinations-Aenderungen unabhängig machen, so hat dies keine Schwierigkeit. Man braucht blos die Ablenkungs-Magnete so weit zu nä-

Was die Einrichtung des Instruments betrifft, so ist das Gehäuse, die Suspension u. s. w. genau wie beim Declinations-Instrument (§. 154). Eine hölzerne Schiene (Fig. 88.) geht unter dem Gehäuse durch, und trägt die Ablenkungs-Magnete. Die Torsionskraft des Fadens, wenn sie merklich ist, muss in Rechnung gebracht werden, und zwar sowohl bei dem Declinations- als auch bei dem Intensitäts-Instrumente. Gewöhnlich macht man beide Nadeln ganz gleich, so dass auch das Verhältniss der Torsionskraft der Fäden zu dem magnetischen Momente der Nadeln, welches wir mit γ bezeichnen wollen, als gleich anzunehmen ist, wenn beide im Meridian wären. Da aber die Intensitäts-Nadel vom Meridian abgelenkt ist, so ist für diese das Verhältniss $\frac{\gamma}{\cos\varphi}$, und wir haben demnach:

$$\frac{\delta X}{X} = \left(n'\left(1 + \frac{\gamma}{\cos\varphi}\right) - n\,(1+\gamma)\right)\frac{\varepsilon}{\operatorname{tg}\varphi}$$
$$= (n' - n)\,\frac{\varepsilon\,(1+\gamma)}{\operatorname{tg}\varphi} + n\,\varepsilon\,\gamma\,\operatorname{tg}\tfrac{1}{2}\varphi\,.$$

Von dem Winkel φ hängt die Empfindlichkeit des Instruments ab; es ist aber räthlich, diesen Winkel nicht zu gross zu nehmen. Setzt man $\varphi = 45^0$, so hat man:

$$\frac{\delta X}{X} = (n - n')\,\varepsilon\,(1+\gamma) + n\,\varepsilon\,\gamma\; 0{,}414\,.$$

Zweckmässiger ist es, φ so zu wählen, dass $\frac{\varepsilon}{\operatorname{tg}\varphi}$ eine bequeme Zahl giebt; z. B. man theilt die Scalen so, dass jeder Theilstrich $= 1'$, und setzt $\frac{\varepsilon}{\operatorname{tg}\varphi} = 0{,}0002$, so wird $\varphi = 55^0\ 29',4$, und man hat:

hern, bis die Ablenkung = 90° wird. Alsdann muss man aber über oder unter der Nadel, oder in ihrer Verlängerung einen Magnet parallel damit festmachen, welcher der Nadel eine constante Directionskraft giebt. Dadurch wird natürlich das Instrument complicirter: und dies schien mir ein hinreichender Grund, der oben beschriebenen Einrichtung den Vorzug zu geben.

$$\frac{\delta X}{X} = 0,0002\,(n - n')\,(1 + \gamma) + 0,000153\, n\gamma\,.$$

165. Wir haben in §. 164. $\frac{\delta X}{X}$ einfach der Aenderung des Ablenkungs-Winkels proportional gesetzt; bisweilen ist es aber nothwendig, die zweite Potenz jener Aenderung zu berücksichtigen. Zu diesem Behufe können wir unsere Fundamental-Gleichung so anschreiben:

$$u = M\,(X_0 + \delta X)\,\sin\,(\varphi_0 + (n' - n)\,\varepsilon)\,;$$

alsdann gieht die Entwickelung:

$$\frac{\delta X}{X_0} = -\,\frac{n' - n}{\mathrm{tg}\,\varphi}\,\varepsilon + (n' - n)^2\,\varepsilon^2\,(\tfrac{1}{2} + \mathrm{tg}^2\,\varphi)\,.$$

Das zweite Glied auf der rechten Seite der Gleichung kann man als Correction $(n' - n)$ anbringen; die Correction beträgt, wenn man $\frac{\varepsilon}{\mathrm{tg}\,\varphi} = \varepsilon'$ setzt:

$$-\,(n' - n)^2\,\varepsilon'\,\mathrm{tg}^2\,\varphi\,(\tfrac{1}{2} + \mathrm{tg}^2\,\varphi)\,.$$

Der Werth von $\mathrm{tg}^2\,\varphi\,(\frac{1}{2} + \mathrm{tg}^2\,\varphi)$ ist

für $\varphi = 45^\circ$	1,50
$\varphi = 50$	2,73
$\varphi = 55$	5,18
$\varphi = 60$	10,50

Setzt man den Werth eines Theilstriches ε' wie oben $= 0.0002$ und $\varphi = 55^\circ\,29'\!,4$, so hat man die Correction

$$= -\,0,00055\,(n' - n)^2\,.$$

Die tägliche Periode der Horizontal-Intensität geht in Mittel-Europa höchstens von $(n' - n) = -\,5$ bis $(n' - n) = +\,5$ Theilstriche, und die obige Correction kann, in so fern es sich um den täglichen Gang handelt, weggelassen werden. Bei Störungen kann die Bewegung der Intensität von $-\,40$ bis $+\,40$ Theilstriche gehen, und die Correction erhebt sich alsdann bis $-\,0,8$ Theilstriche.

Der Gebrauch zweier Ablenkungs-Magnete, die symmetrisch beiderseits aufgestellt werden, hat den Zweck zu bewirken, dass eine Aenderung in der Lage der Nadel ohne Einfluss auf die Ablesung bleibt. Hierzu ist es jedoch nöthig, dass beide Magnete gleich starke Kraft auf die Nadel üben. Es ist leicht einzuzehen, dass, wenn man die Distanz der Magnete von einander unverändert lässt, und die hölzerne Schiene, worauf sie befestigt sind, nach ihrer Länge verschiebt, der Ablenkungs-Winkel sich ändern wird, und dass er ein Minimum sein wird, wenn die Wirkung beider Magnete auf die Nadel gleich ist. Wann der Ablenkungs-Winkel ein Minimum ist, erkennt man leicht, wenn man durch das Fernrohr den Stand des Instruments beobachtet, während die Schiene mit den Ablenkungs-Magneten langsam verschoben wird.

166. Wir haben noch anzugeben, wie der Winkel φ zu messen ist. Man könnte verschiedene Einrichtungen zu diesem Behufe treffen; practisch gelangt man aber am leichtesten dazu, wenn, wie es sonst auch zweckmässig ist, die Nadeln des Declinations- und Intensitäts-Instruments nahe dieselbe Grösse haben, auf folgende Weise:

Es sei m (Fig. 89.) die Mitte der Declinations-Nadel, m' die Mitte der Intensitäts-Nadel, und man bestimme in der Verlängerung der Nadeln auf dem Postamente A, wo die Beobachtungs-Fernröhre sich befinden, die zwei Punkte c und c', so dass die Distanz mc und $m'c'$ genau gleich seien. Legt man nun in der Distanz mc und senkrecht auf dieser Richtung einen Magnet ab auf, so wird er die Declinations-Nadel ablenken, und zwar östlich oder westlich, je nachdem in a ein Nordpol oder Südpol ist. Aehnliches erfolgt bei der Intensitäts-Nadel, wenn man den Magnet in $a'b'$ hinlegt.

Man beobachte zuerst die Ablenkungen des Declinations-Instruments, und es sei die Ablesung n_0, wenn der Nordpol des Ablenkungs-Magnets östlich, und n_1, wenn er westlich liegt;

alsdann verlege man den Magnet nach $a' b'$, und es seien die correspondirenden Ablesungen der Intensitäts-Nadel n_0' und n_1'. Die Directionskraft der Declinations-Nadel ist $= MX$, und jene der Intensitäts-Nadel $= M' X \cos \varphi$, wenn M und M' ihre magnetischen Momente bedeuten. Das Moment, womit der Ablenkungs-Magnet die beiden Nadeln zu drehen sucht, kann man durch μM und $\mu M'$ vorstellen. Man hat demnach:

$$\mu M = M X \sin \tfrac{1}{2} (n_0 - n_1)\, \varepsilon\,,$$
$$\mu M' = M' X \cos \varphi \sin \tfrac{1}{2} (n_0' - n_1')\, \varepsilon_1\,.$$

Streng genommen hat μ in beiden Gleichungen nicht ganz denselben Werth, ausser für den Fall, wo $M = M'$. Unterdessen kann man durch strenge Entwickelung des Problems nach §. 22. sich leicht überzeugen, dass auch, wenn M und M' beträchtlich verschiedene Werthe hätten, der Unterschied der Werthe von μ, so lange die Ablenkungen nicht über 2° gehen, unmerklich sein wird. — Aus der obigen Gleichung ergiebt sich:

$$\cos \varphi = \frac{\sin \frac{1}{2} (n_0 - n_1)\, \varepsilon}{\sin \frac{1}{2} (n_0' - n_1')\, \varepsilon_1}\,.$$

Es wird wohl immer zulässig sein, die Bögen anstatt der Sinusse zu substituiren; nimmt man dann ausserdem noch auf die Torsion Rücksicht, so hat man:

$$\cos \varphi = \frac{\varepsilon\, (n_0 - n_1)}{\varepsilon_1\, (n_0' - n_1')} \cdot \frac{1 + \gamma}{1 + \frac{\gamma}{\cos \varphi}} = \frac{\varepsilon\, (n_0 - n_1)}{\varepsilon_1\, (n_0' - n_1')} \left(1 - \gamma\, \frac{\sin^2 \frac{1}{2} \varphi}{\cos \varphi}\right).$$

Wir haben hier angenommen, dass die Distanzen mc und $m'c'$ gleich seien. Wären sie ungleich, und hätte man $mc = e$, $m'c' = e'$, so würde es nöthig sein, die rechte Seite der vorhergehenden Gleichung mit $\frac{e^3}{e'^3}$ noch zu multipliciren.

Beispielsweise führe ich folgende Bestimmung an, die ich vorgenommen habe, um den Ablenkungs-Winkel des Intensitäts-Instruments im neuen magnetischen Observatorium in München zu bestimmen:

Declinations-Instrument.

		Ablesung der Stäbe.
Ablenkungs-Magnet	N östlich	n_0 81,5
	N westlich. . . .	n_1 60,1
	N östlich	n_0 81,4
	N westlich . . .	n_1 60,25
	Im Mittel $n_0 - n_1$	$=$ 21,27

Intensitäts-Instrument.

Ablenkungs-Magnet	N östlich	n_0' 48,1
	N westlich . . .	n_0' 13,0
	N östlich	n_0' 48,1
	N westlich . . .	n_0' 13,03
	Im Mittel $n_0' - n_1'$	$=$ 35,07

Die Werthe der Theilstriche $\varepsilon, \varepsilon_1$ waren bei beiden Scalen gleich und $=$ 1 Minute. Nach der früher vorgenommenen Torsions-Bestimmung brachte eine ganze Umdrehung des Fadens bei dem Declinations-Instrumente 8′ Aenderung im Stande der Nadel hervor; daraus folgt $\gamma = \frac{1}{2700}$. Dieselbe Bestimmung gilt auch für das Intensitäts-Instrument.

Ohne Rücksicht auf die Torsion erhält man $\cos \varphi = \frac{21,27}{35,07}$ und $\varphi = 52^0.\ 39{,}'8$, ferner $2\,\gamma \frac{\sin^2 \frac{1}{2}\varphi}{\cos \varphi} = 0.0002403$, also mit Rücksicht auf Torsion $\varphi = 52^0.\ 40{,}'5$.

167. Bei den Einrichtungen §§. 156. 157. kann die eben angedeutete Methode angewendet werden, um die Directionskraft des Intensitäts-Stabes, mithin den Werth der Scalatheile zu bestimmen. Nimmt man in obiger Weise Ablenkungen des Declinations- und Intensitäts-Stabes bei gleicher Distanz vor, und bezeichnet man die Directionskraft des letztern mit $M'\,V$, so hat man:

$$\mu\,M = M\,X\,\tfrac{1}{2}\,(n_0 - n_1)\,\varepsilon,$$
$$\mu\,M' = M'\,V\,\tfrac{1}{2}\,(n_0' - n_1')\,\varepsilon_1,$$

mithin:

$$V = X \frac{n_0 - n_1}{n'_0 - n'_1} \frac{\varepsilon}{\varepsilon_1}.$$

Wenn der Stab durch eine Zunahme δX des Erdmagnetismus um n' Scalatheile aus der Mittelrichtung entfernt wird, so sucht er in diese Richtung zurückzukommen mit der Kraft $n' \varepsilon_1 V$; wir haben also $\delta X = n' \varepsilon_1 V$, und diese Gleichung mit der obigen verbunden, giebt:

$$\frac{\delta X}{X} = n' \frac{n_0 - n_1}{n'_0 - n'_1} \varepsilon.$$

Der Werth eines Scalatheils ist also $= \frac{n_0 - n_1}{n'_0 - n'_1} \varepsilon$, und man hat gar nicht nöthig, den Bogenwerth ε_1 zu bestimmen.

168. Ueber Aufstellung und Beobachtung des Intensitäts-Instruments, über Scala, Mire u. s. w. ist es unnöthig, besonders hier zu reden, da in dieser Hinsicht ganz dasselbe gilt, was wir oben bereits hinsichtlich der Declinations-Instrumente dargelegt haben.

5. Messung der Inclinations-Variationen.

169. Zur Messung der Inclinations-Variationen hat man bisher nur ein Hülfsmittel mit erwünschtem practischen Erfolge angewendet; nämlich die Induction weicher Eisenstäbe. Stellt man einen weichen Eisenstab $A B$ (Fig. 90.) vertical, so entsteht durch Induction des Erdmagnetismus in B ein Nordpol, in A ein Südpol, und zwar ist die Stärke des inducirten Magnetismus einfach der inducirenden Kraft, d. h. der verticalen Componente des Erdmagnetismus proportional, und kann also durch $a J \sin i$ vorgestellt werden, wenn J die Totalkraft, i die Inclination und a eine Constante bedeuten. Lenkt man durch einen solchen Stab die freie Nadel $m m$ aus dem magnetischen Meridian um den Winkel $b c b' = \varphi$ ab, so sucht sie mit dem Momente $MX \sin \varphi = MJ \cos i \sin \varphi$ zurückzukehren, während der Eisenstab sie mit dem Momente $aMJ \sin i$ vom Meridian entfernt. Wir haben also:

$$MJ \cos i \sin \varphi = aMJ \sin i,$$

wovon das logarithmische Differential giebt:

$$\delta i = \tfrac{1}{2} \frac{\sin 2i}{\operatorname{tg} \varphi} \delta \varphi.$$

Aus der beobachteten Aenderung $\delta \varphi$ des Ablenkungs-Winkels lässt sich demnach die Bewegung δi der Inclination ableiten.

170. Die eben gegebene Entwickelung soll nur eine allgemeine Idee von der Messung der Inclinations-Variationen gewähren, wie sie ausgeführt werden könnte, wenn das weiche Eisen ein vollkommen inductionsfähiger Körper wäre. Unterdessen haben wir bereits oben (§. 112.) gesehen, dass es mit der Induction des weichen Eisens sich ungefähr eben so verhält, wie mit der Elasticität unvollkommener elastischer Körper, und dass nur für geringe, nicht für grosse Zu- oder Abnahme der inducirenden Kraft das inducirte Moment als proportional zu- oder abnehmend angenommen werden dürfe. Ferner ist noch zu berücksichtigen, dass alles Eisen eine mehr oder minder beträchtliche Menge eigenen permanenten Magnetismus enthalte, wodurch die oben angenommenen Verhältnisse modificirt werden. Endlich ist es zweckmässig, nicht einen weichen Eisenstab, sondern zwei zu gebrauchen, die symmetrisch beiderseits aufgestellt werden, damit eine mögliche Aenderung in der Stellung der Nadel auf deren Stand keinen Einfluss ausüben könne. Zu letztern Zwecke wird als Bedingung erfordert, dass die beiden Stäbe gleiches Drehungs-Moment auf die Nadel ausüben; dieser Bedingung wird durch das §. 165. angegebene Verfahren genügt.

Unter dieser Voraussetzung stellt Fig. 91. den auf die Länge der Nadel senkrechten Durchschnitt des Instruments vor: *mm* ist der Durchschnitt der freien Nadel, *S* der Spiegel und *f* der Suspensions-Faden; *AB*, *A'B'* sind die weichen Eisenstäbe, wovon der erstere mit einem Südpol, der letztere mit einem Nordpol die Nadel nach gleicher Richtung ablenken. Wir wollen nun annehmen, dass die Nadel um den Winkel $\varphi + n'' \varepsilon_{,,} - n \varepsilon$ vom magnetischen Meridian abgelenkt sei, wobei wir, wie §§. 156. 157. durch φ die mittlere Ablenkung, vom mittlern magnetischen Meridian gerechnet, durch $n'' \varepsilon_{,,}$ die Variation dieses Winkels, und durch $n \varepsilon$ die Variation des magnetischen Meridians, d. h. die Variation der Declination vorstellen; hiernach wird das Moment, womit die Nadel zum Meridian zurückzukehren sucht,

$$= M (X_0 + \delta X) \sin (\varphi + n'' \varepsilon_{,,} - n \varepsilon)$$

sein, wenn das Moment der Nadel mit M bezeichnet wird; diesem Momente hält das von den Eisenstäben hervorgebrachte Moment das Gleichgewicht. Letzteres Moment besteht aus drei Theilen:

1) dem Momente des permanenten Magnetismus der Eisenstäbe ... $m M$;

2) dem Momente, welches durch die Induction des mittlern verticalen Erdmagnetismus Y hervorgerufen wird $(Y) M$;

3) dem Momente, welches durch die Variation δY der Verticalkraft entsteht, und welches wir (da es der inducirenden Kraft als proportional angenommen werden darf) durch $a \delta Y M$ vorstellen können. Demnach haben wir die Gleichung:

$$M (X_0 + \delta X) \sin (\varphi + n'' \varepsilon_{,,} - n \varepsilon) = m M + (Y) M + a M \delta Y.$$

Wenn wir die Gleichung entwickeln, und $X \sin \varphi = m + (Y)$ setzen, so haben wir:

$$\delta X \sin \varphi + X_0 \cos \varphi (n'' \varepsilon_{,,} - n \varepsilon) = a \delta Y, \qquad (1)$$

oder wenn wir für δY seinen Werth $\delta\ (X \operatorname{tg} i) = \delta X \operatorname{tg} i + X_0 \dfrac{\delta i}{\cos^2 i}$ substituiren:

$$\delta i = (n'' \varepsilon_{,,} - n \varepsilon) \frac{\cos \varphi \cos^2 i}{a} + \frac{\delta X}{X} \left(\frac{\sin \varphi \cos^2 i}{a} - \tfrac{1}{2} \sin 2 i \right) \qquad (2)$$

Die Bestimmung des Ablenkungs-Winkels φ geschieht nach §. 166.

171. Um den Inductions-Coëfficienten a zu bestimmen, bringt man vertical über der Mitte der Nadel den Hülfsmagnet $n\,s$ (Fig. 91.) an, der um eine mit der Richtung der Nadel parallele Axe sich drehen lässt. Stellt man den Hülfsmagnet senkrecht mit dem Nordpol abwärts, so hat er auf die Nadel $m\,m$ keinen directen Einfluss, inducirt aber Magnetismus in den weichen Eisenstäben, und bringt so eine Ablenkung der Nadel hervor. Wenden wir auf diesen Fall die Formeln des §. 111. an, so haben wir $\varphi = \psi$, und die inducirende Kraft

$$\text{in } A\,B \,..\, \frac{M'}{(C\,c)^3}(1 - 3\cos^2\psi) = -\frac{2\,M'}{(C\,c)^3}(1 - \tfrac{3}{2}\sin^2\psi),$$

$$\text{in } A'\,B' \,\ldots\ldots\ldots\ldots - \frac{2\,M'}{(C'\,c)^3}(1 - \tfrac{3}{2}\sin^2\psi').$$

Wenn demnach $m\,c = e$, $m\,E = m\,E' = h$, $C\,E = C'\,E' = k$ gesetzt wird, so haben wir $\sin\psi = \frac{k}{e+h}$, $\sin\psi' = \frac{k}{e-h}$, $C\,c = \sqrt{(e+h)^2 + k^2}$, $C'\,c = \sqrt{(e-h)^2 + k^2}$, und da h und k kleine Grössen sind, deren dritte und höhere Potenzen vernachlässigt werden dürfen, so ist die inducirende Kraft (Mittel für beide Eisenstäbe) ohne Rücksicht auf das Zeichen

$$= 2\,\frac{M'}{e^3}\left(1 + \frac{6\,h^2 - \frac{3}{2}\,k^2}{e^2}\right).$$

Diese Kraft ruft dieselbe Menge Magnetismus in den Eisenstäben hervor, und bringt demnach auch dieselbe Aenderung in der Lage der Nadel zu Stande, die eine gleich grosse Vermehrung des verticalen Erdmagnetismus zu Stande gebracht hätte. Wir können also die eben erwähnte Kraft in der obigen Gleichung (1) §. 170. anstatt $\delta\,Y$ setzen, und wenn hierdurch die Nadel auf den Stand n''_1 kommt, so haben wir:

$$\delta\,X \sin\varphi + X\cos\varphi\,(n''_1\,\varepsilon'' - n\,\varepsilon) = a\,\frac{2\,M}{e^3}\left(1 + \frac{6\,h^2 - 2\,k^2}{e^2}\right).$$

Drehen wir den Hülfsmagnet um 180°, so dass der Nordpol oben zu stehen kommt, so hat die Kraft, womit er in den

Eisenstäben Magnetismus inducirt, noch dieselbe Grösse, aber entgegengesetztes Zeichen. Im Stande der Nadel wird also eine entsprechende Aenderung eintreten, und wenn sie nun auf den Theilstrich n''_2 kommt, so haben wir:

$$\delta X \sin\varphi + X \cos\varphi\,(n''_2\,\varepsilon_{,,} - n\,\varepsilon) = -a\,\frac{2\,M'}{e^3}\left(1 + \frac{6\,h^2 - \frac{3}{2}k^2}{e^2}\right).$$

Die Differenz der beiden Gleichungen ist:

$$X \cos\varphi\,(n''_1 - n''_2)\,\varepsilon_{,,} = 4\,a\,\frac{M'}{e^3}\left(1 + \frac{6\,h^2 - \frac{3}{2}k^2}{e^2}\right). \qquad (1)$$

Hieraus lässt sich der Werth von a berechnen, sobald wir M' bestimmt haben; diese Bestimmung hat keine Schwierigkeit. Wir dürfen nämlich nur den Hülfsstab in die horizontale Lage drehen, so hat keine Induction in den Eisenstäben statt; dagegen lenkt der Stab durch directen Einfluss die Nadel ab, und aus der Grösse dieser Ablenkung lässt sich der Werth von M' ableiten. Zu diesem Zwecke wollen wir annehmen, dass, wenn der Nordpol auf der Seite des aufwärts gehenden Stabs $A'\,B'$ ist, die Ablesung n''_3, und bei entgegengesetzter Stellung n''_4, und wenn man den Hülfsmagnet ganz entfernt $= n''$ wird, so finden wir nach §. 26. a mit Vernachlässigung der höheren Glieder und unter Berücksichtigung des Umstandes, dass die Directionskraft der Nadel $= M\,X \cos\varphi$ ist:

$$X \cos\varphi\,(n''_3 - n'')\varepsilon_{,,} = \frac{M'}{e^3},$$

$$X \cos\varphi\,(n'' - n''_4)\,\varepsilon_{,,} = \frac{M'}{e^3}.$$

Die Summe der beiden Gleichungen giebt:

$$X \cos\varphi\,(n''_3 - n''_4)\,\varepsilon_{,,} = \frac{2\,M'}{e^3}. \qquad (2)$$

Dividirt man durch diese Gleichung die obige Gleichung (1), so folgt:

$$a = \frac{1}{2}\,\frac{n''_1 - n''_2}{n''_3 - n''_4}\left(1 - \frac{6\,h^2 - \frac{3}{2}k^2}{e^2}\right). \qquad (3)$$

Beispielsweise führe ich die Bestimmung von a für das im

Münchner Observatorium, während der Periode 1843—45, gebrauchte Instrument an. Die Nadel war nach Westen abgelenkt: der Ablenkungs-Winkel φ betrug 44°. Der Werth eines Theilstriches in Bogen war 0,525. Das Ergebniss der Ablenkungen war wie folgt:

$$\text{I. Versuchsreihe} \quad n_1'' = 79{,}05$$
$$n_2'' = 62{,}06$$
$$n_3'' = 88{,}17$$
$$n_4'' = 53{,}29$$
$$\text{II. Versuchsreihe} \quad n_1'' = 66{,}03$$
$$n_2'' = 49{,}65$$
$$n_3'' = 75{,}35$$
$$n_4'' = 40{,}32$$

Der Werth von $\frac{h}{e}$ war 0.0353*), mithin hat man aus der ersten Versuchsreihe $a = 0.2417$, und aus der zweiten Versuchsreihe $a = 0.2321$. Eine dritte Versuchsreihe gab $a = 0.2353$.

Mit dem arithmetischen Mittel dieser Werthe $a = 0.2363$, dann $\varepsilon_{,,} = \varepsilon = 0{,}'525$, $\varphi = 44°\ 0'$ findet man:

$$\delta i = 0{,}2817\,(n'' - n) + 471{,}'65\,\frac{\delta X}{X} \text{ (in Minuten).}$$

Bei dem zu gleicher Zeit gebrauchten Intensitäts-Instrumente war $\frac{\delta X}{X} = 0.00012\,(n - n')$, folglich:

$$\delta i = 0{,}'2817\,(n'' - n) + 0{,}'0566\,(n - n').$$

Bei der hier entwickelten Methode wird vorausgesetzt, dass der Punkt c, um welchen sich der Magnet $n\,s$ dreht, genau über der Mitte der Nadel $m\,m$ sei. Eine kleine Abweichung von dieser Bedingung hat auf die obige Gleichung (2) keinen Einfluss, wohl aber auf die Gleichung (1). Es sei $m'\,m'$ (Fig. 91.)

*) Die Grösse $\frac{k}{e}$ ist vernachlässigt worden, was auf das Resultat in diesem Falle keinen Einfluss hat.

die horizontale Projection der freien Nadel $m\,m$, und der von der Mitte des Magnets $n\,s$ herabgelassene Perpendikel treffe nicht auf die Mitte der Nadel d, sondern auf d', und es sei $d\,g = \alpha$, $d'\,g = \beta$, so wird die Nadel um $\delta\varphi$ aus ihrer Richtung gebracht werden, und man hat:

$$X \cos \varphi \; \delta \varphi = 3 \frac{\beta}{e^4} M';$$

somit erhält man durch Gleichung (7) den Werth von a zu gross um $\frac{3}{2} \frac{\beta}{e}$.

Bei dem vorhergehenden Beispiele war $e = 8$ Pariser Fuss, so dass eine Abweichung von 2 Pariser Linien den Werth von a nahe um den vierhundertsten Theil fehlerhaft gemacht haben würde. Man sieht hieraus, dass mit Hülfe eines Senkels die nöthige Genauigkeit leicht erreicht werden könne. Eine Abweichung α nach der Länge der Nadel hat keinen Einfluss.

172. Es giebt noch ein anderes Mittel, den Werth der Theilstriche zu bestimmen, wobei jedoch vorausgesetzt werden muss, dass die ganze Induction, wie die Aenderungen in demselben einfachen Verhältnisse zur inducirenden Kraft stehe; d. h. man muss $(Y) = a\,Y$ annehmen. Die Methode beruht darauf, dass, wenn man (Fig. 90.) die Linie $g\,c$ senkrecht auf die Länge der Nadel und durch deren Mitte zieht, dann um diese Linie als Axe den Eisenstab $A\,B$ 180° dreht, so dass er in die Lage $A'\,B'$ kommt, der frühere Nordpol jetzt ein Südpol wird, und der inducirte Magnetismus von gleicher Grösse, aber entgegengesetztem Zeichen sein wird, während der permanente Magnetismus in der einen, wie in der andern Lage gleiche Wirkung hervorbringt*). Auf solche Weise wird eine Trennung des permanenten und inducirten Magnetismus möglich.

*) Es ist noch nicht entschieden, ob die Induction im weichen Eisen von dem permanenten Magnetismus unabhängig ist. Beim Stahl ist eine Abhängigkeit vorhanden. §. 118.

Um die Methode auf das Inclinations-Instrument anzuwenden, ist es nöthig, die Stäbe um die Axe ab (Fig. 91.) drehbar zu machen, so dass man sie in die Lage $A_1\,B_1$, $A_1'\,B_1'$ bringen könne; alsdann lenken sie aber die Nadel nach der entgegengesetzten Seite des Meridians ab; und um die Ablenkung messen zu können, muss das Instrument auf der Alhidade eines horizontalen Kreises aufgestellt sein. Es sei die Ablesung des Kreises in der ursprünglichen Stellung v, wenn die Nadel im Meridian ist V, und wenn die beiden Stäbe umgelegt sind, v', so haben wir:

$$X \sin (v - V) = m + a\,Y,$$
$$X \sin (v' - V') = m - a\,Y,$$

folglich durch Subtraction der beiden Gleichungen:

$$X \sin \tfrac{1}{2} (v - v') \cos \tfrac{1}{2} (v' + v - 2\,V) = a\,Y,$$

daher, wenn man cot. i für $\frac{X}{Y}$ setzt:

$$a = \sin \tfrac{1}{2} (v - v') \cos \tfrac{1}{2} (v + v' - 2\,V) \cot i.$$

Es ist nothwendige Bedingung, dass man möglichst weiches Eisen wähle, so dass m eine sehr kleine Grösse sein wird. In diesem Falle ist auch $v + v' - 2\,V$ ein sehr kleiner Winkel, dessen Cosinus $= 1$ ist, und man hat einfach

$$a = \sin \tfrac{1}{2} (v - v') \cot i. \qquad (1)$$

Die hier angegebene Einrichtung erfordert eine ziemlich complicirte Construction des Inclinations-Instruments; man kann aber auch den Zweck dadurch erreichen, dass man die Eisenstäbe auf einer eigenen Unterlage $K\,K$ (Fig. 94.) befestigt, so dass die Unterlage mit den Stäben in der Richtung $B\,a$, $B'\,a'$ umgelegt werden könne. Auf solche Weise kommt $A\,B$ an die Stelle von $A'\,B'$, und die inducirten Pole werden umgekehrt, während die Ablenkung nach derselben Seite des Meridians geht. Die Bestimmung von a mittelst dieser Vorrichtung geschieht wie oben. Trifft nämlich vor dem Umlegen der Scalatheil n''_0, nach dem Umlegen der Scalatheil n''_1 auf den Faden des Fernrohrs, und entspricht dem Nullpunkte der Scala der Ablenkungs-Winkel φ, so hat man:

$$X \sin(\varphi + n''_0\, \varepsilon_{,,}) = m + a\, Y,$$
$$X \sin(\varphi + n_1\, \varepsilon_{,,}) = -m + a\, Y.$$

Dadurch, dass die Stäbe auf die entgegengesetzte Seite der Nadel kommen, erhält m das entgegengesetzte Zeichen. Die Summe der beiden Gleichungen giebt:

$$a = \sin\left(\varphi + \frac{n''_0 + n''_1}{2}\, \varepsilon_{,,}\right) \cos(n''_0 - n''_1)\, \varepsilon_{,,}\, \frac{X}{Y},$$

oder analog mit (.1.)

$$a = \sin\left(\varphi + \frac{n''_0 + n''_1}{2}\right) \cot i. \qquad (2)$$

Vor und nach dem Umlegen muss die Unterlage verschoben werden, bis man die Stelle findet, wo die Ablenkung ein Minimum ist. (§. 165.) Nach dieser Methode habe ich für das im vorigen §. erwähnte Instrument die Grösse a bestimmt, und den Werth 0.26175 gefunden, während der wahre Werth 0.2363 ist. Man sieht, dass die Methode nur eine Approximation gewährt.

173. Bei dem Inclinations-Instrumente ist es wesentliche Bedingung, dass man Nadeln von geringer Länge wähle. Gewöhnlich sind bisher Nadeln von ungefähr 3 Zoll Länge gebraucht worden. Ueber die Grösse und Form der Eisenstäbe besondere Regeln festzusetzen, hat die Erfahrung bisher nicht als nothwendig gezeigt. Von einigen Beobachtern sind runde, von andern flache Stäbe mit gleichem Erfolge gebraucht worden. Auch ist die Länge sehr verschieden gewählt worden, und zwar von 8 Zoll bis 2 Fuss.

174. Wenn man die Eisenstäbe einrichtet, so nehmen sie vom Anfange schnell, später sehr langsam an Kraft zu; wie lange die Kraftzunahme andaure, lässt sich nicht durch die bisherige Erfahrung entscheiden. Jedenfalls wirkt sie vom Anfange sehr störend auf die Beobachtungen ein. Diesen Uebelstand kann man jedoch dadurch beseitigen, dass man die Stäbe abwechselnd in warmes und kaltes Wasser eintaucht, und diese Operation etwa ein Dutzendmal vornimmt; dabei ist sorgfältig darauf zu sehen, dass man die Stäbe nie aus der verticalen Richtung bringe. Auf solche Weise wird sehr bald ein constanter Stand herbeigeführt.

Besser noch gelangt man zum Zwecke durch die Fig. 93. dargestellte Vorrichtung. Die Eisenstäbe befinden sich in den Messingröhren *CD*, *C′ D′*, die am obern Ende offen, am untern mit Ventilen versehen sind. Das Verbindungsstück, ebenfalls von Messing, ist hohl. Wenn nun das Instrument eingerichtet ist, darf man nur kaltes und warmes Wasser abwechselnd aufgiessen. Man bringt auf solche Weise die Eisenstäbe zu einem constanten Stande, und kann zugleich den Einfluss der Temperatur bequem und genau messen*).

175. Der (§. 112.) bemerkte Umstand, dass die Induction nicht augenblicklich eintritt, sondern zur Entwickelung des Magnetismus im Eisen eine gewisse Zeit erfordert wird, würde Einfluss auf die Inclinations-Beobachtungen haben, wenn die Inclinations-Aenderungen schneller vor sich gehen, als der Magnetismus sich entwickeln kann. Als Ergebniss mehrjähriger Erfahrung kann ich sagen, dass solche Aenderungen in unsern Gegenden nicht vorkommen; sollte es übrigens vielleicht in nördlichen Gegenden nothwendig werden, auf den Widerstand des Eisens Rücksicht zu nehmen, so habe ich (Gelehrt. Anzeigen der kgl. Bair.

---

*) Ueber den Einfluss der Temperatur bei Eisenstäben sind noch ganz wenige Bestimmungen ausgeführt worden. Es scheint jedoch keinem Zweifel zu unterliegen, dass der Einfluss der Temperatur bei verschiedenen Stäben sehr verschieden, aber immer gering ist, und bei Inclinations-Beobachtungen vernachlässigt werden darf. Für die zwei Eisenstäbe, die ich von 1843—45 im Münchner Observatorium brauchte, fand ich die Coëfficienten + 0.0000698 und — 0.0000385.

Acad. d. Wissenschaften 1843, Nr. 147.) die Art und Weise angegeben, wie die Correction bestimmt werden kann.

Bei den obigen Entwickelungen ist vorausgesetzt worden, dass die Eisenstäbe vollkommen vertical stehen. Da diese Bedingung nur näherungsweise erfüllt werden kann, so ist es nöthig, den Einfluss zu untersuchen, der eine Abweichung von der verticalen Richtung hervorbringt. Ein Eisenstab mache mit der Verticalen den Winkel ξ, und die durch die Axe des Stabes und die Verticale gelegte Ebene mache mit der Ebene des magnetischen Meridians den Winkel ζ, den wir von Norden über Ost bis 360° zählen wollen. Anstatt des eigentlichen Werthes $J \sin i$ wird alsdann für Y der Werth:

$$J(\sin i \cos \xi + \cos i \sin \xi \cos \zeta)$$

gesetzt werden müssen. Nehmen wir an, dass ξ klein genug sei, damit $\cos \xi = 1$ gesetzt werden könne, so muss zu dem nach §. 170. gefundenen Werthe von δi noch die Correction

$$-\frac{\delta X}{X} \cos^2 i \sin \xi \cos \zeta$$

hinzugefügt werden. Wenn man die Richtung des Stabes auf die Ebene des magnetischen Meridians projicirt, so ist $\xi \cos \zeta$ der Winkel, den diese Projection mit der Verticalen macht. In unsern Gegenden geht die tägliche Variation $\frac{\delta X}{X}$ nie über 0,0020; will man also die tägliche Bewegung der Inclination bis auf etwa $\frac{1}{100}$ genau haben, so darf die Projection der Stäbe sich von der Verticalen nicht über 20′ entfernen. Mittelst eines Senkels kann man sehr leicht die Stäbe innerhalb dieser Gränze vertical stellen.

176. Wäre die magnetische Axe des Stabes nicht concentrisch mit der Axe der Figur, so würde dieser Umstand ebenfalls eine Correction nöthig machen, die es übrigens erst der Mühe werth sein wird, zu untersuchen, wenn die Erfahrung die §. 106. ausgesprochene Vermuthung bestätigen sollte.

177. Man kann der Nadel nach der in der Anmerkung zu §. 164. angedeuteten Weise eine senkrechte Stellung gegen den magnetischen Meridian geben, und die Berücksichtigung der Declinations-Aenderungen unnöthig machen, jedoch ohne einen erheblichen Vortheil dabei zu erreichen.

6. Messung der absoluten Declination.

178. Die einzelnen bei der Messung der absoluten Declination zu berücksichtigenden Bedingungen haben wir bereits im Vorhergehenden auseinander gesetzt, und es ist hier nur mehr nöthig, den Gang der Operationen anzugeben.

Die absolute Declination ist der Winkel, den die magnetische Axe einer Nadel mit dem astronomischen Meridian macht. Die Richtung des astronomischen Meridians ist entweder unmittelbar durch Sternculminationen oder durch eine Mire von bekanntem Azimuth gegeben.

Die Richtung der magnetischen Axe ist das Mittel aus zwei Beobachtungen, zwischen welchen der Magnet umgelegt wird (§. 78.).

Die Bestimmung des Winkels, den die zwei Richtungen mit einander machen, wird umständlich, wenn beide wegen Verschiedenheit der Entfernung nicht bei derselben Stellung des Oculars und Fadenkreuzes beobachtet werden können. Die Methode ist §. 76. u. f. angegeben.

Der schwierigste Punct bei der Declinations-Bestimmung ist die Aufhebung der Torsion des Fadens (§. 85. u. ff.). Torsions-Stäbe, Torsions-Magnete oder Torsions-Gewichte geben die Lage des Fadens, in welcher die Torsion aufgehoben ist, für den Augenblick, wo die Torsions-Untersuchung vorgenommen wird. Ob im Verlaufe der Operationen, welche die Declinations-Bestimmung erfordert, keine Aenderung vorgehe, dafür giebt es keine genügende Controle. Ich ziehe mit Hinsicht auf diesen

Umstand immer die Torsions-Bestimmung durch Ablenkungen (§. 91.) vor, und verbinde deshalb mit jeder Declinations-Messung auch eine Bestimmung der Intensität. Man erhält auf solche Weise die Torsion des Fadens für den Augenblick der Declinations-Messung, und sind auch die Beobachtungs-Fehler nicht unbetrachtlich, so gewährt das Mittel mehrerer Messungen jedenfalls alle erforderliche Sicherheit.

179. Die Construction und die Erfordernisse der Instrumente, die man zur Declinations-Messung anwendet, sind zum grössten Theile schon in den vorhergehenden Abschnitten erwähnt worden. Ich füge hier noch folgende Bemerkungen bei:

Wenn man die absolute Declination mit dem Gauss'schen Magnetometer bestimmt, so ist es zweckmässig, das zur Beruhigung eingelegte Kupfer zu entfernen, weil es auf die Richtung des Stabes Einfluss haben könnte. Aus gleichem Grunde ist bei den kupfernen Kästen, wie sie an dem transportablen Magnetometer von Weber, und an den kleinen Englischen Declinations-Instrumenten vorkommen, eine Untersuchung des Einflusses des Kupfers unbedingt nothwendig. Weber selbst fand bei dem von ihm gebrauchten Instrumente eine Abweichung von 4′ 24″,5 *). Das Vorhandensein eines magnetischen Einflusses im Kasten erkennt man daran, dass die Richtung der Nadel nicht unverändert bleibt, wenn man durch eine kleine Drehung des Kastens in horizontaler Richtung den Magnet in eine andere Lage gegen die Wände des Kastens bringt. Ist der Einfluss beträchtlich, so lässt er sich nur dann genau in Rechnung bringen, wenn man dem Magnet immer dieselbe Lage bezüglich auf die Wände des Kastens giebt.

180. Um die Declination mit dem magnetischen Theodoliten zu messen, hängt man die Nadel auf der Mitte der Alhidade auf, und misst den Winkel, den sie mit einer Mire oder mit dem

*) Resultat. aus d. Beob. des mag. Vereins 1838. S. 80.

magnetischen Meridian macht, nach §. 75. Der Nadel kann man verschiedene Formen geben: Fig. 95. stellt eine einfache Nadel vor. Durch den Magnet geht der Aufhängungs-Stift, der an beiden Enden einen Haken zum Einhängen hat; der Spiegel ist in einen messingenen Ring einpolirt: Fig. 96. stellt einen Doppelmagnet vor. Der Magnet wird in einem Gehäuse eingeschlossen, etwa von der Form Fig. 98. Das Rohr, in welchem sich der Faden befindet, hat eine Platte AB, die an beiden Enden des Gehäuses festgeschraubt werden kann. Durch diese Einrichtung lässt sich das Gehäuse und damit auch die Nadel umlegen. Der Einfluss einer Abweichung der Plangläser vom Parallelismus hebt sich dabei auf. Sehr zweckmässig ist die Form der Nadel, welche Fig. 97. vorgestellt wird. Der Spiegel geht durch den Magnet, und ist nur auf einer Seite belegt*). Das dazu gehörige Magnetgehäuse sieht man Fig. 99.

Als Beispiel können die Messungen dienen, welche oben §. 126. gegeben sind, und die am 28. Juni 1844 im magnetischen Observatorium in München gemacht wurden. Das Theodoliten-Fernrohr wurde auf den Spiegel des Magnets gerichtet, und Faden und Fadenbild zur Coincidenz gebracht: darauf wurden die Verniers abgelesen. Die abgelesenen Winkel auf den Theilstrich 60 des Variations-Apparats reducirt, geben im Mittel

in der ersten Lage . .	2° 6′,57
umgelegt .	1 34,42
Mittel	1° 50,50

Das Fernrohr wurde vor und nach den obigen Beobachtungen auf die Mire**) gerichtet, und es fand sich die Ablesung

*) Poggendorf, von dem diese Einrichtung im Wesentlichen herrührt, hat die obere Hälfte auf der einen Seite, die untere auf der andern Seite belegen lassen. Das Belegen nur auf einer Seite hat den Vortheil, dass die Abweichung vom Parallelismus der Flächen sich aufhebt.

**) Die Mire besteht aus zwei senkrechten und parallelen eisernen Schienen, die an der Mauer der St. Anna-Kirche fest gemacht sind. Die Entfernung vom Observatorium beträgt ungefähr 3000 Fuss.

96° 9',89. Das astronomische Azimuth der Mire ist 110° 56',80. Sämmtliche Winkel sind von Nord über Westen gezählt. Zieht man das Azimuth der Mire von der Ablesung des Kreises 96° 9',89 ab, so bleibt 345° 13',09: dies ist die Ablesung des Kreises, welche dem astronomischen Nordpuncte entspricht. Diese Ablesung abgezogen von der Ablesung des Magnets, giebt die westliche Declination 16° 37',41. Da die Torsion vor den Beobachtungen auf das sorgfältigste beseitigt worden war, so bedarf dieser Winkel keiner Correction wegen der Torsion.

Will man die Torsion des Fadens durch Ablenkung bestimmen, so bringt man an dem Gehäuse eine Querschiene an, wie z. B. *b b* (Fig. 99.), die auf zweifache Weise sich befestigen lässt, so dass man Ablenkungen vor, wie nach dem Umlegen des Gehäuses nehmen kann. Das Verfahren wollen wir durch ein Beispiel erläutern:

Messung mit einem magnetischen Theodoliten am 26. September 1846, südöstlich von dem Münchner Observatorium im Freien; der Magnetspiegel war parallel mit dem Magnete (Fig. 97.):

	Kreisablesung. Spiegel-Ost		Variations-Instrumente. Declination.	Intensität.
Declinat.	347°	45',05	54,4	—
Ablenkung v_4	305	22,10	55,0	+ 0,85
v_3	303	45,30	54,8	+ 1,20
v_2	31	27,10	55,0	+ 1,85
v_1	30	33,45	54,55	+ 2,25
Declinat.	347	44,50	55,15	

Magnetgehäuse umgelegt.			Spiegel-West. Declin.	Intensit.
Declinat.	166°	9',50	55,65	—
Ablenkung v_1	209	48,95	56,2	— 2,95
v_2	209	3,05	57,2	— 3,35
v_3	123	7,60	57,35	— 4,50
v_4	122	45,20	58,15	— 5,75
Declinat.	166	7,60	58,0	—

Die Temperatur war bei der ersten Ablenkung + 9°,0, bei der letzten + 9°,8. Am Anfange und Ende der Beobachtungen wurde auf die Mire (Kirchthurm von Ramersdorf) eingestellt; das Mittel der Ablesungen war 83° 4',65; das Azimuth der Mire von Nord über Ost ist = 170° 0',10.

Die sämmtlichen Winkel sind von Nord über Ost gezählt; die Ablesungen der östlichen Ablenkung sind mit v_1, v_2, jene der westlichen Ablenkung mit v_3, v_4 bezeichnet; bei dem Variations-Instrumente für Declination entsprechen wachsende Zahlen einer Zunahme der westlichen Declination: ein Theilstrich der Scala ist = 1'. Bei dem Intensitäts-Instrumente ist ein Scalatheil = 0.0002 der Intensität. Der Temperatur-Coëfficient des Ablenkungs-Magnets war $\alpha = 0.0003169$.

Um die Kreisablesungen auf einen Normalstand — Declination = 55, Intensität = 0 und Temperatur = 9°,0 — zu reduciren, hat man folgende Formeln:

$$\text{Declinat.} \ldots + (n - 55)\ 1',00$$

$$u_1 = \tfrac{1}{2}(v_1 + v_2) + (n - 55)\ 1{,}00 + 1',251\ (t - 9^0) + 0',646\ n'$$

$$u_2 = \tfrac{1}{2}(v_3 + v_4) + (n - 55)\ 1{,}00 - 1{,}251\ (t - 9^0) - 0{,}646\ n'$$

Ausser dieser Reduction müssen die Winkel $\frac{1}{2}(v_1 + v_2)$ und $\frac{1}{2}(v_3 + v_4)$ wegen der Ungleichheit der Winkel corrigirt werden, und zwar ist der erstere Winkel um $0',31\ (v_1 - v_2)^2$ zu vermindern, der letztere um $0',31\ (v_3 - v_4)^2$ zu vermehren, wenn $v_1 - v_2$, $v_3 - v_4$ in Graden ausgedrückt werden. Darnach ergiebt sich

Declinat.	347°	44',45	$= d_1$
Ablenkung	304	33,75	$= u_1$
	31	1,10	$= u_2$
Declinat.	347	44,65	$= d_2$

Magnetgehäuse umgelegt:

Declinat.	166°	10',15	$= d'_1$
Ablenkung	209	26,02	$= u'_1$
	123	0,96	$= u'_2$
Declinat.	166	10,60	$= d'_2$

Nach §. 91. hat man, wenn $\frac{1}{2}$ $(d_1 + d_2)$ anstatt V substituirt wird, die Torsion:

$$\vartheta = 2{,}68\,[\tfrac{1}{2}(d_1 + d_2) - \tfrac{1}{2}(u_1 + u_2)] = -\,7',7$$
$$\vartheta = 2{,}68\,[\tfrac{1}{2}(d'_1 + d'_2) - \tfrac{1}{2}(u'_1 + u'_2)] = -\,8{,}3$$

Im Mittel ist also $\vartheta = -\,8',00$, und die Declinations-Richtung

bei Spiegel Ost	347°	36',45
- - West	166	2,37
Mittel	256°	49,41
Diff.	181	34,08
$\frac{1}{2}$ Diff.	90	47,04 = Collimation des Spiegels.

Zieht man von der Ablesung der Mire (83° 4',65) das Azimuth der Mire (170° 0',10) ab, so erhält man die Ablesung des Kreises, welche dem astronomischen Nordpuncte oder der Richtung des astronomischen Meridians entspricht: diese ist 273° 4',55. Die magnetische Richtung (256° 49',41) von der Richtung des astronomischen Meridians abgezogen, giebt die absolute Declination

$$= 16^\circ\ 15',1 \text{ westlich.}$$

Diese Declination entspricht dem Theilstriche 55 des Variations-Instruments.

Ich habe es immer für die Rechnung am Bequemsten gefunden, die Collimation, oder auch nur einen approximativen Werth der Collimation, an die Beobachtungen anzubringen, und eine gleiche Anzahl von Beobachtungen bei Spiegel Ost und Spiegel West zu machen. Aus dem arithmetischen Mittel eliminirt sich eine etwaige Unrichtigkeit der Collimation von selbst.

7. Messung der absoluten Intensität.

181. Die absolute Intensität erlangt man nicht direct durch eine einzige Operation. Sie erfordert zweierlei Messungen: durch die eine bestimmt man das Product des horizontalen Erdmagnetismus in das magnetische Moment der Nadel MX, durch die andere den Quotienten beide Grössen $\frac{M}{X}$. Die Division der erstern Grösse durch die letztere giebt den Werth von X.

Das Product MX wird durch Schwingungs-Versuche bestimmt. Ist die auf unendlich kleine Bögen reducirte, und wegen der Torsion des Fadens corrigirte Schwingungsdauer einer Nadel $= T$, und ihr Trägheitsmoment $= K$, so hat man (§. 39.):

$$MX = \frac{\pi^2 K}{T^2}. \tag{1}$$

Da bereits im IV. Abschnitte Alles erklärt ist, was auf Beobachtung und Berechnung der Schwingungsdauer, dann auf Bestimmung des Trägheitsmoments Bezug hat, so reicht es hin, hier einige Bemerkungen beizufügen, rücksichtlich der Hülfsmittel, die man dabei anwendet. Bedient man sich des Gauss'schen Magnetometers, so bedarf es keiner besondern Einrichtung: derselbe Magnetkasten, derselbe Suspensions-Faden, dasselbe Fernrohr und dieselbe Scala wird bei den Schwingungen, wie bei allen sonstigen Bestimmungen gebraucht. Man hängt den Magnetstab (gewöhnlich zu 630 Millimeter Länge und 4 Pfd. Gewicht) ein, lässt ihn höchstens 3^0 bis 4^0 schwingen*), und beobachtet einen Satz von 2, 4, 6 Durchgängen mit den correspondirenden Elongationen. Nach n Durchgängen, etwa 20 bis 30, wird ein zweiter Satz von gleicher Anzahl von Durchgängen beobachtet. Alsdann nimmt man die Intervalle vom 1ten bis $n$ten, vom 2ten bis $(n+1)$ ten ... Durchgang: das Mittel dieser Intervalle, dividirt durch die Zahl der Schwingungen, ist $= T'$. Aus den Elongationen berechnet man die mittlere Schwingungsweite (§. 55.): es sei diese $= m$ Scalatheile, und die Entfernung des Spiegels von der Scala $= e$, so hat man die auf unendlich kleine Bögen reducirte Schwingungsdauer:

---

*) Ganz kleine Elongationen sind unvortheilhaft, ausser wo man die Magnete luftdicht einschliesst.

$$T = \frac{T'}{1 + \frac{1}{256\, e^2} m^2}.$$

Ist die Torsionskraft $= \gamma$, so muss man T' noch multipliciren mit $\sqrt{1+\gamma} = 1 + \frac{1}{2}\gamma$.

Gebraucht man die Logarithmen, so hat man den Logarithmus der vollständig reducirten Schwingungsdauer

$$= \log. T' - 0.0016964 \frac{1}{e^2} m^2 + \tfrac{1}{2} \log. (1 + \gamma)$$

$$= \log. T' - 0.0016964 \frac{1}{e^2} m^2 + 0.21714\, \gamma.$$

Wenn man mit fünfstelligen Logarithmen rechnet, ist letztere Formel immer ausreichend.

Um das Trägheitsmoment des Stabs (mit Inbegriff des Spiegels, und der behufs der Suspension an der Mitte des Stabs festgemachten Theile) zu bestimmen, hängt man Gewichte an nach §. 61., und bestimmt T', T'', T'''... wie oben, wobei zu bemerken ist, dass die Torsion bei belastetem Stabe eigens bestimmt werden muss.

Bei Bestimmungen mit dem magnetischen Theodoliten ist es zweckmässig, die Schwingungen mit freiem Auge zu beobachten. Dabei wird der Magnet, wenn es sich um die gewöhnlichen Schwingungen handelt, in einem Schwingungskästchen aufgehängt, das sich auf der Alhidade des Theodoliten befestigen lässt. Das Kästchen ist von Holz mit gläsernem Deckel, und einem Rohre, worin der Faden hängt, ähnlich dem Kästchen des Schwingungs-Apparats (Fig. 92.). Unter das eine Ende des Magnets, und zwar ein Paar Linien davon entfernt, legt man eine Scala von Bein oder Holz, wobei der mittlere Theilstrich (o) mit einem stärkern Striche bezeichnet ist. Die Durchgänge über diesen Strich werden aufgezeichnet, und zwar gewöhnlich jeder dritte Durchgang. Man fängt an mit einem Schwingungsbogen, der ungefähr 10° bis 12° betragen mag. Nach der bestimmten Anzahl von Schwingungen zeichnet man den Reductionsbogen auf.

Für die Schwingungen, die zur Bestimmung des Trägheitsmoments gehören, muss man einen eigenen Schwingungskasten haben; Fig. 70. stellt den im magnetischen Observatorium in München gebrauchten Schwingungskasten vor. Der Theil *a a* wird durch die Kurbel *n n* gehoben und heruntergelassen; der Faden (bestehend aus 8 Coconfäden) hängt im Rohre *F F* und ist 6 Fuss lang. Der Magnet wird eingehängt, und der Ring aufgelegt, wie aus der Zeichnung zu ersehen ist. Die Beobachtung ist, wie mit dem einfachen Magnet.

182. Bestimmung von $\frac{M}{X}$. Die Einrichtung der Ablenkungs-Beobachtungen, wodurch man das Verhältniss des Erdmagnetismus zu dem magnetischen Moment der Nadel bestimmt, ist im Allgemeinen aus §§. 19.—24. zu entnehmen. Man ersieht daraus, dass man Ablenkungen Ost und West, und Ablenkungen Nord und Süd vornehmen kann, und zwar bei dem Gauss'schen Magnetometer senkrecht auf dem magnetischen Meridian, bei dem magnetischen Theodoliten senkrecht auf der Richtung der freien Nadel. Fig. 100. a. stellt die Einrichtungen vor, die nöthig sind, um Ablenkungen Nord und Süd mit dem Magnetometer vorzunehmen. Fig. 100. b. zeigt die horizontale Projection. Nachdem die Schwingungsdauer des Hauptstabes ohne und mit Belastung bestimmt worden ist, wird der Stab herausgenommen, und ein zweiter Magnet an seine Stelle eingehängt; den Hauptstab legt man dann zum Ablenken auf die mit einer Theilung versehenen hölzernen Schienen oder Messstangen *a b*, *a' b'* in den beiden Stellungen *N S*, *N' S'*, und zwar so, dass in jeder Stellung zwei Beobachtungen gemacht werden, die eine bei Nordpol Ost, die andere bei Nordpol West. Die Beobachtungen combinirt man nach §. 23. und leitet daraus den Ablenkungs-Winkel φ ab. Nennt man die Distanz *c*, und vernachlässigt alle Grössen, die über die zweite Ordnung gehen, so kann man der Gleichung (4) §. 22. folgende Form geben*):

$$\frac{M}{X} = \frac{e^3 \operatorname{tg} \varphi}{1 + \frac{p}{e^2}} \tag{1}$$

Die Distanz e soll ungefähr der dreifachen Länge des Hauptstabes gleich sein. Um p eliminiren zu können, beobachtet man in einer grössern Distanz E, ganz in gleicher Weise eine zweite Ablenkung φ', und erhält dadurch die analoge Gleichung:

$$\frac{M}{X} = \frac{E^3 \operatorname{tg} \varphi'}{1 + \frac{p}{E^2}} \tag{2}$$

Wird p eliminirt, so ergiebt sich:

$$\frac{M}{X} = \frac{E^5 \operatorname{tg} \varphi' - e^5 \operatorname{tg} \varphi}{E^2 - e^2} \tag{3}$$

Um eine möglichst vortheilhafte Bestimmung zu erhalten, sollen sich die Distanzen e und E verhalten, wie 1:1,32. Die Correction wegen Ungleichheit der Ablenkungen ist wohl immer unmerklich; dagegen müssen die Ablenkungen corrigirt werden wegen der Torsion des Fadens. Auch ist die Reduction auf einen Normalstand nach §. 129. vorzunehmen. Die Combination der Gleichung (3) mit der Gleichung (1) §. 181. giebt die dem eben erwähnten Normalstande entsprechende absolute Intensität:

$$X^2 = \frac{\pi^2 K}{T^2} \, \frac{E^5 \operatorname{tg} \varphi' - e^5 \operatorname{tg} \varphi}{E^2 - e^2}.$$

Bei Ablenkungen Ost und West stellt man eine mit einer Theilung versehenen Messstange senkrecht auf den magnetischen Meridian, und legt den Ablenkungs-Magnet darauf, und zwar werden wieder Ablenkungen φ und φ' genommen in zwei Distanzen e und E. Daraus erhält man die Gleichungen:

*) Wo grössere Schärfe erreicht werden soll, ist es allerdings nöthig, auch auf die höheren Ordnungen Rücksicht zu nehmen.

$$\frac{M}{X} = \frac{1}{2}\,\frac{e^3 \operatorname{tg}\varphi}{1 + \frac{p}{e^2}},$$

$$\frac{M}{X} = \frac{1}{2}\,\frac{E^3 \operatorname{tg}\varphi'}{1 + \frac{p}{E^2}},$$

und durch Elimination von p:

$$\frac{M}{X} = \frac{1}{2}\,\frac{E^5 \operatorname{tg}\varphi' - e^5 \operatorname{tg}\varphi}{E^2 - e^2}.$$

Das Verhältniss der Distanzen e und E soll nahe $1:\sqrt{3}$ sein; die Reductionen, dann die Berechnung von X sind wie bei den Ablenkungen Nord und Süd.

183. Bei Bestimmung von $\frac{M}{X}$ geht man, wie aus dem Vorhergehenden zu ersehen ist, zunächst darauf hinaus, die höheren Glieder in der Entwickelung von $\frac{M}{X}$ zu eliminiren. Dieser Zweck lässt sich bei dem magnetischen Theodoliten eben so einfach als genau erlangen durch eine Combination von Ablenkungen Ost und West, mit Ablenkungen Nord und Süd, jedoch mit der Bedingung, dass die freie Nadel im Verhältnisse zum Ablenkungs-Magnet sehr kurz sei. Die Einrichtung, die man dem magnetischen Theodoliten deshalb zu geben hat, stellt Fig. 101. von. Auf der Mitte der Alhidade ist die runde Platte *B B* fest gemacht, sie trägt das Gehäuse *K K*, worin ein Magnet von 8 bis 12 Millimeter Länge aufgehängt ist. Die Ablenkungs-Schiene *a a* lässt sich um die Platte *B B* herumdrehen, und wird einmal senkrecht auf dem freien Magnet (wie sie die Zeichnung vorstellt), einmal parallel damit nach der Richtung *b b* festgestellt. In der erstern Lage nimmt man die Ablenkung Ost und West vor, und legt dabei den Magnet (der gewöhnlich an einem Schlitten befestigt wird) parallel mit der Schiene (wie *m m*); in der zweiten Lage werden die Ablenkungen Nord und Süd beobachtet, und der Magnet senkrecht gegen die Schiene aufgelegt (wie *m' m'*). Das Fernrohr *F* steht dem Spiegel des freien Magnets gegenüber, und die Alhidade wird, wie bei allen Beobachtungen, mit dem magnetischen Theodoliten gedreht, bis Faden und Fadenbild coincidiren. Die Einrichtung der Beobachtungen ist, von der bei dem Magnetometer gewöhnlich befolgten, wesentlich verschieden, in so fern als man nicht bei jeder einzelnen Bestimmung die höhern Potenzen der Entwickelung von $\frac{M}{X}$ eliminirt, sondern den Betrag jener Glieder für eine bestimmte Distanz ein für allemal festsetzt, und dann aus einer einzigen in dieser Distanz gemachten Ablenkung die Grösse $\frac{M}{X}$ ableitet.

Diesem zufolge wählt man eine Distanz e, wo die Ablenkung Ost und West (die wir mit φ bezeichnen wollen) etwa 30° bis 50° beträgt, und berechnet $\frac{M}{X}$ nach der Formel:

$$\frac{M}{X} = \frac{1}{2}\frac{e^3 \sin\varphi}{k}, \tag{1}$$

wo $k = 1 + \frac{1}{e^2}\left(2\frac{M_3}{M} - 3\frac{M'_3}{M'}\right) + \frac{1}{e^4}\left(3\frac{M_5}{M} - 15\frac{M_3 M'_3}{M M'} + \frac{45}{8}\frac{M'_5}{M'}\right)$ eine Constante ist (§. 36.). Vor Allem muss nun k bestimmt werden. Zu diesem Zwecke beobachtet man ausser dem Ablenkungs-Winkel φ in der Distanz e noch eine zweite Ablenkung ψ in einer grössern Distanz E, dann dreht man die Schiene um 90°, und beobachtet in denselben Distanzen die Ablenkungen φ' und ψ'. Hieraus ergeben sich die vier Gleichungen (§§. 19. und 21.):

$$\frac{X}{M} e^3 \sin\varphi = 1 + \frac{p'}{e^2} + \frac{q'}{e^4},$$

$$\frac{X}{M} E^3 \sin\psi = 1 + \frac{p'}{E^2} + \frac{q'}{E^4},$$

$$\frac{X}{M} e^3 \sin\varphi' = 1 + \frac{p''}{e^2} + \frac{q''}{e^4},$$

$$\frac{X}{M} E^3 \sin\psi' = 1 + \frac{p''}{E''} + \frac{q''}{E^4},$$

wobei

$$p' = 2\frac{M_3}{M} - 3\frac{M'_3}{M'},$$

$$q' = 3\frac{M_5}{M} - 15\frac{M_3 M'_3}{M M'} + \frac{45}{8}\frac{M'_5}{M'},$$

$$p'' = -\tfrac{3}{2}\frac{M_3}{M} + 6\frac{M'_3}{M'},$$

$$q'' = \frac{15}{8}\frac{M_5}{M} - \frac{45}{2}\frac{M_3 M'_3}{M M'} + 15\frac{M'_5}{M'},$$

gesetzt wird. Die obigen Gleichungen sind zuerst so zu combiniren, dass $\frac{M_3}{M}$ wegfällt. Dies geschieht, wenn man die erste Gleichung mit $\frac{3}{7}$, die dritte mit $\frac{4}{7}$ multiplicirt und sie dann addirt. Die Summe giebt:

$$\frac{X}{M} e^3 \left(\tfrac{3}{14}\sin\varphi + \tfrac{4}{7}\sin\varphi'\right) = 1 + \frac{p}{e^2} + \frac{q}{e^4}, \tag{2}$$

wobei

$$p = \frac{15}{7}\frac{M'_3}{M'},$$

$$q = \tfrac{33}{14}\frac{M_5}{M} - \frac{135}{7}\frac{M_3 M'_3}{M M'} + \frac{615}{56}\frac{M'_5}{M'}$$

der Kürze wegen gesetzt ist. Die zweite und vierte Gleichung geben ein analoges Resultat:

$$\frac{X}{M} E^3 \left(\tfrac{3}{14}\sin\psi + \tfrac{4}{7}\sin\psi'\right) = 1 + \frac{p}{E^2} + \frac{q}{E^4}. \tag{3}$$

Eliminirt man aus (2) und (3) q, und substituirt den Werth von $\frac{X}{M}$ aus der Gleichung (1), so erhält man, wenn $\frac{e}{E}$ durch η bezeichnet wird:

$$\frac{k}{7\sin\varphi}\frac{\eta^4}{1-\eta^4}\left(\frac{1}{\eta^7}(3\sin\psi + 8\sin\psi') - (3\sin\varphi + 8\sin\varphi')\right) = 1 + \frac{p}{e^2}\frac{\eta}{1+\eta^2}.$$

Die einzige noch zu bestimmende Grösse in dieser Gleichung ist $p = \frac{15}{7}\frac{M'_3}{M'}$. Wäre die freie Nadel dem Ablenkungs-Magnet an Grösse nahe gleich, so würde eine zuverlässige Bestimmung von p unmöglich sein; macht man aber die freie Nadel sehr klein, so reicht es aus, für p einen Näherungswerth zu substituiren.

Nach dem, was in §. 35. vorgetragen worden ist, findet

sich $p = \frac{15}{28} l^2$, wenn l die Länge der Nadel bezeichnet, und der ganze Magnetismus in den Endpuncten vereinigt ist; wird dagegen die Kraft als gleichmässig von der Mitte aus nach beiden Enden zunehmend angenommen, so hat man (§. 34.) $p = \frac{9}{28} l^2$. Der erstere Werth ist entschieden zu gross, der letztere zu klein. Der Wahrheit wird man sehr nahe kommen, wenn man das Mittel beider Bestimmungen nimmt, und $p = \frac{3}{7} l^2$ macht. Alsdann hat man, wenn $\left(7 + 3 \frac{l^2}{e^2} \frac{\eta^2}{1+\eta^2}\right)(1-\eta^4)\eta^3 = Q$ gesetzt wird:

$$\log k = \log Q + \log \sin\varphi - \log\left[3\sin\psi + 8\sin\psi' - \eta^7 (3\sin\varphi + 8\sin\varphi')\right].$$

Ob man $p = \frac{15}{28} l^2$ oder $= \frac{9}{28} l^2$ setzt, macht in der Bestimmung der absoluten Intensität X nur einen Unterschied von $\frac{3}{28} \frac{l^2}{e^2} \frac{\eta^2}{1+\eta^2} X$ aus. Der Fehler des Mittels aus beiden Hypothesen kann also nicht mehr als $\frac{3}{56} \frac{l^2}{e^2} \frac{\eta^2}{1+\eta^2} X$ betragen. Soll dieser Fehler weniger als $\frac{1}{10000}$ der Intensität ausmachen, so darf $\frac{l}{e}$ nicht grösser sein, als $\frac{\sqrt{1+\eta^2}}{24\,\eta}$. Der Werth von η darf nicht wohl über $\frac{4}{10}$ gehen, wenn die kleinere Ablenkung genau gemessen werden soll: mithin soll die Länge des freien Magnets nicht mehr, als $\frac{1}{9}$ der kleinern Ablenkungs-Distanz betragen. Für die gewöhnlichen Theodoliten wäre dieser Gränzwerth = 20 bis 22 Millimeter; so viel dürfte die Länge der freien Nadel betragen: gewöhnlich giebt man aber der freien Nadel 7 bis 15 Millimeter Länge, so dass jedenfalls kein erheblicher Fehler im Resultate durch die Hypothese über die Vertheilung des Magnetismus in der Nadel entstehen kann.

Es ist nöthig, wiederholte Messungen vorzunehmen, um k genau zu bestimmen.

184. Hat man einmal k, dann wird für jede Intensitäts-Bestimmung nur eine Ablenkung Ost und West ...φ... in der

Distanz e vorgenommen, und $\frac{M}{X}$ berechnet nach der Formel (1), §. 183:

$$\frac{M}{X} = \tfrac{1}{2}\,\frac{e^3 \sin\varphi}{k}.$$

Was die Correctionen betrifft, so ist es zweckmässig, die sämmtlichen Winkel bei der Bestimmung von k auf gleiche Temperatur und gleiche Intensität zu reduciren, dann wegen der Aenderungen der Declination und wegen der Ungleichheit der Ablenkungen zu corrigiren; die Induction braucht nicht in Rechnung genommen zu werden. Handelt es sich um Intensitäts-Bestimmung, so ist es bequemer, die Correctionen wegen Temperatur, Intensität und Induction sowohl bei den Ablenkungen, als bei den Schwingungen in dem Resultate zu berücksichtigen auf folgende Weise. Es sei für o^0 die Distanz $= e_0$, das Trägheitsmoment $= K_0$, das magnetische Moment $= M_0$, dann die Intensität für den Nullpunct der Scala $= X_0$; man habe ferner die Intensität und Temperatur bei den Schwingungen n' und t, bei den Ablenkungen n'_1 und t', so folgt:

$$M_0 (1-\alpha t)\,(1+\tfrac{6}{7} k X)\, X_0\, (1+n'\varepsilon) = \frac{\pi^2 K (1+2\beta' t)}{T^2},$$

$$\frac{M(1-\alpha t')}{X(1+n'_1 \varepsilon)}\,(1-\tfrac{8}{7} k X \sin\varphi) = \tfrac{1}{2}\,\frac{e_0^3 (1+3\beta t')\sin\varphi}{k}.$$

Daraus ergiebt sich:

$$X_0 [1+\tfrac{1}{2}(n'+n'_1)\varepsilon'] = \pi\sqrt{\frac{2kK_0}{e_0^3}}\cdot\frac{1}{T\sqrt{\sin\varphi}}[1-(\tfrac{3}{2}\beta-\beta')t'+(\tfrac{1}{2}\alpha+\beta')$$
$$\times (t-t')]\,[1-\tfrac{3}{7}k(1-\tfrac{4}{3}\sin\varphi)X].$$

Nun ist $X_0 [1+\tfrac{1}{2}(n'+n'_1)\varepsilon']$ die absolute Intensität, welche dem Theilstriche $\tfrac{1}{2}(n'+n'_1)$ des Variations-Instrumentes entspricht, diese wollen wir mit X bezeichnen; ferner setzen wir $\pi\sqrt{\frac{2kK_0}{e_0^3}} = C$, alsdann haben wir:

$$\log X = \log C - \log T - \tfrac{1}{2}\log\sin\varphi - 0{,}4343\,(\tfrac{3}{2}\beta-\beta')t + 0{,}4343\,(\tfrac{1}{2}\alpha+\beta')$$
$$= (t'-t) - 0{,}1861\,k\,(1+\tfrac{4}{3}\sin\varphi)\,X.$$

Den Einfluss der Induction, welcher für denselben Ort und Magnet constant ist, rechnet man gewöhnlich zur Constante, und setzt $\log C - 0.1861\, k\, (1 + \frac{4}{3} \sin \varphi)\, X = \log C'$; für die Theodoliten mit messingner Schiene ist $0{,}4343\, (\frac{3}{2}\, \beta - \beta') = 0.0000082$, ferner hat man $\beta' = 0.0000135$. Dies gilt für Reaumur'sche Grade.

185. Zur Erläuterung folgen hier zwei Beispiele einer absoluten Intensitäts-Bestimmung: die erstere Bestimmung ist mit einem Gauss'schen Magnetometer von Goldschmidt in Göttingen ausgeführt (Result. aus den Beobachtungen des magnet. Vereins 1840, S. 141. und 199.), die letztere wurde im Münchner Observatorium mit einem magnetischen Theodoliten gemacht:

Bestimmung der absoluten Intensität in Göttingen am 31. Juli 1840.

Schwingungs-Versuche. Stab Nr. 21. ohne Belastung.

I.	(II.—I.)	II.	(III.—II.)	III.
0h 34′ 22″,4 …	40′ 5″,3 …	1h 14′ 27″,7 …	40′ 4″,9 …	1h 54′ 32″,6
47,8	6,6	51,1	5,6	55 0,0
35 10,5	5,3	15 15,8	4,9	20,7
35,8	6,6	42,4	5,7	48,1
58,5	5,5	16 4,0	4,8	56 8,8
36 23,9	6,5	30,4	6,0	36,4
	40′ 5,97 = 100 Schwing.		40′ 5,32 = 100 Schwing.	

Die Schwingungsweite (für die Mitte einer jeden Reihe) war 383 … 220 … 158 Scalatheile (Millimeter), die Temperatur $+ 13^{\circ}{,}0$ am Anfange, und $+ 13^{\circ}{,}2$ am Ende. Da die Distanz des Spiegels von der Scala $4807{,}8^{mm}$ betrug, und die Dauer einer Schwingung aus dem ersten Intervall 24″,0597, und aus dem zweiten 24″,0532 war, so hat man die Reduction auf unendlich kleine Bögen $- 24'',0597 \cdot \frac{1}{16} \cdot \left(\frac{301.5}{9615{,}6}\right)^2 = - 0'',0015$, und

$$- 24',0532 \cdot \frac{1}{16} \cdot \left(\frac{189{,}0}{9615{,}6}\right)^2 = - 0'',0006.$$

Die auf unendlich kleine Bögen reducirten Schwingungszeiten sind also 24'',0582 und 24'',0526: im Mittel also ist $T = 24'',0554$ bei $+ 13^\circ,1$ und Intensität 874,7*). Eine Drehung des Torsions-Kreises von 360° brachte eine Aenderung von 85,7 Scalatheilen hervor, woraus folgt $\gamma = \frac{85,7}{2\,\pi\, 9615.6} = 0.001434$.

Hierauf wurde der Querstab aufgelegt und zwei Gewichte, die zusammen 999,990 Grammes wogen, und die von einander 199,9747 Millimeter entfernt waren, angehängt. Die Schwingungsdauer fand sich nach derselben Methode, wie oben $= 26'',3261$ bei $+ 13^\circ,6$ R. und Intensit. 887,0. Die Gewichte wurden dann weiter von einander entfernt, so zwar, dass ihre Distanz 699,7712 Millimeter betrug. Die Schwingungsdauer fand sich 40'',89183 bei $+ 13^\circ,45$ R. und Intensit. 871,7. Bei belastetem Stabe machte eine Drehung von 360° 124,07 Scalatheile aus, man hat also für die zwei letzten Schwingungszeiten $\gamma = 0.002075$. Der Temperatur-Coëfficient ist $= 0.000765$.

Die Ablenkungen wurden nördlich und südlich gemacht, und zwar in der Distanz 2600^{mm} und 1900^{mm}. Da die Mitte des freien Stabes auf 2800 der Messstangen traf, so musste die Mitte des Ablenkungsstabes auf 200 und 5400, dann 900 und 4700 hingelegt werden. Die Beobachtung gab folgende Resultate:

Stab auf 200	*N* westl.	653,52**)	Scalatheile.
	N östl.	1057,78	
	N westl.	652,15	
Stab auf 900	*N* westl.	312,54	
	N östl.	1394,87	
	N westl.	313,29	
Stab auf 4700	*N* östl.	1392,77	
	N westl.	312,71	
	N östl.	1391,57	

*) Ich habe die sämmtlichen Stände des Bifilars auf $+ 16^\circ,0$ *C* reducirt.

**) Es versteht sich von selbst, dass, da der Stab in Schwingung war, der Mittelstand aus mehreren Ablesungen (hier aus sieben) abgeleitet werden musste.

Stab auf 5400 N östl.	1056,04	Scalatheile.
N westl.	647,63	
N östl.	1054,41.	

Das Mittel aus der am Anfang und am Ende beobachteten Temperatur ist 12°,55 *). Die Torsions-Bestimmung ergab $\gamma = 0.001033$. Daraus findet man folgende Werthe der doppelten Ablenkung, denen die entsprechenden Bifilar-Stände beigefügt sind:

Dist.		Ablenkung		Intens.
2600	Ablenkung	404,945	Intens.	841,4
1900	-	1081,955	-	843,9
1900	-	1079,460	-	845,7
2600	-	407,595	-	850,8,

oder wenn man aus den nördlichen und südlichen Bestimmungen das Mittel nimmt, und die einfachen Ablenkungen berechnet:

2600	-	203,135	-	846,1
1900	-	540,3535	-	844,8.

Mit der Distanz 4819,75 zwischen Scala und Spiegel findet man die log. der Tangenten der Ablenkungs-Winkel näherungsweise:

$$\log \operatorname{tg} \varphi = 8.748623,$$
$$\log \operatorname{tg} \varphi' = 8.323730.$$

Da die Entfernung der spiegelnden Fläche von dem Faden $= 290,5$ war, so hat man die Correction (§. 66.) $= -0.0013181$ und -0.0001875, also

$$\log \operatorname{tg} \varphi = 8.747305,$$
$$\log \operatorname{tg} \varphi' = 8.323543.$$

Mit dem Temperatur-Coëfficienten $\alpha = 0.000765$ und dem Werthe eines Theilstriches der Intensität $\varepsilon' = 0.00004386$ wol-

*) Diese Zahl scheint bei der Berechnung gebraucht worden zu sein, obwohl aus den angegebenen Zahlen + 12°,45 als Mittel folgt. Ich bemerke dies, um auf den Einfluss der Temperatur aufmerksam zu machen. In dem gegenwärtigen Falle würde $\frac{1}{10}$ Grad den Werth von $\frac{M}{X}$ um $\frac{1}{13000}$ geändert haben.

len wir sämmtliche Beobachtungs-Data auf die Temperatur + 13°,0 und Intensität 855 reduciren; zu diesem Zwecke haben wir zum Log. der Schwingungsdauer $+ 0.00000951\,(n - 855) - 0.0001619 \times (t - 13^\circ)$, und zum Logarithmus der Ablenkungs-Tangente $+ 0.00001905\,(n' - 855) + 0.0003322\,(t - 13^\circ)$ hinzuzufügen. Ausserdem muss der Logarithmus der Schwingungsdauer eine Correction von $+ 0{,}2171\,\gamma$ und der Logarithmus der Ablenkungs-Tangente eine Correction von $+ 0{,}4343\,\gamma$ wegen der Torsion erhalten. Bei der ersten Schwingung war $\gamma = 0.001434$, bei den zwei letzten Schwingungen $= 0.002075$, und bei den Ablenkungen $\gamma = 0.001033$. Werden alle diese Correctionen angebracht, so erhält man:

$$\log T = 1.381694,$$
$$\log T' = 1.421045,$$
$$\log T'' = 1.612173,$$
$$\log \operatorname{tg} \varphi = 8.747409,$$
$$\log \operatorname{tg} \varphi' = 8.323672.$$

Mit den eben gefundenen Schwingungszeiten und den Entfernungen $f = 199{,}9747^{\text{mm}}$ und $f' = 649{,}7712^{\text{mm}}$, dann dem Gewicht $P = 999990$ Milligr. findet man:

$$\log K = 10.822521 \text{ und}$$
$$\log M X = \log \frac{\pi^2 K}{T^2} = 9.053433.$$

Setzt man $E = 2600$, $e = 1900$ und für $\operatorname{tg}\varphi$, $\operatorname{tg}\varphi'$ die eben gefundenen Grössen, so giebt die Formel $\frac{M}{X} = \frac{E^5 \operatorname{tg}\varphi' - e^5 \operatorname{tg}\varphi}{E^2 - e^2}$

$$\frac{M}{X} = 8.550643.$$

Dieser Werth, mit dem für MX gefundenen Werth combinirt, giebt:

$$X = 1.7840,$$
$$\log M = 8.802038.$$

Es ist nicht überflüssig, zu bemerken, dass, wenn eine ganz

scharfe Berechnung durchgeführt werden soll, die Approximation des Werthes von $\frac{M}{X}$ (§. 182.) nicht ganz ausreicht; auch wäre es nothwendig, die Mittelrichtung von jeder Ablenkung abzuziehen, und jede von den vier Ablenkungen eigens zu reduciren. Practisch ist übrigens kein wesentlicher Vortheil dabei zu erreichen, weil die Unsicherheit der Beobachtung eine so grosse Genauigkeit der Berechnung nicht lohnen würde.

186. Als zweites Beispiel folgt hier eine absolute Intensitäts-Bestimmung mit einem magnetischen Theodoliten. Die §. 128. gegebenen Ablenkungen waren zur Bestimmung von k ausgeführt worden und können hier unmittelbar angewendet werden. Nach vorgenommenen Reductionen auf gleiche Temperatur und Intensität (Torsion und Induction brauchen nicht in Rechnung gebracht zu werden) hat man:

$$\varphi = 47^\circ\ 36',73$$
$$\psi = 5\ \ 20,98$$
$$\varphi' = 16\ \ 36,25$$
$$\psi' = 2\ \ 29,69.$$

Die übrigen Data sind:

kleine Entfernung e *) $= 310$,
grosse Entfernung $E = 595$,
Länge der freien $l = 10$,
mithin $\log \eta = 9.71684$,
$\log Q = 9.96242$.

Mit diesen Grössen findet man:

$$\log k = 0.06663.$$

Derselbe Magnet wurde mit dem Ring Nr. II. in den Schwingungskasten eingehängt, und die Schwingungszeit folgendermassen bestimmt:

---

*) Die sämmtlichen Längenmaasse sind nach einer willkürlichen Scala angegeben, wobei 1329,55 = 1 Meter waren bei + 13°.

1845. April 22. Magnet Nr. XIV. mit Ring II.

I.	(II. — I.)	II.	(III. — II.)	III.
14h 17′ 39″,1 ...	8′ 17″,8 ...	25′ 56″,9 ...	8′ 17″,3 ...	34′ 14,2
56,1	17,8	13,9	17,2	31,1
12,3	17,8	30,1	17,3	47,4
29,3	17,7	47,0	17,3	4,3
45,6	17,5	3,1	17,6	20,7
2,5	17,5	20,0	17,7	37,7
18,8	17,6	36,4	17,5	53,9
35,7	17,5	53,2	17,6	10,8
52,0	17,4	9,4	17,6	27,0
9,0	17,4	26,4	17,6	44,0
	8′ 17″,60 = 30 Schwing.		8′ 17″,46 = 30 Schwing.	
Intens. — 36,3		— 35,9		— 35,7

Temper. + 7°,8

Reductions-Bogen 14h 25′ 8″ ... 8,5 14h 33′ 25″ ... 7,8

log T' = 1.21977 .... 1.21963

Reduct — 0.00105 — 0.00092

1.21872 1.21871

Im Mittel log. Schwingungsd. = 1.218715.

Gleich darauf wurde die Beobachtung gemacht, die bereits §. 53. mitgetheilt worden ist. Am Ende von §. 130. findet sich das Resultat corrigirt wegen der Schwingungsweite, reducirt auf die Temperatur und Intensität, welche bei den Schwingungen mit Ring stattfanden. Hiernach sind die Data zur Berechnung von K wie folgt:

Schwingungsdauer mit Ring ... log T' = 1.21871,
Schwingungsdauer ohne Ring ... log T = 0.64189,
Torsions-Verhältniss bei den
Schwingungen mit Ring ... $\gamma = 0.00284$,
Temperat. ... + 7°,8,

ferner hat man nach §. 59. für den Ring Nr. II. bei der obigen Temperatur $t = +7^\circ,8$ log R = 8.59662.

Berechnet man nach der Formel

$$K = \frac{R}{\frac{T'^2}{T^2}(1+\gamma)-1}$$

das Trägheitsmoment des Magnets, so erhält man:

$\log K = 7.47329$ für $7^\circ,8$

und $7.473220 + 0.0000117\, t$ für die Temperatur t.

Mit den vorhergehenden Daten können wir nun die vollständige Formel zur Berechnung der absoluten Intensität herstellen; wir haben nämlich:

$$\log K_0 = 7.47320,$$
$$\log k = 0.06663,$$
$$\log e_0 = 2.36756 \ldots \text{(im Millimeter), mithin}$$
$$\log C = \log\left(\pi \sqrt{\frac{2 K_0 k}{e_0^3}}\right) = 0.86624.$$

Endlich hat man:

$$\alpha = 0.000255,$$
$$k = 0.000741 \text{ (§. 121.), folglich}$$
$$\log X = 0.86624 - \log T - \tfrac{1}{2} \log \sin \varphi - 0.0000082\, t'$$
$$+ 0.000061\, (t - t') - 0.000138\, (1 + \tfrac{4}{3} \sin \varphi)\, X.$$

Für die in München vorgenommenen Messungen hat man, da X näherungsweise $= 1,938$ angenommen werden kann:

$$\log X = 0.86571 - \log T - \tfrac{1}{2} \log \sin \varphi - 0.0000082\, t'$$
$$+ 0.000061\, (t - t').$$

Als Beispiel einer Messung diene Folgendes:

Messung der absoluten Intensität in München den 30. September 1846. Magn. Nr. XIV. Es wurde gefunden:

$\log T = 0.64693$. Int. $n' = -18,2$. $t = +9^\circ,0$,

$\varphi = 46^\circ\, 43',8$ . . . . . . $n'_1 = -16,8$. $t' = +10^\circ,0$.

Die Rechnung giebt:

$\log T$	0.64693
$\frac{1}{2} \log \sin \varphi$ . . .	9.93110
Summe =	0.57803
abzuziehen von Constante	0.86571
bleibt	0.28768
Temperatur- Correctionen: $-0.0000082\, t' =$	-0.00014
$0.00006\, (t - t') =$	-0.00009
$\log X =$	0.28744.

$X = 1.9384$, absolute Intensität für $\frac{1}{2}(n' + n'_1) = -17,4$.

Am 6. October desselben Jahres wurde eine andere Messung gemacht, woraus sich ergab:

$\log T = 0.64700 \ldots n' = -11{,}8 \ldots t = +10^\circ{,}8,$
$\varphi = 46^\circ\, 40'{,}7 \ldots\ldots n'_1 = -13{,}5 \ldots t' = +11{,}2,$ folglich
$X = 1.9394$ für $\frac{1}{2}(n' + n'_1) = -12{,}8.$

Reducirt man die beiden Messungen auf 0 des Variations-Instruments (ein Theilstrich des Variations-Instruments ist = 0.00012 der Intensität oder 0.000233 in absolutem Maasse), so findet man:

Sept. 30 . . . 1.9424,
Oct. 6 . . . 1.9424.

Es ist nur ein Zufall, dass die Messungen so genau zusammentreffen: der Fehler einer Messung kann leicht bis auf 0.0008 gehen. Ich bemerke noch, dass zur Bestimmung der Constante (oben 0.86571) mehrere Beobachtungen vorgenommen wurden, und das Mittel derselben von dem obigen Werthe um 0.00013 abweicht.

187. Durch 3 Ablenkungen Ost und West, φ_0, φ_1, φ_2, in 3 Distanzen e_0, e_1, e_2, erhält man die Gleichungen:

$$\frac{1}{2}\frac{X}{M} e_0^3 \sin\varphi_0 = 1 + \frac{p}{e_0^2} + \frac{q}{e_0^4},$$
$$\frac{1}{2}\frac{X}{M} e_1^3 \sin\varphi_1 = 1 + \frac{p}{e_1^2} + \frac{q}{e_1^4},$$
$$\frac{1}{2}\frac{X}{M} e_2^3 \sin\varphi_2 = 1 + \frac{p}{e_2^2} + \frac{q}{e_2^4},$$

und kann daraus p, q und M, mithin auch k ableiten; noch grössere Sicherheit erhält man, wenn man in mehreren Distanzen beobachtet, und die Unbekannten nach der Methode der kleinsten Quadrate bestimmt; indessen ist dieses Verfahren immerhin weitläufiger und unzuverlässiger, als das vorhergehende. Der Grund der Unzuverlässigkeit liegt besonders darin, dass die Distanzen e_0, e_1, e_2 nicht viel von einander verschieden gewählt werden dürfen, weil bei kleinen Distanzen die Ablenkung über 90° geht, und nicht mehr gemessen werden kann, und bei grossen Distanzen die Ablenkungen zu klein werden, mithin nicht mehr mit der erforderlichen Genauigkeit sich bestimmen lassen. Wir haben also eine Aufgabe von derselben Art, als wenn wir eine Parabel (von grossen Dimensionen) durch eine Anzahl nahe an einander gelegener Puncte zu ziehen hätten. Es ist einleuchtend, dass eine geringe Aenderung in der Stellung der Puncte, also auch ein geringer Fehler in der Beobachtung, eine grosse Aenderung in der Lage und Grösse der Parabel hervorbringen würde.

8. Messung der absoluten Inclination.

188. Zur Bestimmung der absoluten Inclination hat man bisher nur ein Hülfsmittel, nämlich das Inclinatorium, ein Instrument, dessen Unvollkommenheit nicht gestattet, den Beobachtungen diejenige Schärfe zu geben, die bei der Bestimmung der horizontalen Componenten zu erreichen ist. Bei dem Inclinatorium sollten die Axen vollkommene Cylinder, die Lager vollkommene Ebenen sein. Diesen Bedingungen kann die Mechanik nicht entsprechen, und wenn denselben auch entsprochen würde, so hätte die Reibung auf die Messungen grossen Einfluss. Die Fehler der Form und die nachtheilige Einwirkung der Reibung entfernt keine bisher angewendete Beobachtungs-Methode. Ich glaube deshalb, dass es zweckmässig ist, bei der Messung die einfachste Methode anzuwenden, und umständliche Manipulationen sowohl, als umständliche Rechnungen zu vermeiden, wo ein entsprechender Gewinn nicht zu erwarten ist.

Fig. 103. stellt im Wesentlichen das Inclinatorium dar. Die Nadel endet sich in den feinen Spitzen *a*, *b*, deren Stellung auf dem Kreise abgelesen wird. Die Zapfen ruhen auf den Lagern *e*, *f*; sie werden auf die Lager niedergelassen, und davon abgehoben durch eine zweckmässige Vorrichtung, wodurch jeder Stoss oder Druck vermieden wird. Ist das Instrument vollkommen berichtiget, so soll die Kreis-Ablesung 0° der horizontalen Richtung entsprechen; die Lager müssen genau horizontal sein; die magnetische Axe muss in der Drehungs-Axe liegen.

Diese Bedingungen streng zu erfüllen, ist practisch nicht möglich, wohl aber kann man die Beobachtungs-Methode so einrichten, dass die Fehler sich aufheben. Dazu ist es nöthig, dass das Gestelle (woran die Lager und der Kreis festgemacht sind) sich um eine verticale Axe drehen lasse. Die Libelle *L L* dient dazu, das Gestelle in die Lage zu bringen, die es haben würde, wenn die Drehungs-Axe vollkommen vertical wäre. In der Regel beobachtet man immer so, dass die Nadel im magnetischen Meridian sich befindet; die zwei Lagen, die das Gestelle unter dieser Voraussetzung erhalten kann, bezeichnet man mit Kreis West — Kreis Ost. Die Nadel lässt sich in zwei Positionen auf die Lager hinlegen; es kann nämlich der Zapfen, der auf dem westlichen Lager war, auf das östliche gebracht werden; auf solche Weise kommt die Fläche der Nadel, die nach Westen gerichtet war, nun auf die östliche Seite. Die eine Fläche der Nadel trägt gewöhnlich die Buchstaben *A*, *B*, und eine Nummer, und wird die bezeichnete Fläche genannt. Die eben beschriebenen Stellungen nennt man mit Beziehung auf diesen Umstand „bezeichnete Fläche West," „bezeichnete Fläche Ost."

Endlich lässt sich noch eine Umkehrung vornehmen; man kann nämlich die Nadel magnetisiren, dass das Ende *A* oder das Ende *B* Nordpol wird. Dies bezeichnet man mit dem Ausdrucke „Ende *A* Nord" — „Ende *B* Nord."

Zu einer Inclinations-Beobachtung gehören nun 8 Einstellungen nach folgendem Schema:

Ende *A* Nord	Kreis West	bezeichnete Fläche West	f_0
		bezeichnete Fläche Ost	g_0
	Kreis Ost	bezeichnete Fläche West	$180° - f_1$
		bezeichnete Fläche Ost .	$180° - g_1$

Ende B Nord { Kreis West { bezeichnete Fläche West . . . . . f'_0
bezeichnete Fläche Ost . . . . . . g'_0
Kreis Ost { bezeichnete Fläche West 180° — f'_1
bezeichnete Fläche Ost . 180° — g'_1 }

Bei den Einstellungen mit „Kreis West“ und „Kreis Ost“ hat sowohl die Collimation des Kreises (die Neigung der durch 0° und 180° gehenden Linie gegen den Horizont), als auch die Neigung der Lager das entgegengesetzte Zeichen; in den Mitteln

$$\tfrac{1}{2}(f_0 + f_1) = f,$$
$$\tfrac{1}{2}(g_0 + g_1) = g,$$
$$\tfrac{1}{2}(f'_0 + f'_1) = f',$$
$$\tfrac{1}{2}(g'_0 + g'_1) = g',$$

werden also die hiervon abhängenden Fehler eliminirt, und f, g, f', g' sind die Winkel, welche die durch die Nadelspitzen gehende Linie mit dem Horizont macht.

Bei „bezeichnete Fläche West“ und „bezeichnete Fläche Ost“ hat der Collimations-Fehler der Nadel das entgegengesetzte Zeichen, und

$$\tfrac{1}{2}(f + g) = u,$$
$$\tfrac{1}{2}(f' + g') = u'$$

sind die Winkel, welche die magnetische Axe der Nadel mit dem Horizont macht. Diese beiden Winkel werden gleich sein, wenn die Axe durch den Schwerpunct der Nadel geht; ist dies aber nicht der Fall, und ist z. B. das Nordende bei der ersten Bestimmung schwerer, so wird bei der zweiten Bestimmung das Südende schwerer sein, und der aus der Lage des Schwerpunctes entstehende Fehler hat in beiden Bestimmungen entgegengesetzte Zeichen, fällt also in dem Mittel weg. Demnach ist das Mittel:

$$\tfrac{1}{2}(u + u') = \tfrac{1}{4}(f + g + f' + g'),$$

die Richtung einer um ihren Schwerpunct drehbaren Nadel gegen den Horizont, d. h. die absolute Inclination i.

189. Die Aufhebung des von der Lage des Schwerpunctes

abhängenden Fehlers ist an eine Bedingung geknüpft, welche nicht immer erfüllt wird; nämlich dass bei Ende A Nord und Ende B Nord die Nadel gleiche Kraft habe. Die Nadel wird nämlich durch zwei Kräfte sollicitirt, durch das Moment der Schwere und das magnetische Moment, und stellt sich in die Richtung der Resultante beider Kräfte. Natürlich entfernt sich die Resultante um so weniger von der Richtung der Hauptkraft, je stärker diese Kraft selbst ist, d. h. je grösser das magnetische Moment der Nadel ist. Nehmen wir nun an, dass bei „Ende A Nord" und „Ende B Nord" die magnetischen Momente sich verhalten, wie $1:1+\alpha$, und dass durch den Einfluss der Schwere die Nadel im erstern Zustande um p, im letztern um q von der wahren magnetischen Richtung abgelenkt werde, so dass die wahre Inclination $= u + p = u' - q$ sei, so werden wir haben:

$$u' - u = p + q,$$
$$p : q = 1 + \alpha : 1,$$

folglich mit hinreichender Genauigkeit:

$$p = \tfrac{1}{2}(u' - u)(1 + \tfrac{1}{2}\alpha),$$
$$q = \tfrac{1}{2}(u' - u)(1 - \tfrac{1}{2}\alpha) \text{ und}$$
$$i = \tfrac{1}{2}(u' + u) + \tfrac{1}{4}\alpha(u' - u).$$

Was die Grösse α betrifft, so kann man sie durch Schwingungen oder durch Ablenkungen vor und nach Umkehrung der Pole bestimmen. Es seien bei „Ende A Nord" und „Ende B Nord" die Schwingungszeiten T und T', und die Ablenkungen φ und φ', so hat man:

$$\alpha = \frac{T^2 - T'^2}{T'^2} \text{ und } \alpha = \frac{2 \sin \frac{1}{2}(\varphi' - \varphi) \cos \frac{1}{2}(\varphi + \varphi')}{\sin \varphi},$$

oder mit zureichender Genauigkeit:

$$\alpha = 2\,\frac{T - T'}{T'},\ \alpha = \frac{\sin \varphi\,(\varphi' - \varphi)}{\operatorname{tg} \varphi}.$$

Macht man mehrere Messungen, so ist α bald positiv, bald negativ, und die Correction des Endresultats gewöhnlich unmerklich. Was übrigens die Gränze von α betrifft, so kann man ein Urtheil darüber fällen nach den von **Gauss** gegebenen Beispielen*): unter 20 Bestimmungen findet sich nur eine, wo $\alpha = 0{,}028$ wird; in den meisten Fällen geht α nicht über $\frac{1}{100}$.

190. Es ist oben vorausgesetzt, dass die Nadel in dem magnetischen Meridian sich befinde. Bewegt sich die Nadel in einer verticalen Ebene, welche den Winkel v mit dem magnetischen Meridian macht, so wird sie durch zwei Kräfte sollicitirt; durch die horizontale Kraft $U = X \cos v$ und durch die verticale Kraft $Y = X \operatorname{tg} i$. Die Resultante der beiden Kräfte ist:

$$(X^2 \cos^2 v + X^2 \operatorname{tg}^2 i)^{\frac{1}{2}} = X (\cos^2 v + \operatorname{tg}^2 i)^{\frac{1}{2}},$$

und diese Resultante macht mit dem Horizont einen Winkel i', dessen Tangente $= \frac{Y}{U} = \frac{\operatorname{tg} i}{\cos v}$ ist. In diese Richtung stellt sich die Nadel, und man sieht leicht ein, dass die Neigung immer grösser ist ausser dem Meridian, als im Meridian. Dieser Umstand kann auch dazu benutzt werden, den Meridian zu finden. Hat man aber ausser dem Meridian in einem Azimuth $= v$ die Neigung der Nadel i' gemessen, so hat man die wahre Inclination i durch die Gleichung

$$\operatorname{tg} i = \operatorname{tg} i' \cos v.$$

191. Unter den umständlichern Beobachtungs-Methoden giebt es vorzüglich drei, die besondere Erwähnung verdienen, und die sämmtlich darauf abzielen, zu bewirken, dass verschiedene Stellen vom Umkreise der Zapfen mit den Lagern in Berührung kommen. Der angegebene Zweck wird bewirkt:

a) durch Umdrehung der Axe in der Nadel;

b) durch Befestigung kleiner Gewichte an der Nadel;

c) durch Aufstellung ausser der Ebene des magnetischen Meridians.

---

*) Resultate aus den Beob. des magnet. Vereins 1841. S. 10. u. ff.

Die meisten neuern Inclinations-Nadeln werden mit drehbaren Axen versehen. Es darf indessen in Zweifel gezogen werden, ob dadurch ein wesentlicher Vortheil erreicht wird. So viel ich beurtheilen kann, rührt der grösste Theil der Abweichungen, die man der unrunden Gestalt der Zapfen zugeschrieben hat, eigentlich nur davon her, dass die Axen nach ihrer Länge auf den Lagern verschiebbar sind; also die ganze Länge des Zapfens rund und gleich dick sein soll; ferner die beiden Zapfen in einer geraden Linie liegen sollen, was niemals der Fall ist. Ich glaube, dass die Inclinations-Messungen wesentlich an Schärfe gewinnen müssten, wenn die Axen bei jeder Messung auf dieselben Puncte der Lager hingelegt würden; wenn ferner nur 4 Puncte eines jeden Zapfens bei den 8 Messungen mit den Lagern in Berührung kämen, und die 4 Puncte in einer auf die Länge des Zapfens senkrechten Ebene lägen.

Die Befestigung kleiner Gewichte an die Nadel, ursprünglich von Mayer eingeführt, ist in neuerer Zeit wenig gebraucht worden; dagegen haben mehrere Beobachter mit Erfolg die „Methode der Azimuthe“ angewendet, wobei die Neigungen i_0, i_1, i_2 unter den Azimuthen v_0, v_1, v_2 ... gemessen, und daraus die wahre Inclination i nach der obigen Gleichung

$$\operatorname{tg} i = \operatorname{tg} i_0 \cos v_0 = \operatorname{tg} i_1 \cos v_1 = \operatorname{tg} i_2 \cos v_2 \ldots$$

berechnet wird. Am geeignetsten ist es, mit einem beliebigen Azimuth v anzufangen, und n Messungen in dem ganzen Umkreise in gleichen Intervallen zu machen, so dass man hat $v_0 = v$, $v_1 = v + \frac{360}{n}$, $v_2 = v + 2\,\frac{360}{n}$ u. s. w.

Da nun nach dem Vorhergehenden $\cot i_0 = \cot i \cos v$, $\cot i_1 = \cot i \cos\left(v + \frac{360}{n}\right) \ldots$, so giebt die Summe der Quadrate folgende Gleichung:

$$\cot^2 i_0 + \cot^2 i_1 + \ldots \cot^2 i_{n-1} = \cot^2 i \left[\cos^2 v + \cos^2\left(v + \frac{360}{n}\right)\right] + \ldots + \cos^2\left[v + (n-1)\frac{360}{n}\right].$$

Die Summe der Quadrate von n Cosinussen, in gleichen Intervallen um die ganze Peripherie vertheilt, ist aber bekanntlich $= \frac{n}{2}$, mithin hat man:

$$\cot^2 i = \frac{2}{n}.(\cot^2 i_0 + \cot^2 i_1 + \ldots + \cot^2 i_{n-1}).$$

Man sieht, dass die Richtung des magnetischen Meridians bei Anwendung dieser Methode nicht bekannt zu sein braucht.

9. Magnetische Messungen auf Reisen.

192. Unter den Reise-Apparaten gebührt dem Hansteen'schen Schwingungs-Apparate zur Bestimmung der Horizontal-Intensität ohne Zweifel der erste Rang. Er besteht in einem hölzernen Kästchen, in welchem man eine Nadel von ungefähr 3 Zoll Länge schwingen lässt. Die Schwingungsdauer wird nach §. 50. u. ff. bestimmt. Die Berechnung der Intensität geschieht durch die Gleichung:

$$MX = \frac{\pi^2 K}{T^2},$$

wobei das magnetische Moment M, das Trägheitsmoment K und die Dauer einer Schwingung T auf eine Normal-Temperatur reducirt sein müssen. Ausserdem muss T auf unendlich kleine Bögen reducirt, und M wegen der Induction corrigirt sein. Gewöhnlich wählt man eine Central-Station, wo die Horizontal-Intensität $= 1$ gesetzt wird, z. B. Paris oder London; ist für diese Station die Schwingungsdauer $= T_0$, so hat man:

$$M = \frac{\pi^2 K}{T_0^2}.$$

Dieser Werth von M, in die allgemeine Gleichung substituirt, giebt:

$$\text{relative Intensit. } X = \frac{T_0^2}{T_1^2}.$$

Will man die Temperatur- und Inductions-Correctionen an das Resultat anbringen, so hat man:

$$\log \text{relat. Intensit. } X = 2\log T_0 - 2\log T_1 + 0{,}4343\,(\alpha + 2\beta')(t - t_0) - 0{,}3723\,k(X - 1),$$

wo t und t_0 die den Schwingungen T und T_1 zugehörenden Temperaturen bedeuten.

Zweckmässiger ist es, die absolute Intensität einer Central-Station zu Grunde zu legen, und für die verschiedenen Beobachtungs-Orte X in absolutem Maasse auszudrücken; alsdann hat man für die Central-Station:

$$M X_0 (1 + k X_0)(1 - \alpha t_0) = \frac{\pi^2 K (1 + 2\beta t_0)}{T_0^2},$$

und für jede andere Station, wenn $\log X_0 T_0^2 = C$ gesetzt wird:

$$\log X = C + 0{,}4343\,(\alpha + 2\beta')(t - t_0) - 0{,}3723\,k\,(X - X_0).$$

Gewöhnlich verliert während einer Reise der Magnet einen Theil seiner Kraft, so dass man am Ende der Reise, wenn eine neue Bestimmung der Constante vorgenommen wird, diese $= C'$ findet. In diesem Falle vertheilt man die Differenz $C' - C$ gleichmässig über die ganze Dauer der Reise, wenn man die Ueberzeugung hat, dass keine Veranlassung vorgekommen ist, die einen plötzlichen Kraftverlust hat veranlassen können.

Damit der Kraftverlust gering sei, sollte der Magnet lange vor dem Gebrauche magnetisirt und auf einen constanten Stand gebracht sein.

193. Der Umstand, dass immer einige Unsicherheit bei den Resultaten der vorhergehenden Methode übrig bleibt, hat mich veranlasst, einen verbesserten Schwingungs-Apparat anzuwenden, wobei der Magnetismus der Nadel eliminirt wird, und es gleichgültig bleibt, ob ein Kraftverlust auf der Reise eingetreten ist oder nicht.

Fig. 92. giebt eine Vorstellung von dem Apparate. Das Gestell ist von Messing; das hölzerne Kästchen wird aufgesetzt und mit einem gläsernen Deckel verschlossen. Man beobachtet die Schwingungen des Magnets A an der Scala S in der gewöhnlichen Weise. Auf den Theil $n n$ des Gestells lässt sich der Magnet B so hinlegen, dass er jedesmal dieselbe Lage erhält. Auch der frei hängende Magnet erhält immer dieselbe Stellung: eine aus der Mitte des Magnets unten hervorgehende feine Spitze wird nämlich mittelst der Fussschraube F genau über einen Theilstrich gebracht, der an dem Theile C des Gestelles verzeichnet ist. Bei dieser Einstellung bedient man sich einer in der Seite des Kästchens angebrachten Loupe. Somit ist die Distanz der beiden Magnete immer genau dieselbe.

Dies ist das Wesentliche der Construction: die Beobachtungs-Methode ist wie folgt:

Man lässt den Magnet A schwingen und bestimmt seine Schwingungsdauer T_1; dann legt man den Magnet B auf und bestimmt die Schwingungsdauer T_2 von A unter dem combinirten Einflusse des Erdmagnetismus und des Magnets B. Hierauf wird der Magnet B aufgehängt und zuerst seine Schwingungsdauer T_3 in der gewöhnlichen Weise, endlich seine Schwingungsdauer T_4 unter dem combinirten Einflusse des Erdmagnetismus und des Magnets A bestimmt.

Diesen vier Operationen entsprechen (§§. 39. und 62.) die vier Gleichungen:

$$MX = \frac{\pi^2 K}{T_1^2},$$

$$MX + k\,MM' = \frac{\pi^2 K}{T_2^2},$$

$$M'X = \frac{\pi^2 K'}{T_3^2},$$

$$M'X + k'\,MM' = \frac{\pi^2 K'}{T_4^2}.$$

Setzt man $\frac{T_2}{T_1} = \cos x$, $\frac{T_4}{T_3} = \cos x'$, so geben die drei ersten Gleichungen durch Elimination von M:

$$X = \frac{\pi\sqrt{K'k}}{T_3 \operatorname{tg} x}\,.\; M' = \pi\sqrt{\frac{K'}{k}}\,.\,\frac{\operatorname{tg} x}{T_3},$$

dann die erste und die zwei letzten Gleichungen durch Elimination von M':

$$X = \frac{\pi \sqrt{K k'}}{T_1 \operatorname{tg} x} . M = \pi \sqrt{\frac{K}{k'}} . \frac{\operatorname{tg} x}{T_3}.$$

Man sieht, dass, wenn die Trägheits-Momente der Nadeln und die Constanten k und k' gegeben sind, die absolute Intensität unabhängig von dem Magnetismus der Nadeln sich bestimmen lasse; und zwar geben drei Schwingungen eine, vier Schwingungen dagegen zwei unabhängige Werthe von X. In der Praxis ist es bequemer, anstatt der oben bemerkten Grössen folgende vier Constanten einzuführen:

$$\mu = \frac{M}{\pi} \sqrt{\frac{k'}{K}},$$
$$\mu' = \frac{M'}{\pi} \sqrt{\frac{k}{K'}},$$
$$C = \pi \sqrt{K' k},$$
$$C' = \pi \sqrt{K k'}.$$

Wenn diese Constanten für 0° gelten, so haben sie bei der Temperatur t die Werthe:

$$\mu [1 - (\alpha + \tfrac{3}{2} \beta + \beta') t],$$
$$\mu' [1 - (\alpha' + \tfrac{3}{2} \beta + \beta') t],$$
$$C [1 - (\tfrac{3}{2} \beta - \beta') t],$$
$$C' [1 - (\tfrac{3}{2} \beta - \beta') t],$$

und die obigen Gleichungen erhalten folgende Gestalt:

$$\log X = \log C - \log T_3 - \log \operatorname{tg} x - 0{,}4343 (\tfrac{3}{2} \beta - \beta') t,$$
$$\log \mu' = \log \operatorname{tg} x - \log T_3 + 0{,}4343 (\alpha + \tfrac{3}{2} \beta + \beta') t,$$
$$\log X = \log C' - \log T_1 - \log \operatorname{tg} x' - 0{,}4343 (\tfrac{3}{2} \beta - \beta') t,$$
$$\log \mu = \log \operatorname{tg} x - \log T_1 + 0{,}4343 (\alpha + \tfrac{3}{2} \beta + \beta') t,$$

dabei hat man für Reaumursche Grade $0{,}4343 (\tfrac{3}{2} \beta - \beta') = 0.0000081$, $0{,}4343 (\tfrac{3}{2} \beta + \beta') = 0.0000198$.

Auf einer Reise reicht es hin, von Zeit zu Zeit, etwa an Haupt-Stationen, die vorstehenden Beobachtungen sämmtlich auszuführen; an den Zwischen-Stationen kann man mit aller nöthigen Sicherheit die Intensität bestimmen durch die einfachen Schwingungs-Beobachtungen ... T_1 oder T_3 ... Die Berechnung geschieht dann nach folgenden Formeln:

$$\log X = \log C - \log \mu - 2 \log T_1 + 0{,}4343\,(\alpha + 2\beta')\,t,$$
$$\log X = \log C' - \log \mu' - 2 \log T_3 + 0{,}4343\,(\alpha' + 2\beta')\,t,$$

wobei die Werthe von μ und μ' aus den vorher und nachher an den Haupt-Stationen gemachten Bestimmungen zu interpoliren sind.

Bei Reduction der Schwingungszeiten T_2 und T_4 auf unendlich kleine Bögen muss nach §. 62. mit dem Argumente $a\,h$ aus Tab. II. der entsprechende Werth herausgenommen werden. Den Werth von a kann man theoretisch nicht bestimmen, sondern man beobachtet Schwingungen bei grossen und kleinen Bögen und leitet daraus den Werth von a ab. Hat man z. B. für die Schwingungen T und T' die Reductions-Bögen h und h', so ist:

$$\frac{T}{1 + \frac{1}{16} a^2 h^2} = \frac{T'}{1 + \frac{1}{16} a^2 h'^2},$$

woraus folgt:

$$a = 16 \frac{T - T'}{h^2\, T' - h'^2\, T}.$$

Um die Constanten C und C' zu bestimmen, stellt man Beobachtungen an in einem Observatorium, wo die absolute Intensität aus sonstigen Messungen bekannt ist.

194. Das Inclinatorium kann unter die brauchbarsten Reise-Instrumente gezählt werden, und zwar dient es nicht blos zur Beobachtung der Inclination, sondern giebt auch, wenn man die Nadel mit kleinen Gewichten beschwert, hinreichend zuverlässige Bestimmungen der Total-Intensität.

Bezeichnet man mit M das magnetische Moment der Inclinations-Nadel, mit p und p' das Moment zweier an die Nadel befestigten Gewichte, mit u und u' die Neigungen der Nadel, wenn sie mit den Gewichten beschwert ist, so hat man*):

$$p \cos u = J M \sin (u - i),$$
$$p' \cos u' = J \sin (u' - i),$$

wo J und i wie gewöhnlich die Total-Intensität und die Inclination bedeuten.

Ist p das Moment der Nadel selbst, so wird $u - i$ so klein sein, dass man den Bogen anstatt des Sinus substituiren kann; alsdann erhält man:

$$i = u - \frac{p}{p'} \frac{\cos u}{\cos u'} \sin (u' - i),$$
$$J = \frac{p'}{M} \frac{\cos u'}{\cos (u' - i)}.$$

Diese zwei Gleichungen reichen zur Bestimmung der Inclination und Total-Intensität aus, wenn $\frac{p}{p'}$ und $\frac{p'}{M}$ gegeben sind. Der Werth von $\frac{p}{p'}$ ist von der Temperatur, wenn sie bei der Bestimmung von u und u' sich gleich geblieben ist, unabhängig; dagegen muss man, bei der Temperatur t, $\frac{p'}{M} = \frac{p'_0}{M_0} [1 + (\alpha + \beta') t]$ setzen, wenn $\frac{p_0}{M_0}$ den Werth für 0° bedeutet.

Um das Moment p' hervorzubringen, wird in das eine Ende der Nadel ein feines Loch gebohrt, in welches man ein kleines Stückchen Messingdraht hineinlegen oder vielmehr festmachen kann.

195. Denselben Zweck erreicht man, wenn man in dem dickern Theile der Axe eine Nuth oder Vertiefung eindreht, und

*) Es wird vorausgesetzt, dass die Gewichte in einer durch die Axe gezogenen und mit der magnetischen Axe parallelen Linie angebracht werden. Wenn dies der Fall ist, wird die Nadel, in die Richtung von Ost und West gebracht, sich genau vertical stellen.

einen Faden hineinlegt, dessen Enden, mit kleinen Gewichten beschwert, beiderseits herabhängen. Das eine Gewicht muss etwas schwerer sein, als das andere, so dass ein constantes Moment entsteht, welches wir q nennen wollen. Misst man zuerst die Neigung u mit der unbeschwerten Nadel, und wird die Neigung u', wenn das Moment q hinzukommt, so hat man die beiden Gleichungen:

$$p \cos u = J M \sin (u - i),$$

$$q + p \cos u' = J M \sin (u' - i), \text{ folglich}$$

$$i = u - \frac{p}{q} \cos u \sin (u' - i) \left(1 - \frac{p}{q} \cos u'\right),$$

$$J = \frac{q}{M \sin (u' - i)} + \frac{p \cos u'}{M \sin (u' - i)}.$$

Sowohl bei $\frac{q}{M}$ als bei $\frac{p}{M}$ muss die Temperatur in der oben angegebenen Weise berücksichtiget werden.

196. Das Inclinatorium lässt sich auch zu Schwingungs-Beobachtungen benutzen, und zwar vorzugsweise in zwei Azimuthen 0° und 90°. Im ersten Falle befindet sich die Nadel in der Richtung der Totalkraft, und wenn T die Schwingungszeit ist, so hat man:

$$M J = \frac{\pi^2 K}{T^2}.$$

Im letztern Falle steht die Nadel vertical, und man hat:

$$M Y = M J \sin i = \frac{\pi^2 K}{T'^2},$$

wenn T' die Schwingungszeit bezeichnet. Mit diesen zwei Gleichungen kann man diejenige verbinden, welche aus der Dauer der horizontalen Schwingungen, die wir T'' nennen wollen, hervorgeht, nämlich:

$$M X = M J \cos i = \frac{\pi^2 K}{T''^2}.$$

Es ist hierbei zu berücksichtigen, dass, wenn die Nadel nicht vollkommen abgeglichen ist, T und T' einer Correction wegen des Moments der Schwere bedürfen, welche eliminirt wird, wenn man die Pole umkehrt, und aus der vorher und nachher beobachteten Schwingungszeit das Mittel nimmt.

So viel versprechend die obigen Gleichungen theoretisch erscheinen könnten, so sind sie in der Praxis unbrauchbar, weil die Schwingungsbögen bei einer Nadel, die an Zapfen schwingt, sehr schnell und unregelmässig abnehmen, daher die unmittelbare Bestimmung der Schwingungszeit nicht genau, und eine richtige Reduction auf unendlich kleine Bögen unmöglich ist*).

197. Zwei Hauptapparate für genaue Bestimmung der horizontalen Componenten des Erdmagnetismus auf Reisen sind das transportable Magnetometer von Weber und der magnetische Reise-Theodolit. Beide unterscheiden sich nur durch kleinere Dimensionen von den bereits im Vorhergehenden angeführten Vorrichtungen, und es genügt daher, sie hier dem Namen nach zu erwähnen.

198. Ich schliesse diesen Abschnitt mit der Bemerkung, dass, um diejenigen Data zu liefern, welche die Theorie fordert, es nicht hinreicht, die absoluten Werthe an verschiedenen Puncten zu bestimmen, sondern dass man ein vollständiges Observatorium mit sich führen müsse, um sowohl Variations-Beobachtungen, als absolute Messungen anzustellen, wie dies bei mehreren der neuern Brittischen Expeditionen der Fall gewesen ist.

---

*) Der Reductions-Bogen müsste mit einer Constante multiplicirt werden (§. 43.), weil die Reibung als verzögernde Kraft wirkt. Ich habe selbst viele Versuche angestellt, sowohl mit runden Zapfen, als mit Spitzen, und dabei die Ueberzeugung gewonnen, dass es mechanisch unmöglich ist, die Zapfen oder Spitzen so fein und genau herzustellen, dass eine richtige Bestimmung der Schwingungszeit erlangt werden könnte. Die Unregelmässigkeiten der Schwingungen, wenn Spitzen gebraucht werden, hat Kreil („Magnet. und Meteor. Beobachtungen zu Prag." Bd. II.) erkannt. Wenn ein schwerer Stab gebraucht wird, so schwingt er regelmässiger, aber das Resultat ist nichts desto weniger unzuverlässig. Aus diesem Grunde unterlasse ich hier, das Oscillations-Inclinatorium von Sartorius v. Waltershausen (vergl. Result. des magn. Vereins. 1838. S. 58., und Dove's Rep. VII. S. XXVII.) näher zu erwähnen.

Tabelle I.

Coëfficienten zur Berechnung der Ablenkungs-Correction und Torsion.

Ablenkungswinkel φ.	A	Diff. für 1°.	B	Diff. für 1°.
5	2,006		261,79	
10	1,030	— 132,0	64,82	
15	0,686	— 50,3	28,35	
20	0,527	— 25,0	15,58	
25	0,436	— 14,9	9,67	
30	0,378	— 9,5	6,464	
35	0,341	— 6,0	4,530	— 319,0
40	0,318	— 3,6	3,274	— 211,6
45	0,305	— 1,6	2,414	— 147,5
50	0,302	+ 0,3	1,799	— 106,9
55	0,308	+ 2,4	1,345	— 79,9
60	0,326	+ 5,4	1,000	— 61,3
65	0,362	+ 8,7	0,732	— 48,0
70	0,413	+ 17,3	0,520	— 38,4
75	0,535	+ 36,0	0,348	— 31,0
80	0,773		0,210	

Correction der Ablenkung (wenn $\Delta\varphi$ in Graden ausgedrückt ist)
$= -A\Delta\varphi^2$ . . . in Minuten (§. 23.)

Torsion . . . $= B[V - \frac{1}{2}(u_1 + u_2)]$ . . . (§. 91.)

Tabelle II.

Reduction der Schwingungsdauer auf unendlich kleine Bögen.

ah	$\frac{1}{16} a^2 h^2$.	log $(1+\frac{1}{16} a^2 h^2)$	Diff. für 1°.	$a h$	$\frac{1}{16} a^2 h^2$.	log $(1+\frac{1}{16} a^2 h^2)$	Diff. für 1°.
1°	0,000019	0,00001		31°	0,018293	0,00787	50,5
2	0,000076	0,00003	3,0	32	0,019494	0,00839	52,0
3	0,000171	0,00007	5,0	33	0,020730	0,00891	53,0
4	0,000305	0,00013	7,0	34	0,022007	0,00945	55,0
5	0,000475	0,00021	8,5	35	0,023320	0,01001	57,0
6	0,000685	0,00030	10,0	36	0,024671	0,01059	58,0
7	0,000933	0,00041	11,5	37	0.026063	0,01117	59,5
8	0,001218	0,00053	13,0	38	0,027490	0,01178	61,5
9	0,001541	0,00067	15,0	39	0,028954	0,01240	62,5
10	0,001904	0,00083	16,5	40	0,030463	0,01303	64,0
11	0,002304	0,00100	18,0	41	0,032001	0,01368	66,0
12	0,002741	0,00119	20,0	42	0,033581	0,01435	67,0
13	0,003218	0,00140	21,5	43	0,035196	0,01502	68,5
14	0,003731	0,00162	23,0	44	0,036856	0,01572	70,5
15	0,004282	0,00186	24,5	45	0,038550	0,01643	72,0
16	0,004872	0,00211	26,0	46	0,040244	0,01714	73,0
17	0,005502	0,00238	28,0	47	0,042054	0,01789	75,0
18	0,006168	0,00267	29,5	48	0,043861	0,01864	76,0
19	0,006872	0,00297	31,0	49	0,045710	0,01941	77,5
20	0,007615	0,00329	33,0	50	0,047594	0,02019	79,0
21	0,008396	0,00363	34,5	51	0,049515	0,02099	80,5
22	0,009214	0,00398	36,5	52	0,051479	0,02180	82,0
23	0,010090	0,00436	38,0	53	0,053476	0,02263	83,0
24	0,010966	0,00474	39,0	54	0,055512	0,02346	84,5
25	0,011879	0,00514	41,5	55	0,057590	0,02432	86,0
26	0,012868	0,00557	43,5	56	0,059702	0,02518	87,5
27	0,013877	0,00599	44,0	57	0,061853	0,02607	89,0
28	0,014926	0,00643	45,5	58	0,064044	0,02696	90.0
29	0,016010	0,00690	47,5	59	0,066270	0,02787	91,5
30	0,017134	0,00738	48,5	60	0,068534	0,02879	

Tabelle III.

Bestimmung der Zeit, um welche der Reductions-Bogen zu beobachten ist.

Folgende Tabelle giebt an, nach wie viel Schwingungen ...m... der Reductions-Bogen zu beobachten ist: h_0 und h_1 bedeuten die am Anfang und Ende eines Intervalls von 100 Schwingungen beobachteten Bögen, und s ist aus der Gleichung $\log(1+s) = \frac{\log h_0 - \log h_1}{100}$ abgeleitet.

$\frac{h_0}{h_1}$	s	Diff.	Werth von m für ein Intervall von 100 Schwingungen, wenn jeder 3te Durchgang beobachtet wird.	Werth von m für ein Intervall von 100 Schwingungen, wenn jeder 5te Durchgang beobachtet wird.
1,1	0,00095		62,1	71,1
1,2	0,00182	84	61,4	70,1
1,3	0,00263	77	60,6	69,3
1,4	0,00337	71	60,0	68,5
1,5	0,00406	67	59,3	67,8
1,6	0,00471	63	58,8	67,2
1,7	0,00532	59	58,2	66,5
1,8	0,00590	56	57,7	66,0
1,9	0,00644		57,2	65,4

Wenn der Schwingungsbogen h bei der m'^{ten} Schwingung beobachtet wurde, und hätte bei der m^{ten} beobachtet sein sollen, so hat man den wahren Reductions-Bogen $= h(1+s)^{m'-m}$ $= h(1 + [m' + m]s)$, demnach:

$$\text{Correction des Bogens} = +(m' - m)\, s\, h,$$

$$\text{Correction des Reductions-Logarithmus} = +2(m' - m)\, s \times \log.$$

Zusatz zu §. 171.

Die in diesem §. entwickelte Methode zur Bestimmung des Inductions-Coëfficienten bei dem Lloyd'schen Inclinations-Instrumente gewinnt wesentlich an Genauigkeit und Sicherheit der Anwendung, wenn man, nachdem n''_1, n''_2, n''_3, n''_4 bestimmt sind, die Eisenstäbe entfernt (wobei sie übrigens nie aus der senkrechten Stellung gebracht werden dürfen), dann einen Magnet in die Nähe der Nadel hinlegt, der dieselbe Ablenkung, wie die Eisenstäbe hervorbringt, und hierauf folgende Beobachtungen macht:

Bei senkrechter Stellung des Hülfsmagnets einmal mit Nord unten, einmal mit Nord oben . . . . n''_5 und n''_6;

Bei horizontaler Stellung des Hülfsmagnets (analog mit n''_3 und n''_4) . . . . n''_7 und n''_8.

Unter solcher Voraussetzung ist der wahre Betrag der Induction bei vertikaler Stellung des Hülfsmagnets $= n''_1 - n''_2 - (n''_5 - n''_6)$.

Auch ist die Bestimmung $n''_7 - n''_8$ für die Ablenkung bei horizontaler Stellung des Hülfsmagnets, aus leicht begreiflichen Gründen, sicherer, als $n''_3 - n''_4$.

Diese Grössen hätte man in den Gleichungen des §. 171 zu substituiren. Noch genauer wird aber das Resultat, wenn man, um die höheren Glieder in Rechnung bringen zu können, hinsichtlich der Vertheilung des Magnetismus die Hypothese §. 34 einführt; alsdann hat man, wenn die Längen des Hülfsmagnets, der freien Nadel, der Eisenstäbe mit l, l', l'' bezeichnet werden:

$$a = \frac{1}{2} \frac{n''_1 - n''_2 - (n''_5 - n''_6)}{n''_7 - n''_8} \cdot \frac{e^2 - \frac{9}{40}(l^2 + l'^2)}{e^2 + 2l''^2 - 3k^2 - l^2}.$$

Es ist hiebei vorausgesetzt, was immer nahe der Fall sein wird, dass $h = \frac{1}{2} l''$ sei.

Noch ist hinsichtlich auf §. 171. zu bemerken, dass in den Formeln (3), (1), desgleichen in den drei vorausgehenden Formeln der Bruch $\frac{6h^2 - \frac{3}{2}k^2}{e^2}$ in $\frac{6h^2 - 3k^2}{e^2}$ zu verwandeln wäre.

Gedruckt bei Julius Sittenfeld in Berlin.

Lamont Magnetism I.

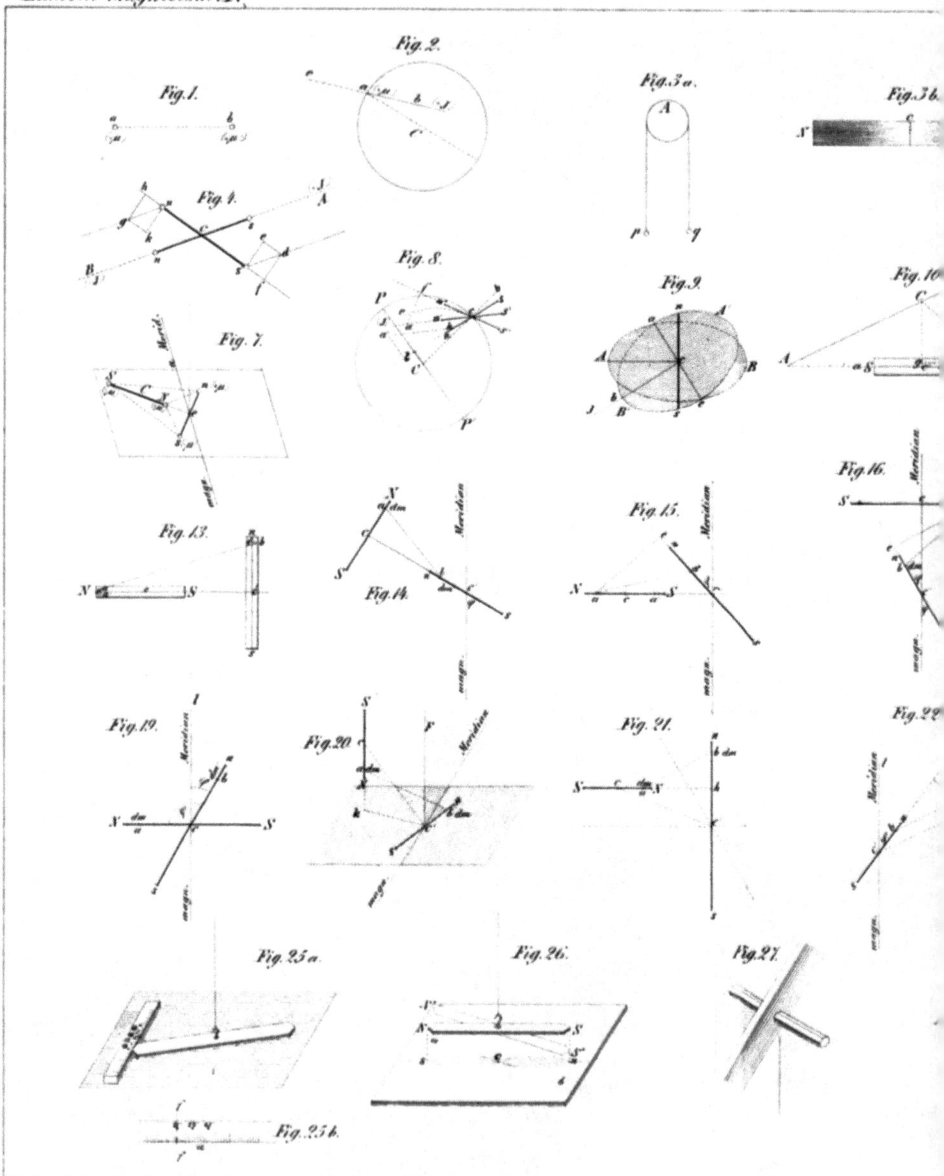

Tab. I.

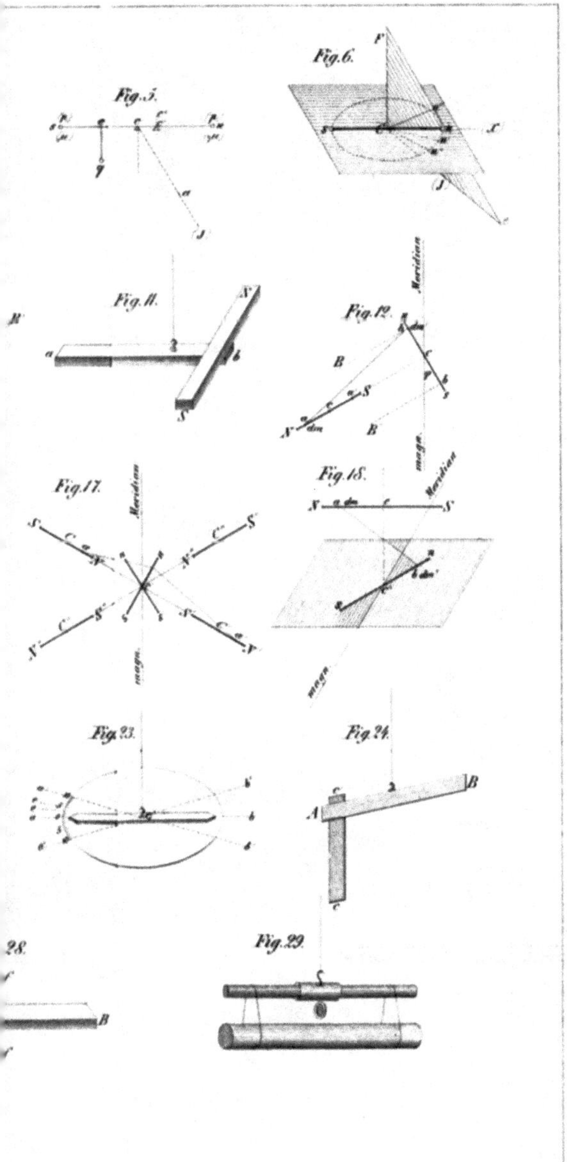
Fig. 5.
Fig. 6.
Fig. 11.
Fig. 12.
Meridian
magn.
Fig. 17.
Fig. 18.
Fig. 23.
Fig. 24.
28.
Fig. 29.

Lamont Magnetism I.

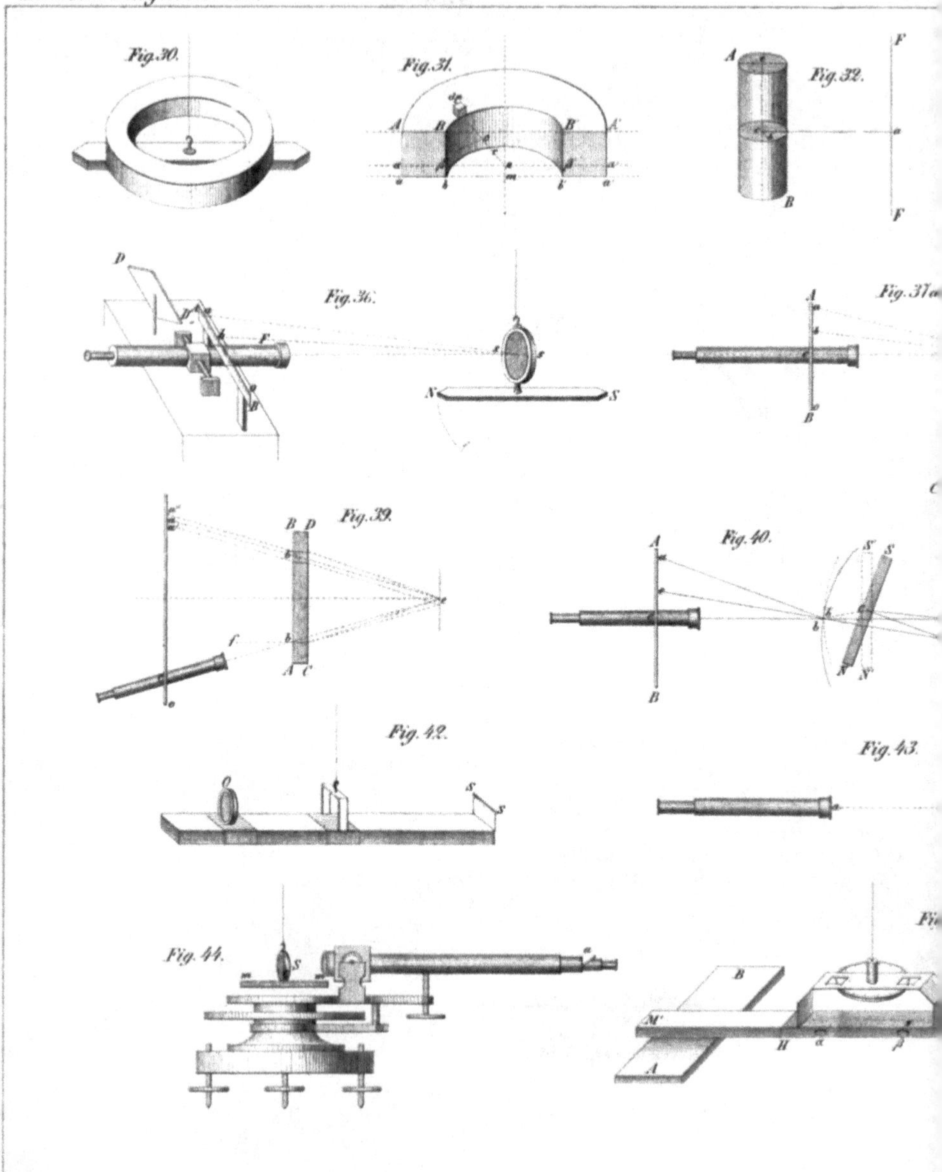

Tab. II.

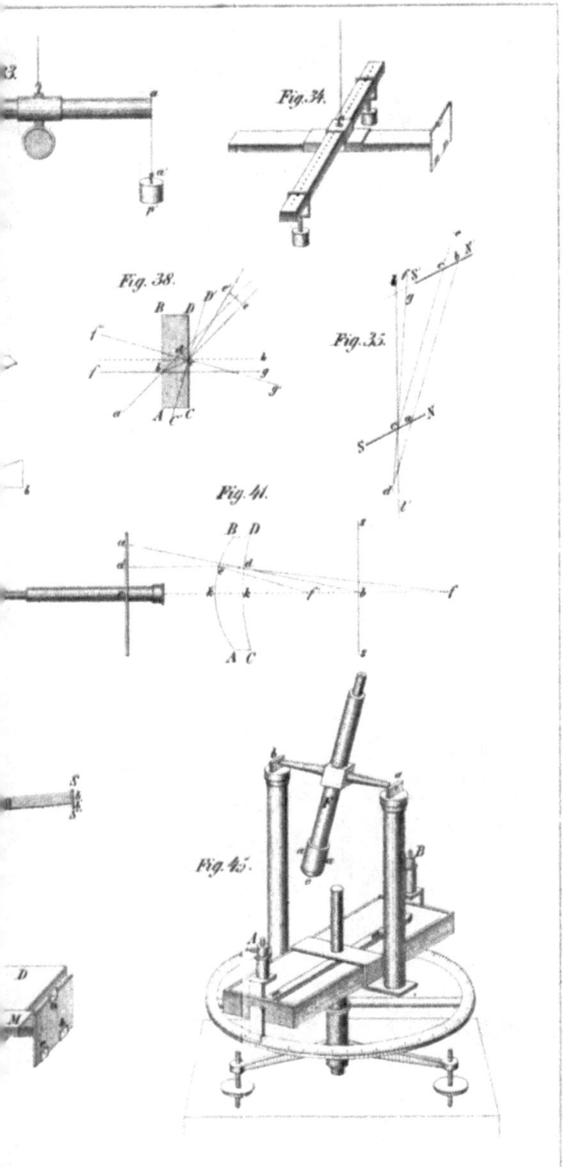

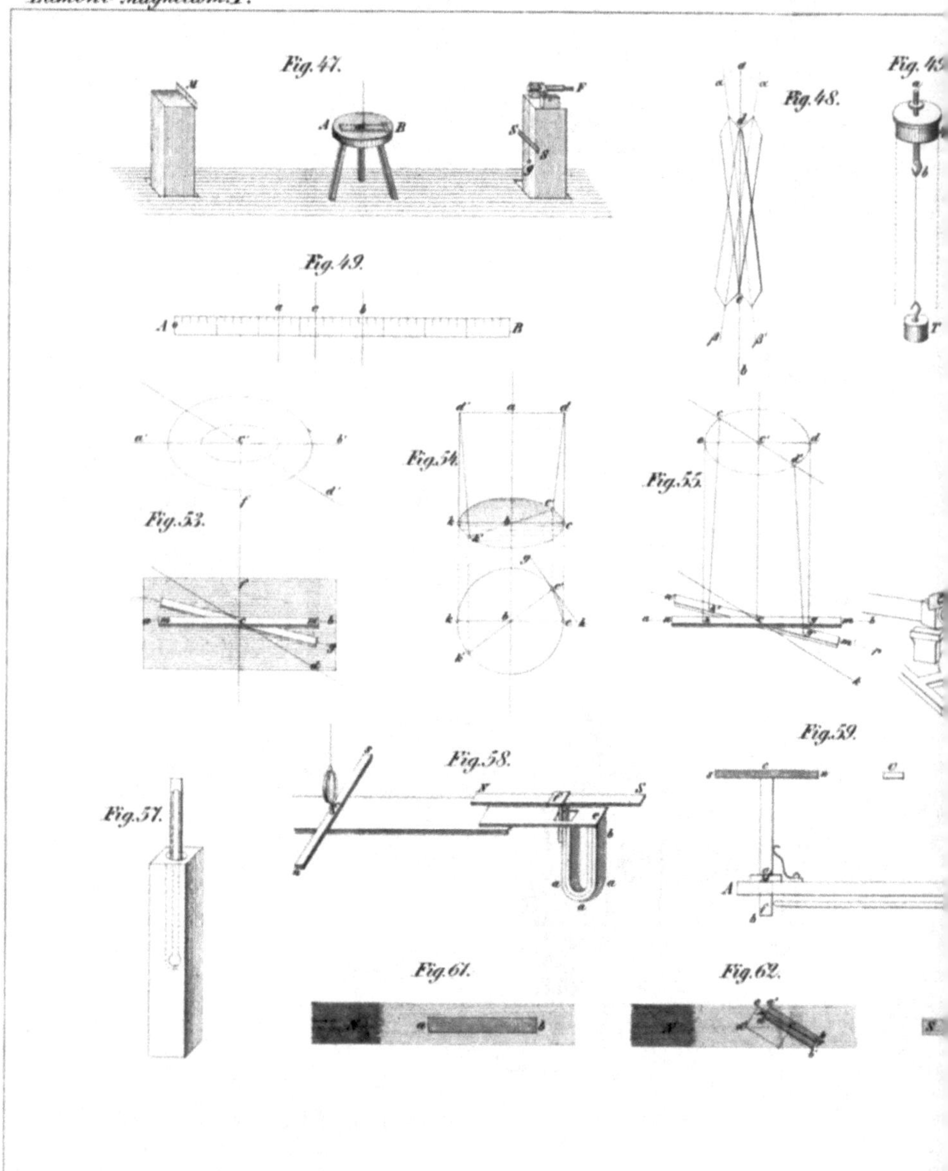
Fig. 47.
Fig. 48.
Fig. 49.
Fig. 53.
Fig. 54.
Fig. 55.
Fig. 57.
Fig. 58.
Fig. 59.
Fig. 61.
Fig. 62.

ig. 50.

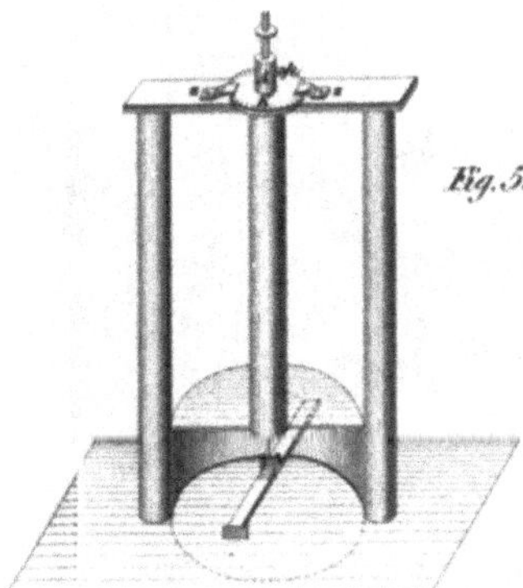

Fig. 51.

Fig. 56.

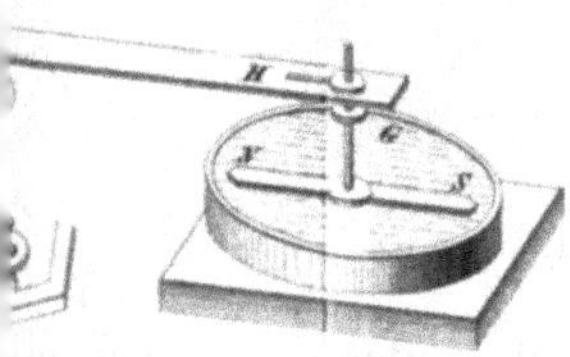

Fig. 52.

Fig. 60.

Fig. 63.

Fig. 64.

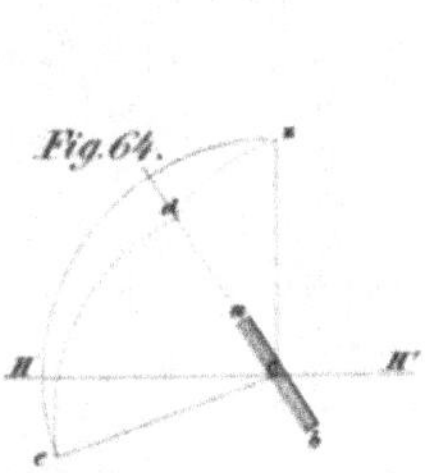

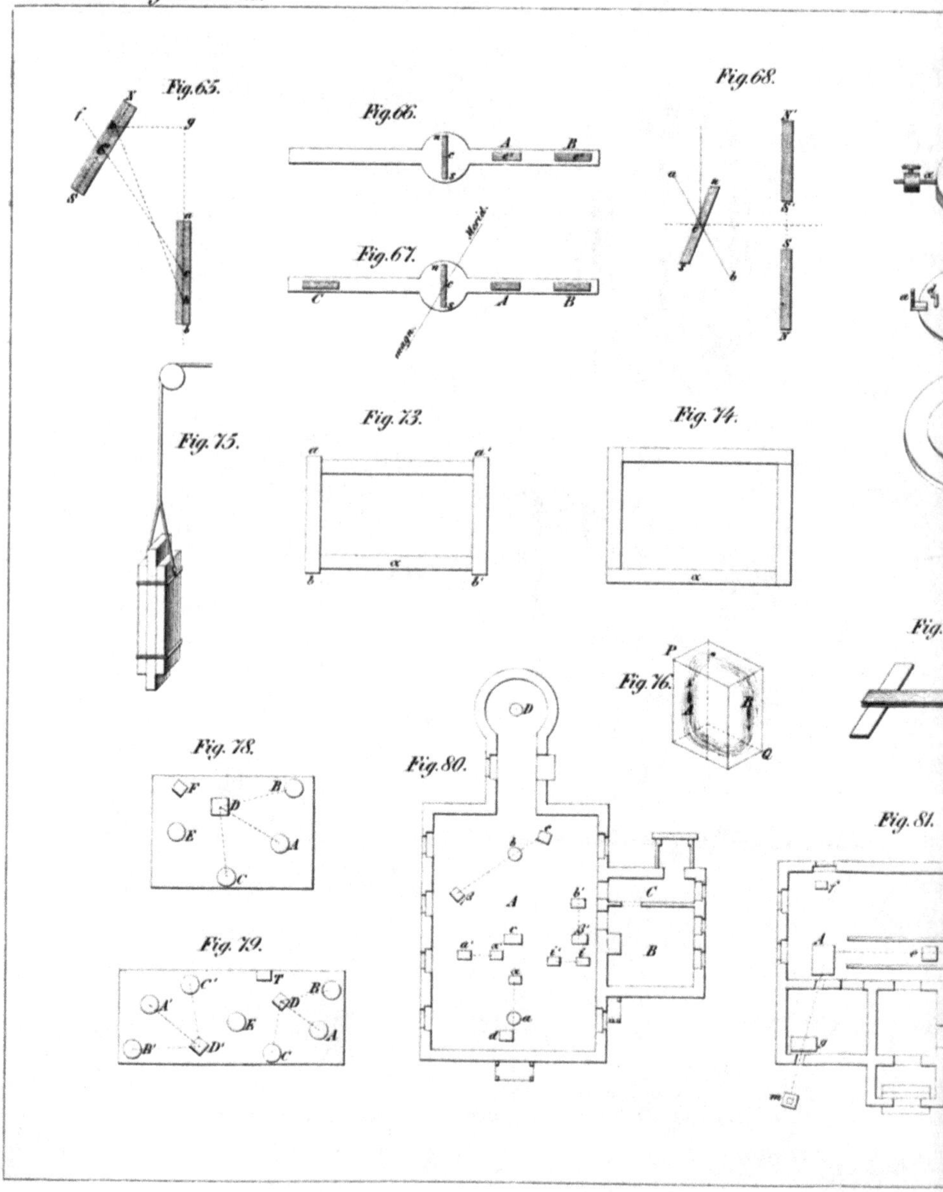

Fig. 65. Fig. 66. Fig. 67. Fig. 68. Fig. 73. Fig. 74. Fig. 75. Fig. 76. Fig. 78. Fig. 79. Fig. 80. Fig. 81.

Tab. IV.

69.

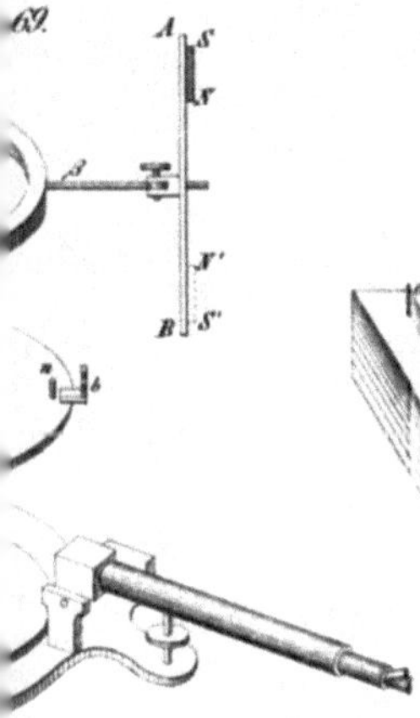

Fig. 70.

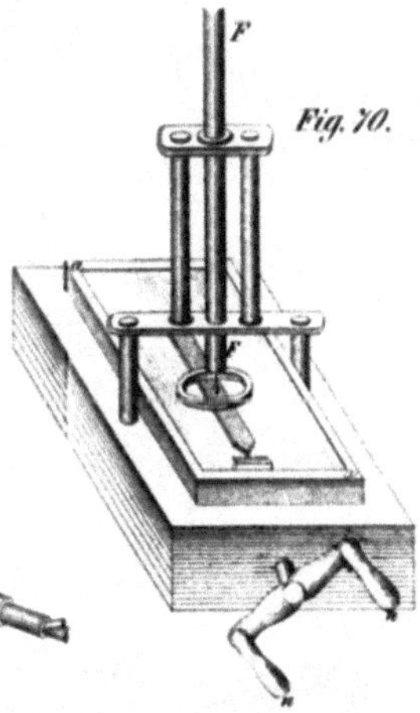

Fig. 71.

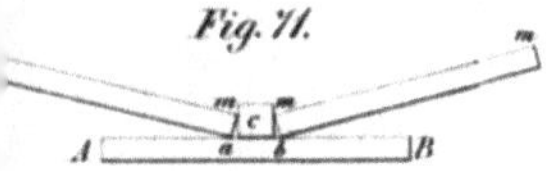

Fig. 72.

Fig. 83.

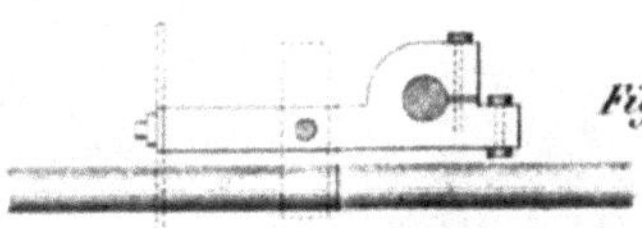

Fig. 82.

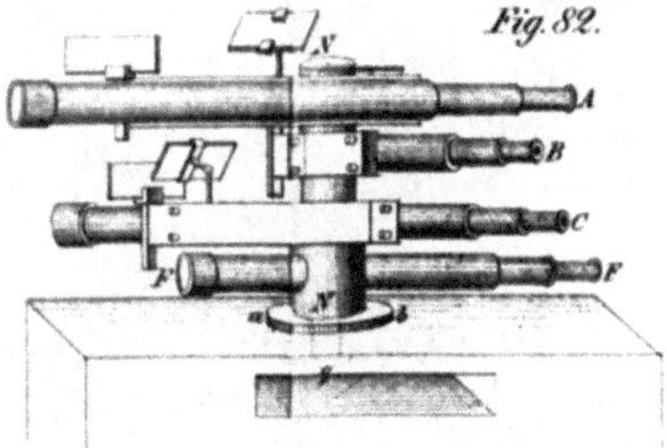

Lamont Magnetism. I.

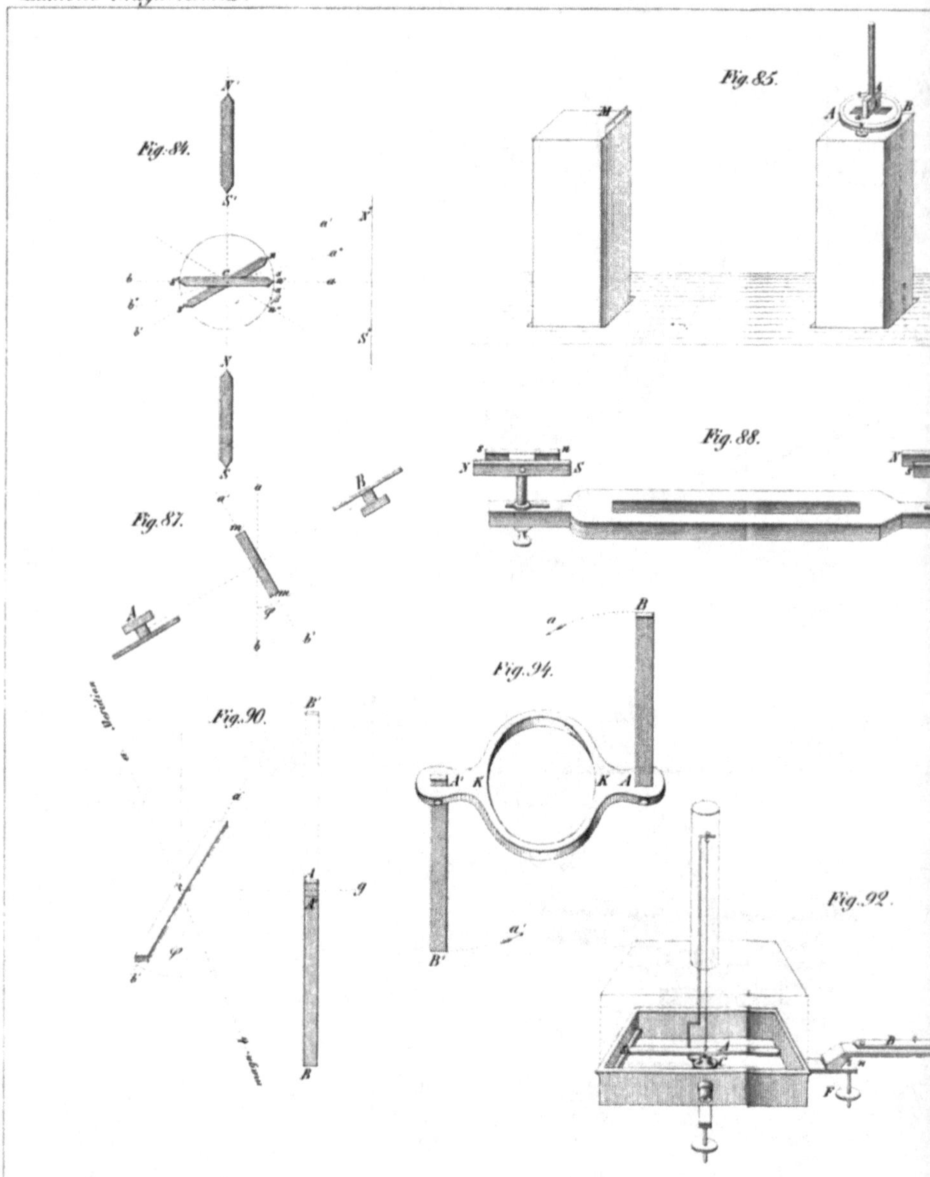

Tab. V.

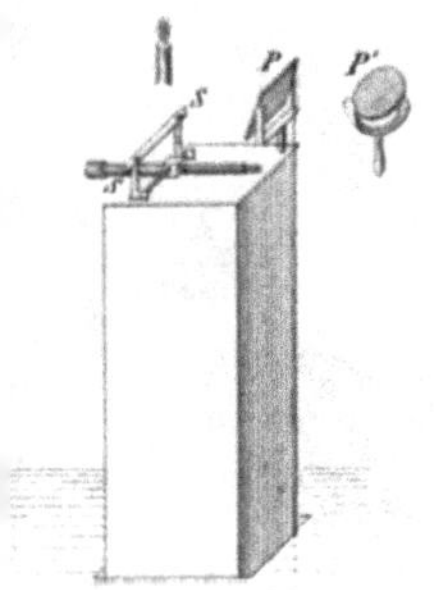

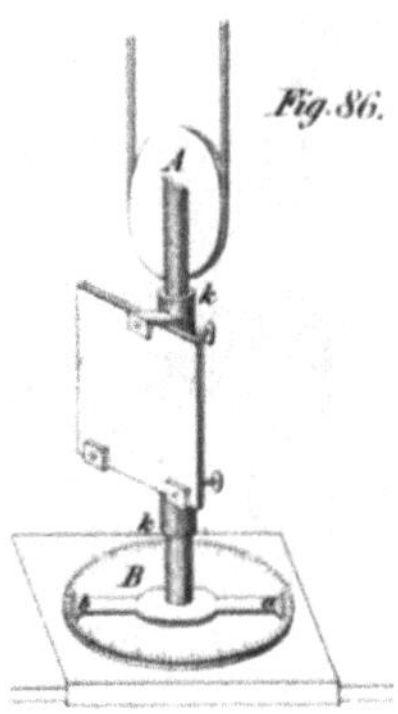

Fig. 86.

Fig. 89.

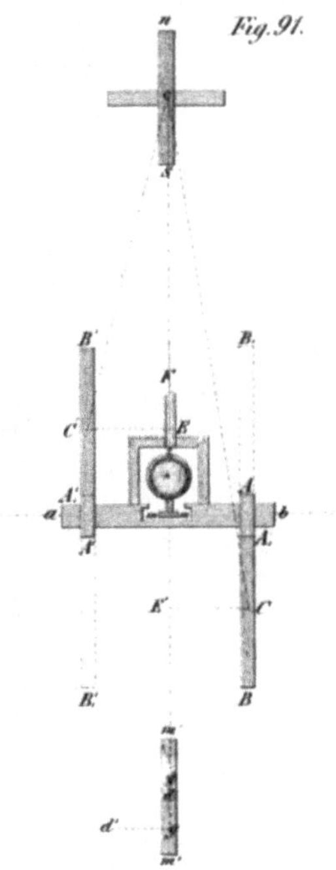

Fig. 91.

Fig. 93.

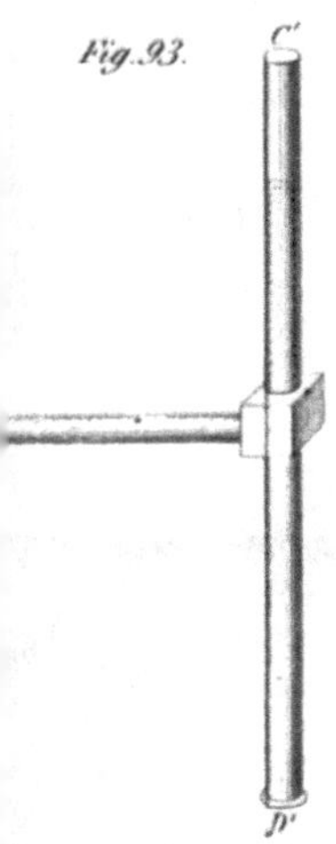

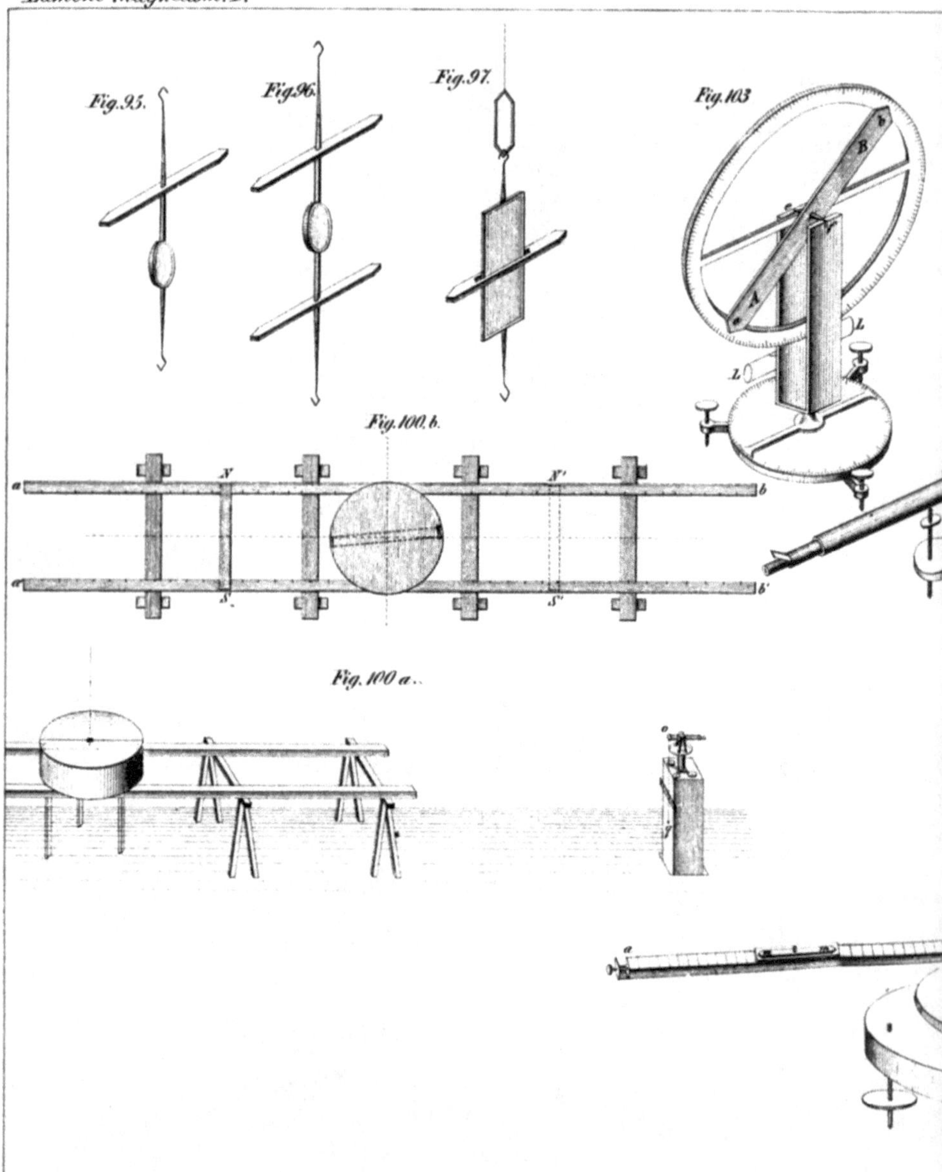
Fig. 95.
Fig. 96.
Fig. 97.
Fig. 103
Fig. 100. b.
Fig. 100 a.

Tab. VI.

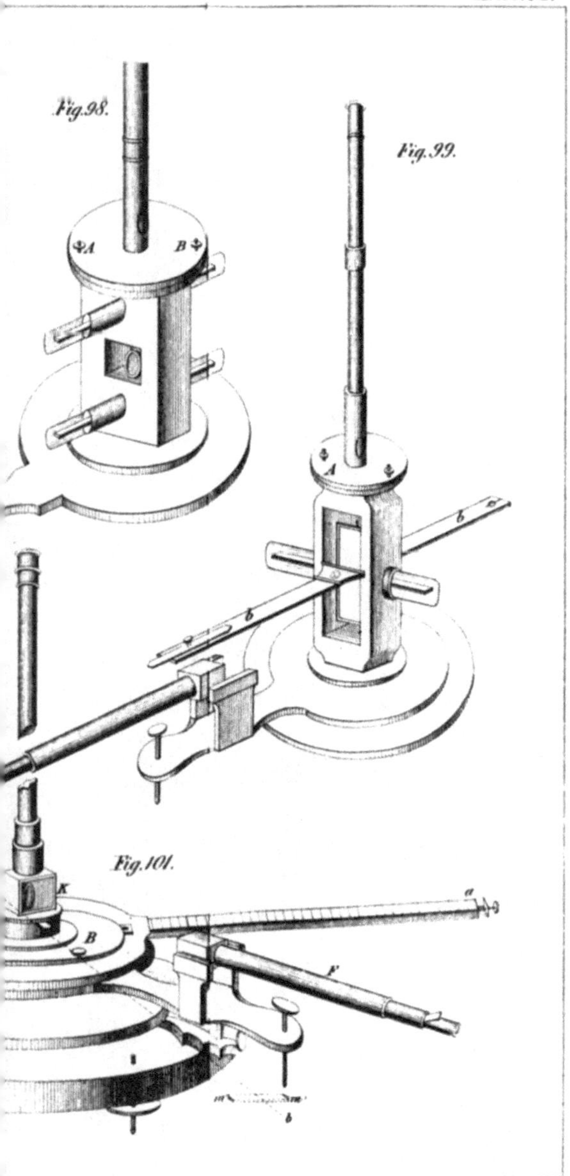

MIX
Papier | Fördert gute Waldnutzung
FSC® C083411

Zeitfracht Medien GmbH
Ferdinand-Jühlke-Straße 7
99095 Erfurt, Deutschland
produktsicherheit@kolibri360.de